第3版

树莓派开发实战

[英] 西蒙·蒙克 (Simon Monk) 著

韩波 译

Beijing • Boston • Farnham • Sebastopol • Tokyo

O'Reilly Media, Inc. 授权人民邮电出版社有限公司出版

人民邮电出版社

北京

图书在版编目（ＣＩＰ）数据

树莓派开发实战：第3版 /（英）西蒙·蒙克
(Simon Monk) 著 ；韩波译. -- 北京 ：人民邮电出版社，
2023.11
ISBN 978-7-115-60908-3

Ⅰ. ①树… Ⅱ. ①西… ②韩… Ⅲ. ①软件工具—程
序设计 Ⅳ. ①TP311.561

中国国家版本馆CIP数据核字(2023)第003441号

◆ 著　　　　［英］西蒙·蒙克（Simon Monk）

译　　　　韩　波

责任编辑　胡俊英

责任印制　王　郁　焦志炜

◆ 人民邮电出版社出版发行　　北京市丰台区成寿寺路 11 号

邮编　100164　电子邮件　315@ptpress.com.cn

网址　https://www.ptpress.com.cn

三河市君旺印务有限公司印刷

◆ 开本：787×1000　1/16

印张：27.75　　　　　　　2023 年 11 月第 1 版

字数：570 千字　　　　　 2023 年 11 月河北第 1 次印刷

著作权合同登记号　图字：01-2018-8412 号

定价：109.80 元

读者服务热线：(010)81055410　印装质量热线：(010)81055316
反盗版热线：(010)81055315
广告经营许可证：京东市监广登字 20170147 号

O'Reilly Media, Inc.介绍

O'Reilly以"分享创新知识、改变世界"为己任。40多年来我们一直向企业、个人提供成功所必需之技能及思想，激励他们创新并做得更好。

O'Reilly业务的核心是独特的专家及创新者网络，众多专家及创新者通过我们分享知识。我们的在线学习（Online Learning）平台提供独家的直播培训、互动学习、认证体验、图书、视频等，使客户更容易获取业务成功所需的专业知识。几十年来，O'Reilly图书一直被视为学习开创未来之技术的权威资料。我们所做的一切是为了帮助各领域的专业人士学习最佳实践，发现并塑造科技行业未来的新趋势。

我们的客户渴望做出推动世界前进的创新之举，我们希望能助他们一臂之力。

业界评论

"O'Reilly Radar博客有口皆碑。"

——*Wired*

"O'Reilly凭借一系列非凡想法（真希望当初我也想到了）建立了数百万美元的业务。"

——*Business 2.0*

"O'Reilly Conference是聚集关键思想领袖的绝对典范。"

——*CRN*

"一本O'Reilly的书就代表一个有用、有前途、需要学习的主题。"

——*Irish Times*

"Tim是位特立独行的商人，他不光放眼于最长远、最广阔的领域，并且切实地按照Yogi Berra的建议去做了：'如果你在路上遇到岔路口，那就走小路。'回顾过去，Tim似乎每一次都选择了小路，而且有几次都是一闪即逝的机会，尽管大路也不错。"

——*Linux Journal*

内容提要

本书是对树莓派开发的内容进行全面升级之后的第 3 版，囊括丰富的实践示例，详细讲解树莓派的配置与管理、网络连接、操作系统及软件，以及使用 Python 进行树莓派开发的各项技巧，包括有关 Python 编程的基础知识、列表与字典、Python 高级特性。同时，本书还涉及机器视觉、硬件基础、控制硬件、电机、数字输入、传感器、显示设备、音频设备、物联网、家庭自动化、Arduino 等内容。

本书适合程序员、计算机软硬件爱好者，以及对树莓派感兴趣的读者阅读，也适合作为树莓派相关实践课程的指导书。

资源与支持

资源获取

本书提供如下资源：

- 本书源代码；

- 配套彩图文件；

- 本书思维导图；

- 异步社区 7 天 VIP 会员。

要获得以上资源，您可以扫描下方二维码，根据指引领取。

提交勘误

作者和编辑尽最大努力来确保书中内容的准确性，但难免会存在疏漏。欢迎您将发现的问题反馈给我们，帮助我们提升图书的质量。

当您发现错误时，请登录异步社区（https://www.epubit.com），按书名搜索，进入本书页面，点击"发表勘误"，输入勘误信息，点击"提交勘误"按钮即可（见右图）。本书的作者和编辑会对您提交的勘误进行审核，确认并接受后，您将获赠异步社区的 100 积分。积分可用于在异步社区兑换优惠券、样书或奖品。

与我们联系

我们的联系邮箱是 contact@epubit.com.cn。

如果您对本书有任何疑问或建议，请您发邮件给我们，并请在邮件标题中注明本书书名，以便我们更高效地做出反馈。

如果您有兴趣出版图书、录制教学视频，或者参与图书翻译、技术审校等工作，可以发邮件给本书的责任编辑（sunzhesi@ptpress.com.cn）。

如果您所在的学校、培训机构或企业，想批量购买本书或异步社区出版的其他图书，也可以发邮件给我们。

如果您在网上发现有针对异步社区出品图书的各种形式的盗版行为，包括对图书全部或部分内容的非授权传播，请您将怀疑有侵权行为的链接发邮件给我们。您的这一举动是对作者权益的保护，也是我们持续为您提供有价值的内容的动力之源。

关于异步社区和异步图书

"异步社区"（www.epubit.com）是由人民邮电出版社创办的 IT 专业图书社区，于 2015 年 8 月上线运营，致力于优质内容的出版和分享，为读者提供高品质的学习内容，为作译者提供专业的出版服务，实现作者与读者在线交流互动，以及传统出版与数字出版的融合发展。

"异步图书"是异步社区策划出版的精品 IT 图书的品牌，依托于人民邮电出版社在计算机图书领域 30 余年的发展与积淀。异步图书面向 IT 行业以及各行业使用 IT 技术的用户。

目录

第 3 版前言 ……………………………………………………………………………… 1

第 1 章　配置与管理 …………………………………………………………………… 5

　　1.0　引言 ………………………………………………………………………… 5

　　1.1　选择树莓派型号 …………………………………………………………… 5

　　1.2　装配系统 …………………………………………………………………… 8

　　1.3　封装树莓派 ………………………………………………………………… 10

　　1.4　选择电源 …………………………………………………………………… 11

　　1.5　选择操作系统 ……………………………………………………………… 13

　　1.6　通过 NOOBS 刷写 microSD 卡 ………………………………………… 14

　　1.7　在不借助 NOOBS 的情况下安装操作系统 …………………………… 17

　　1.8　使用 PiBakery 配置和刷写 SD 卡 ……………………………………… 18

　　1.9　使用 PiBakery 配置 headless 模式的树莓派 ………………………… 20

　　1.10　从真正的硬盘或 U 盘启动 ……………………………………………… 22

　　1.11　连接 DVI 或 VGA 显示器 ……………………………………………… 24

　　1.12　使用复合视频显示器/电视 ……………………………………………… 24

　　1.13　调整显示器中的图像尺寸 ……………………………………………… 26

　　1.14　优化性能 …………………………………………………………………… 27

　　1.15　修改密码 …………………………………………………………………… 29

　　1.16　关闭树莓派 ………………………………………………………………… 30

　　1.17　为树莓派安装摄像头模块 ……………………………………………… 32

　　1.18　使用蓝牙设备 ……………………………………………………………… 34

第 2 章　网络连接 ……………………………………………………………………… 36

　　2.0　引言 ………………………………………………………………………… 36

2.1 连接有线网络·· 36

2.2 查看自己的 IP 地址·· 37

2.3 配置静态 IP 地址··· 39

2.4 为树莓派配置网络名称·· 42

2.5 配置无线网络连接·· 44

2.6 使用控制台线联网·· 46

2.7 利用 SSH 远程控制树莓派····································· 48

2.8 利用 VNC 远程控制树莓派···································· 50

2.9 利用 RDP 远程控制树莓派···································· 52

2.10 在 Mac 网络中实现文件共享································· 53

2.11 将树莓派用作网络附接存储系统······························ 55

2.12 网络打印·· 58

第 3 章 操作系统·· 60

3.0 引言··· 60

3.1 通过图形界面处理文件·· 60

3.2 将文件复制到 U 盘中··· 61

3.3 启动一个终端会话·· 63

3.4 利用终端浏览文件系统·· 64

3.5 复制文件或文件夹·· 66

3.6 重命名文件和文件夹·· 67

3.7 编辑文件··· 68

3.8 查看文件内容··· 70

3.9 在不借助编辑器的情况下创建文件····························· 70

3.10 创建目录·· 71

3.11 删除文件或目录··· 71

3.12 以超级用户权限执行任务····································· 72

3.13 理解文件权限··· 73

3.14 修改文件的权限··· 75

3.15 修改文件的属主··· 76

3.16 屏幕截图·· 76

3.17 利用 apt-get 安装软件·· 77

3.18 删除利用 apt-get 安装的软件·································· 78

3.19 利用 Pip 安装 Python 库······································ 79

3.20 通过命令行获取文件··· 79

3.21 利用 Git 获取源代码··· 80

3.22 获取本书的随附代码··· 82

3.23　在系统启动时自动运行程序或脚本 ································· 85
3.24　让程序或脚本作为服务自动运行 ·································· 85
3.25　定期自动运行程序或脚本 ·· 87
3.26　搜索功能 ·· 88
3.27　使用命令行历史记录功能 ·· 89
3.28　监视处理器活动 ··· 90
3.29　文件压缩 ·· 92
3.30　列出已连接的 USB 设备 ··· 93
3.31　将输出从命令行重定向到文件 ····································· 93
3.32　连接文件 ·· 94
3.33　使用管道 ·· 94
3.34　不将输出结果显示到终端 ·· 95
3.35　在后台运行程序 ··· 96
3.36　创建命令别名 ··· 96
3.37　设置日期和时间 ··· 97
3.38　查看 SD 卡剩余存储空间 ··· 98
3.39　检查操作系统版本 ··· 98
3.40　更新 Raspbian 操作系统 ··· 99

第 4 章　软件 ·· 101
4.0　引言 ··· 101
4.1　搭建媒体中心 ·· 101
4.2　安装办公软件 ·· 102
4.3　打造网络摄像头服务器 ··· 103
4.4　运行老式游戏控制台模拟器 ······································· 105
4.5　运行树莓派版 Minecraft ··· 107
4.6　树莓派无线电发射器 ··· 107
4.7　编辑位图 ·· 109
4.8　编辑矢量图 ·· 110
4.9　互联网广播 ·· 111

第 5 章　Python 入门 ··· 113
5.0　引言 ··· 113
5.1　在 Python 2 和 Python 3 之间做出选择 ······························· 113
5.2　使用 Mu 编辑 Python 程序 ··· 114
5.3　使用 Python 控制台 ·· 117
5.4　利用终端运行 Python 程序 ··· 118

5.5　为值（变量）命名······119

5.6　显示输出结果······120

5.7　读取用户的输入······120

5.8　算术运算······121

5.9　创建字符串······122

5.10　连接（合并）字符串······122

5.11　将数字转换为字符串······123

5.12　将字符串转换为数字······124

5.13　确定字符串的长度······125

5.14　确定某字符串在另一个字符串中的位置······125

5.15　截取部分字符串······126

5.16　使用字符串替换另一个字符串中的内容······127

5.17　字符串的大小写转换······127

5.18　根据条件运行命令······128

5.19　值的比较······129

5.20　逻辑运算符······130

5.21　将指令重复执行特定次数······131

5.22　重复执行指令直到特定条件改变为止······132

5.23　跳出循环语句······132

5.24　定义 Python 函数······133

第 6 章　Python 中的列表与字典······135

6.0　引言······135

6.1　创建列表······135

6.2　访问列表元素······136

6.3　确定列表长度······136

6.4　为列表添加元素······137

6.5　删除列表元素······138

6.6　通过解析字符串创建列表······139

6.7　遍历列表······139

6.8　枚举列表······140

6.9　列表排序······141

6.10　分割列表······142

6.11　将函数应用于列表······142

6.12　创建字典······143

6.13　访问字典······144

6.14　删除字典元素······145

6.15 遍历字典 ·· 146

第 7 章 Python 高级特性 ··· 147

7.0 引言 ·· 147

7.1 格式化数字 ·· 147

7.2 格式化时间和日期 ·· 148

7.3 返回多个值 ·· 149

7.4 定义类 ·· 150

7.5 定义方法 ··· 151

7.6 继承 ·· 152

7.7 向文件中写入内容 ·· 153

7.8 读文件 ·· 154

7.9 序列化 ·· 155

7.10 异常处理 ·· 156

7.11 使用模块 ·· 157

7.12 随机数 ·· 158

7.13 利用 Python 发送 Web 请求 ·· 160

7.14 Python 的命令行参数 ··· 160

7.15 从 Python 运行 Linux 命令 ··· 161

7.16 从 Python 发送电子邮件 ·· 162

7.17 利用 Python 编写简单 Web 服务器 ·· 163

7.18 让 Python 无所事事 ·· 164

7.19 同时进行多件事情 ··· 165

7.20 将 Python 应用于树莓派版 Minecraft ·· 166

7.21 解析 JSON ·· 168

7.22 创建用户界面 ··· 169

7.23 使用正则表达式在文本中搜索 ··· 171

7.24 使用正则表达式来验证数据输入 ·· 173

7.25 使用正则表达式抓取网页 ·· 174

第 8 章 机器视觉 ··· 176

8.0 引言 ·· 176

8.1 安装 SimpleCV ··· 176

8.2 为机器视觉配置 USB 摄像头 ·· 177

8.3 将树莓派的摄像头模块用于机器视觉 ·· 179

8.4 数硬币 ·· 179

8.5 人脸检测 ··· 182

   8.6   运动检测 ··· 184

   8.7   光学字符识别 ··· 186

第 9 章　硬件基础 ··· 187

   9.0   引言 ··· 187

   9.1   GPIO 连接器使用说明 ··· 187

   9.2   使用 GPIO 接口时树莓派的安全保护 ···························· 189

   9.3   配置 I2C ··· 190

   9.4   使用 I2C 工具 ·· 191

   9.5   配置 SPI ··· 193

   9.6   安装 PySerial 以便通过 Python 访问串口 ························ 194

   9.7   安装 Minicom 以检测串口 ······································ 194

   9.8   使用带有跳线的面包板 ·· 195

   9.9   使用树莓派的排线连接面包板 ·································· 196

   9.10　使用树莓派 Squid ·· 198

   9.11　使用 Raspberry Squid 按钮 ··································· 199

   9.12　利用两个电阻器将 5V 信号转换为 3.3V ······················· 200

   9.13　利用电平转换模块将 5V 信号转换为 3.3V ····················· 201

   9.14　利用电池为树莓派供电 ······································ 202

   9.15　利用锂电池为树莓派供电 ···································· 203

   9.16　Sense HAT 入门指南 ··· 204

   9.17　Explorer HAT Pro 入门指南 ··································· 205

   9.18　RasPiRobot Board 入门指南 ··································· 207

   9.19　使用 Pi Plate 原型板 ··· 208

   9.20　制作树莓派扩展板 ·· 211

   9.21　树莓派 Zero 与 W 型树莓派 Zero ······························ 213

第 10 章　控制硬件 ·· 215

   10.0　引言 ··· 215

   10.1　连接 LED ··· 215

   10.2　让 GPIO 引脚进入安全状态 ··································· 218

   10.3　控制 LED 的亮度 ·· 218

   10.4　利用晶体管开关大功率直流设备 ······························ 220

   10.5　使用继电器控制大功率设备的开关 ···························· 222

   10.6　控制高压交流设备 ·· 224

   10.7　用 Android 手机和蓝牙控制硬件 ······························ 225

   10.8　编写用于控制开关的用户界面 ································ 228

10.9　编写控制 LED 和电机的 PWM 功率的用户界面 ………………………………… 229

10.10　改变 RGB LED 的颜色 ……………………………………………………………… 230

10.11　将模拟仪表用作显示器 ……………………………………………………………… 232

第 11 章　电机 …………………………………………………………………………………… 235

11.0　引言 …………………………………………………………………………………… 235

11.1　控制伺服电机 ………………………………………………………………………… 235

11.2　精确控制伺服电机 …………………………………………………………………… 239

11.3　精确控制多台伺服电机 ……………………………………………………………… 241

11.4　控制直流电机的速度 ………………………………………………………………… 243

11.5　控制直流电机的方向 ………………………………………………………………… 244

11.6　使用单极步进电机 …………………………………………………………………… 247

11.7　使用双极步进电机 …………………………………………………………………… 251

11.8　利用步进电机 HAT 驱动双极步进电机 …………………………………………… 252

11.9　使用 RasPiRobot Board 驱动双极步进电机 ……………………………………… 253

11.10　打造一款简单的机器人小车 ………………………………………………………… 255

第 12 章　数字输入 ……………………………………………………………………………… 258

12.0　引言 …………………………………………………………………………………… 258

12.1　连接按钮开关 ………………………………………………………………………… 258

12.2　通过按钮开关切换开关状态 ………………………………………………………… 261

12.3　使用双位拨动开关或滑动开关 ……………………………………………………… 262

12.4　使用三位拨动开关 …………………………………………………………………… 263

12.5　按钮去抖 ……………………………………………………………………………… 265

12.6　使用外部上拉电阻器 ………………………………………………………………… 267

12.7　使用旋转（正交）编码器 …………………………………………………………… 268

12.8　使用数字键盘 ………………………………………………………………………… 271

12.9　检测移动 ……………………………………………………………………………… 273

12.10　为树莓派添加 GPS 模块 …………………………………………………………… 275

12.11　拦截按键 ……………………………………………………………………………… 278

12.12　拦截鼠标移动 ………………………………………………………………………… 279

12.13　使用实时时钟模块 …………………………………………………………………… 280

12.14　为树莓派提供重启按钮 ……………………………………………………………… 283

第 13 章　传感器 ………………………………………………………………………………… 286

13.0　引言 …………………………………………………………………………………… 286

13.1　使用电阻式传感器 …………………………………………………………………… 286

13.2　测量亮度 ……………………………………………………………………………… 289

13.3　利用热敏电阻器测量温度 ·······················290

13.4　检测甲烷 ··292

13.5　测量二氧化碳浓度 ································294

13.6　测量电压 ··296

13.7　为测量而降低电压 ································298

13.8　使用电阻式传感器与 ADC ···················300

13.9　使用 ADC 测量温度 ····························301

13.10　测量树莓派的 CPU 温度 ·····················303

13.11　利用 Sense HAT 测量温度、湿度和气压 ·····304

13.12　利用数字传感器测量温度 ·····················306

13.13　利用 MMA8452Q 模块测量加速度 ·········308

13.14　使用 Sense HAT 检测磁北 ···················312

13.15　使用 Sense HAT 的惯性管理单元 ···········313

13.16　利用簧片开关检测磁场 ·························314

13.17　利用 Sense HAT 感应磁场 ···················315

13.18　测量距离 ··316

13.19　使用飞行时间传感器测量距离 ···············318

13.20　电容式触摸传感技术 ····························320

13.21　用 RFID 读写器读取智能卡 ··················322

13.22　显示传感器的值 ································325

13.23　利用 USB 闪存驱动器记录日志 ··············326

第 14 章　显示设备 ··328

14.0　引言 ··328

14.1　使用四位 LED 显示设备 ······················328

14.2　在 I2C LED 矩阵上面显示消息 ··············330

14.3　使用 Sense HAT LED 矩阵显示器 ···········332

14.4　在 Alphanumeric LCD HAT 上显示消息 ·····333

14.5　使用 OLED 图形显示器 ·······················335

14.6　使用可寻址的 RGB LED 灯条 ···············337

14.7　使用 Pimoroni Unicorn HAT ·················340

14.8　使用 ePaper 显示屏 ····························341

第 15 章　音频设备 ··343

15.0　引言 ··343

15.1　连接一个扬声器 ································343

15.2　控制声音的输出位置 ····························345

15.3　通过命令行播放声音 ··· 346

15.4　通过 Python 程序播放声音 ··· 346

15.5　使用 USB 麦克风 ·· 347

15.6　播放蜂鸣声 ··· 349

第 16 章　物联网 ··· 352

16.0　引言 ··· 352

16.1　使用 Web 接口控制 GPIO 输出 ·· 352

16.2　在网页上显示传感器读数 ·· 356

16.3　Node-RED 入门 ·· 358

16.4　使用 IFTTT 发送电子邮件及其他通知 ··································· 361

16.5　利用 ThingSpeak 发送推文 ·· 364

16.6　CheerLights ·· 366

16.7　向 ThingSpeak 发送传感器数据 ·· 368

16.8　使用 Dweet 和 IFTTT 响应推文 ·· 370

第 17 章　家庭自动化 ·· 373

17.0　引言 ··· 373

17.1　通过 Mosquitto 将树莓派打造成 MQTT 代理 ·························· 373

17.2　组合使用 Node-RED 与 MQTT 服务器 ··································· 376

17.3　刷写 Sonoff Wi-Fi 智能开关，使其适用于 MQTT ··················· 380

17.4　配置 Sonoff Wi-Fi 智能开关 ·· 385

17.5　通过 MQTT 使用 Sonoff 网络开关 ······································ 387

17.6　利用 Node-RED 制作 Sonoff 闪烁开关 ·································· 389

17.7　Node-RED Dashboard 扩展 ·· 391

17.8　基于 Node-RED 的预定事件 ··· 394

17.9　通过 Wemos D1 发布 MQTT 消息 ·· 395

17.10　在 Node-RED 中使用 Wemos D1 ·· 398

第 18 章　Arduino 与树莓派 ·· 400

18.0　引言 ··· 400

18.1　通过树莓派对 Arduino 进行编程 ·· 401

18.2　利用 Serial Monitor 与 Arduino 进行通信 ······························ 402

18.3　配置 PyFirmata 以便通过树莓派来控制 Arduino ······················ 404

18.4　通过树莓派对 Arduino 的数字输出进行写操作 ························· 406

18.5　使用 PyFirmata 与 TTL 串口 ··· 407

18.6　使用 PyFirmata 读取 Arduino 的数字输入 ······························ 409

18.7　利用 PyFirmata 读取 Arduino 的模拟输入 ······························ 411

18.8　模拟输出（PWM）与 PyFirmata ···························· 412

18.9　利用 PyFirmata 控制伺服电机 ···························· 414

18.10　在树莓派上使用小型 Arduino ···························· 415

18.11　使用支持 Wi-Fi 的小型 Arduino 兼容系统（ESP8266）··········· 416

附录 A　配件与供应商 ································· 419

附录 B　树莓派引脚 ··································· 426

第3版前言

树莓派（Raspberry Pi）是一款基于 Linux 系统的、只有一张信用卡大小的卡片式计算机。研发树莓派的最初目的是通过低价硬件及自由软件来推动学校的基础计算机学科教育，但很快树莓派就得到计算机和硬件爱好者的青睐，他们用它学习编程，并创造出各种新奇、有趣的软硬件应用。

树莓派自 2011 年诞生以来，逐步成为基于 Linux 的低成本计算机和嵌入式计算平台这两个领域中的重要角色。同时，其也受到了教育工作者和业余爱好者的一致好评。

截至撰写本书时，树莓派的销售量已超过 4000 万台；在性能方面，树莓派已经足以替代 PC。随着可以在树莓派上运行的有关互联网浏览、电子邮件、办公套件和照片编辑的开源软件越来越多，树莓派将变得更加流行。

不过，即使是树莓派 4，仍然提供了通用输入输出（General Purpose Input/Output，GPIO）引脚，供业余爱好者在树莓派上添加自己的电子元件。

此次改版，我们进行了全面的更新，以涵盖树莓派的各种新型号，并反映 Raspbian 操作系统的许多变化和改进。此外，还增加了关于音频设备和家庭自动化的新章节。

我们对本书内容进行了精心编排，你既可以像阅读普通图书一样进行顺序阅读，也可以随机查阅各种示例。同时，你还可以通过目录或索引查找自己感兴趣的内容，然后进行跳跃式阅读。如果某些内容涉及其他章节，会有相应的提示，以便你查阅有关内容。

树莓派的世界日新月异。因为树莓派有一个活跃的大型社区，所以新型的接口板和软件库会源源不断地涌现。本书除了提供大量特定接口板和软件的使用示例之外，还提供相应的基础理论，以便帮助读者更透彻地理解树莓派生态系统中不断涌现的各种新技术。

如你所料，本书提供大量示例代码（大部分为 Python 程序）。这些示例代码全部是开源

1

的，并且可以从异步社区网站或 GitHub 下载。

对于大部分基于软件的示例，你所需要的只是一台树莓派而已。我建议你使用 B 型树莓派 3 或者树莓派 4。对于某些需要读者自己动手制作与树莓派交互的硬件的示例，我会尽量使用现成的模块、免焊面包板和跳线，以避免焊接工作。

如果你希望将基于面包板的项目制作得更加经久耐用，我建议你使用布局与面包板一致但是面积只有其一半的原型板（这些原型板在 Adafruit 上有售），因为基于原型板的设计能够轻松转换为焊接式的解决方案。

阅读指南

本书的实战风格意味着它不是一本必须从前到后按顺序阅读的书。相反，本书是由独立的示例组成的，并按章节进行分类。当一个示例需要你事先了解一些其他主题的知识时，会让你先去阅读与相应主题相关的另一个示例。

你可能会发现，为了完成某个树莓派项目，经常需要从一个示例跳转到另一个示例。

为此，我给大家规划了几条路径，这些路径适用于不同类型的读者。

1．树莓派初学者

阅读第 1～3 章的大部分内容——特别是 1.1 节、1.2 节、1.4 节和 1.6 节，之后，就可以根据需要进行跳读。

2．Python 学习者

如果你想通过树莓派来学习 Python 编程，则可以阅读第 5～7 章，不过，有时候会需要回过头来阅读前面几章中的某些示例。

3．电子爱好者

如果你还不熟悉 Python 编程，则需要先了解第 5～7 章介绍的 Python 知识，学习第 8 章后，就可以根据自己的兴趣阅读后面的章节，并着手开发树莓派电子技术项目。

该图标表示技巧、建议或一般性注释。

该图标表示警告或警示。

该图标提示你观看与本节内容相关的视频。

示例代码的用法

本书的补充资料（示例代码等）都可以从异步社区下载。

本书提供源代码的目的是帮你快速完成工作。在一般情况下，你可以在自己的程序或文档中使用本书中的代码，而非复制书中的部分代码，这样就不必取得我们的许可。例如，当你在编写程序时，用到了本书的几个代码段，这不必取得我们的许可。但若将 O'Reilly 图书中的代码进行出售或传播，则需获得我们的许可。引用示例代码或书中内容来解答问题无须获得我们的许可。当将书中很大一部分的示例代码用于你个人的产品文档时，则需要获得我们的许可。

如果你引用了本书的内容并标明版权归属声明，我们对此表示感谢，但这不是必须的。版权归属声明通常包括标题、作者、出版社和 ISBN，例如 "Raspberry Pi Cookbook, Third Edition, by Simon Monk(O'Reilly). Copyright 2020 Simon Monk, 978-1-492-04322-5"。

如果你认为你对示例代码的使用已经超出上述范围，或者你对是否需要获得示例代码的授权还不清楚，请随时联系我们：permissions@oreilly.com。

O'Reilly 在线学习平台（O'Reilly Online Learning）

O'REILLY® 　40 多年来，O'Reilly Media 一直致力于提供技术和商业培训、知识和卓越的见解，以帮助公司取得成功。

我们拥有独一无二的专家和革新者组成的庞大网络，他们通过图书、文章、会议和我们的在线学习平台分享他们的知识和经验。O'Reilly 的在线学习平台允许你按需访问现场培训课程、深入的学习路径、交互式编程环境，以及 O'Reilly 和 200 多家其他出版商提供的大量文本和视频资源。更多相关信息请访问 O'Reilly 官网。

如何联系我们

美国：

O'Reilly Media，Inc.

1005 Gravenstein Highway North

Sebastopol，CA 95472

中国：

北京市西城区西直门南大街 2 号成铭大厦 C 座 807 室（100035）

奥莱利技术咨询（北京）有限公司

欢迎读者对本书提出意见或指出技术问题，请发送电子邮件至 errata@oreilly.com.cn。

若要获取有关我们的图书、课程、会议和新闻的更多信息，请访问 O'Reilly 官网。

致谢

与往常一样，在此要感谢我的妻子 Linda 的耐心和支持。

我还要感谢技术审稿人 Duncan Amos 和 Ian Huntley，他们的帮助和杰出的建议，无疑为本书做出了巨大贡献。

同时，我也要感谢 Jeff Bleiel 和 O'Reilly 团队的所有成员。当然，还有 Octal 出版社的 Bob Russell。

西蒙·蒙克

第 1 章

配置与管理

1.0 引言

当你购买树莓派的时候，实际上只是在购买一块组装好的印制电路板，它甚至连电源和操作系统都没有。在正式使用树莓派之前，需要按照本章介绍的内容做好必要的设置。

由于树莓派采用的是标准 USB 接口的键盘和鼠标，大部分设置还是非常简单的，所以你只需重点关注树莓派特有的配置即可。

1.1 选择树莓派型号

1.1.1 面临的问题

树莓派具有多种型号，你不知道哪一种适合自己。

1.1.2 解决方案

树莓派型号的选择，在很大程度上取决于你打算用它来做什么。表 1-1 列出了一些用途及推荐的型号。

表 1-1　树莓派型号的选择

用途	推荐的型号	备注
替换台式计算机	B 型树莓派 4（4 GB）	如需浏览网页，则需要 4 GB 的内存
电子实验	B 型树莓派 2 或 B 型树莓派 3	具有适当性能的硬件可以减少软件问题，但是对性能没有过高的要求
计算机视觉	B 型树莓派 4（4 GB）	最高的性能需求

用途	推荐的型号	备注
家庭自动化	B 型树莓派 2 或树莓派 3	功耗低
媒体中心	树莓派 3 或树莓派 4	用于满足视频处理工作所需性能
电子显示板	任何型号	最好是支持 Wi-Fi 的型号，用于远程访问
嵌入式电子项目	W 型树莓派 Zero	低成本且支持 Wi-Fi，可进行远程访问

从通用性的角度来看，你应当选择 B 型树莓派 3。与最初的树莓派相比，其内存容量提升 4 倍，并且具有 4 核处理器；与 W 型树莓派 Zero 相比，其在处理大部分工作时的表现更加出色；在发热量方面，其要低于树莓派 4。B+型树莓派 3 的一大特色是内置 Wi-Fi 和蓝牙功能，所以你无须使用外置的 Wi-Fi 适配器或蓝牙硬件。

1.1.3　B 型树莓派 4

在撰写本书时，B 型树莓派 4（见图 1-1）刚刚发布。

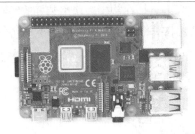

图 1-1　B 型树莓派 4

该型号打破了自 2014 年 B+型树莓派发布以来，树莓派连接器位置保持不变的惯例。这意味着之前为 B+型树莓派、树莓派 2、树莓派 3 及相关型号设计的外壳将无法适用于 B 型树莓派 4。

这个新型号还首次允许用户选择内存大小（1GB、2GB 或 4GB），同时，提供 2GB 和 4GB 内存的树莓派的价格也相应水涨船高。

实际上，这个型号最显著的变化是，为早期版本提供电源的 micro-USB 接口被取消，改为 USB-C 接口。此外，早期版本全尺寸的单个 HDMI 被一对 micro-HDMI 所取代，因此，你将需要一个特殊的 HDMI 引线或适配器。这样你可以同时连接两台显示器。

实际上，这款树莓派比之前的版本的运行速度要快得多（特别是如果你选择 4GB 内存版本）。事实上，一些基准测试表明，它比以前任何一款型号的树莓派都能快 3～4 倍。不过，这是以电路板上的主芯片运行温度比早期版本的更高为代价的——事实上，它热起来的温度足以伤人。

另外，如果你打算将树莓派嵌入一个用途单一的项目中，不妨选择 W 型树莓派 Zero：一方面，它比较紧凑；另一方面，可以省点儿钱。

A+型树莓派 3 本质上是 B+型树莓派 3，只是去掉了以太网连接器，并将 4 个 USB 接口中的 3 个去掉了。此外，A+型树莓派 3 的内存只有 B+型树莓派的一半，但它的价格要低得多（截至撰写本书时，已经便宜了不少）。所以，如果你的项目不需要额外的接口，它是绝对值得考虑的。

1.1.4　进一步探讨

从图 1-2 可以看出，W 型树莓派 Zero 的体积大约只有 B 型树莓派 3 或 B 型树莓派 4 的一半，两个 micro-USB 接口中的一个用于通信，另一个用于供电。此外，由于采用的是 mini-HDMI 和 micro-USB OTG 接口，这为 W 型树莓派 Zero 节省了大量空间。对 W 型树莓派 Zero 来说，要想连接键盘、显示器和鼠标，必须提前准备好支持 USB 和 HDMI 的适配器，否则是无法连接标准外围设备的。此外，A+型树莓派不仅体积要比 W 型树莓派 Zero 大，还拥有全尺寸的 USB 和 HDMI。

图 1-2　从左到右分别为 W 型树莓派 Zero、B 型树莓派 3 以及 B 型树莓派 4

表 1-2 总结了迄今为止所有型号的树莓派的差异，其中最近发布的型号位于顶部。

表 1-2　各种型号的树莓派的比较

型号	内存容量	处理器数量（内核数量×主频）	USB 接口数量	是否提供以太网接口	备注
B 型树莓派 4	1 GB/2 GB/4 GB	4 × 1.5 GHz	4（2 × USB3.0 接口）	是	2 × micro-HDMI
A+型树莓派 3	512 MB	4 × 1.4 GHz	1	否	Wi-Fi 和蓝牙
B+型树莓派 3	1 GB	4 × 1.4 GHz	4	是	Wi-Fi 和蓝牙
B 型树莓派 3	1 GB	4 × 1.2 GHz	4	是	Wi-Fi 和蓝牙
W 型树莓派 Zero	512 MB	1 × 1 GHz	1（micro-USB 接口）	否	Wi-Fi 和蓝牙
树莓派 Zero	512 MB	1 × 1 GHz	1（micro-USB 接口）	否	低成本

型号	内存容量	处理器数量（内核数量×主频）	USB 接口数量	是否提供以太网接口	备注
B 型树莓派 2	1 GB	4 × 900 MHz	4	是	
A+型树莓派	256 MB	1 × 700 MHz	1	否	
B+型树莓派	512 MB	1 × 700 MHz	4	是	已停产
A 型树莓派	256 MB	1 × 700 MHz	1	否	已停产
B 型树莓派 rev2	512 MB	1 × 700 MHz	2	是	已停产
B 型树莓派 rev1	256 MB	1 × 700 MHz	2	是	已停产

如果你拥有的树莓派是已经停产的老款树莓派，那也没关系，因为它仍然非常有用。

虽然其在性能方面不如新型的树莓派 4，但是在许多情况下，性能是无关紧要的。

如果你要购买一台新的树莓派，我认为用于通用计算机的最佳选择是 B+型树莓派 3。如果你需要尽可能强的运算能力，并且不介意处理器芯片发热，可以考虑树莓派 4。如果你不需要 Wi-Fi 或者不要求设备小巧，也可以考虑 B 型树莓派 3、B 型树莓派 2、A+型树莓派 3、树莓派 Zero 或者 W 型树莓派 Zero 等型号。

1.1.5　提示与建议

树莓派有各种型号，价格低的树莓派 Zero 与 W 型树莓派 Zero 是嵌入各种电子项目的理想之选，有了它们，你就不用担心购置成本问题。关于相应产品的介绍，参考 9.21 节。

1.2　装配系统

1.2.1　面临的问题

树莓派所需的一切都已经准备好后，接下来需要将它们装配起来。

1.2.2　解决方案

除非你打算把树莓派嵌入项目内部，或者想将其用于媒体中心，否则，就需要为其安装键盘、鼠标、显示器，甚至 Wi-Fi 无线网卡——如果你的树莓派没有提供内置的 Wi-Fi 模块。

图 1-3 展示的是一个典型的树莓派系统。如果你使用的是树莓派 4，还可以（如果有需要）连接第二台显示器。但是，如果你只有一台显示器，请将它连接到更靠近 USB-C 电源适配器的 micro-HDMI。

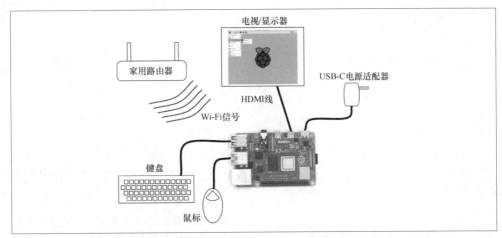

图 1-3　一个典型的树莓派系统

1.2.3　进一步探讨

树莓派几乎可以完美搭配所有 USB 键盘和鼠标，无论是有线的还是无线的。当然，无线蓝牙键盘和鼠标例外，它们无法用于树莓派。

树莓派 4 可以同时连接两台显示器。这时，你能够在屏幕之间移动鼠标指针，但 Raspbian 操作系统需要知道屏幕之间的相对位置。为此，你可以在主菜单的首选项部分打开屏幕配置工具（见图 1-4）。

图 1-4　配置多个屏幕

你可以拖动标有 HDMI-1 和 HDMI-2 的两个方框，它们代表两台显示器的物理位置。所以，就这里来说，显示器是并排布置的，左边的显示器连接到 HDMI-1。

如果你拥有的是老款树莓派，或者 A 型树莓派、A+型树莓派，并且 USB 接口不够用，那么你还需购置 USB 集线器。

1.2.4　提示与建议

请读者参考树莓派官方出品的快速入门指南。

1.3 封装树莓派

1.3.1 面临的问题

你希望给树莓派加一个外壳。

1.3.2 解决方案

除非你的树莓派是作为套件中的一部分购买的，否则它是不带外壳的。不带外壳的树莓派比较容易受损，因为电路板外面有许多裸露的连接部件，把树莓派放到金属上面的时候非常容易发生短路。

因此，为树莓派购买某种形式的保护装置不失为一项明智之举。如果你将来要用到树莓派的GPIO引脚（通过它们可以连接外部电子元件），图 1-5 所示的 PiBow Coupé 就是一个不错的选择，它不仅设计美观，而且非常实用——它不仅适用于树莓派 4，也适用于早期版本。

图 1-5　安装在 PiBow Coupé 中的树莓派 2

1.3.3 进一步探讨

除此之外，还有各种各样的保护装置供你选择，包括以下几类。

1. 简易的塑料壳，常分为两个部分，可通过卡扣组装在一起。

2. VESA 壁挂式保护壳（可以附着在显示器或电视的背面）。

3. 乐高样式的保护壳。

4. 用 3D 打印技术制作的保护壳。

5. 激光切割而成的卡扣式亚克力保护壳。

外壳种类繁多，你可以根据自己的喜好购买，与此同时，还必须考虑以下注意事项。

1. 你会用到 GPIO 引脚吗？如果你打算为树莓派连接外部电子设备，这个问题就显得非常重要。

2. 散热效果如何？如果你打算让树莓派超频运行（见 1.14 节），或者经常用于播放视频、玩游戏，在这些情况下树莓派通常会产生大量热量，所以散热是需要重点考虑的问题。

3. 确保外壳与你的树莓派型号相匹配。

如果你有机会使用 3D 打印机，也可以自己打印外壳。为此，你可以到 Thingiverse 或 MyMiniFactory 站点上搜索 Raspberry Pi，那里有很多不错的设计。

此外，你还能找到一些散热器套件，它们通常会提供许多小巧的、带有不干胶的散热器，可以放到树莓派的芯片上用以散热。当你对树莓派的要求比较苛刻（如播放大量视频）的时候，这些部件将会派上大用场。

如果你有一台树莓派 4，可以考虑安装一个小风扇来为其降温，比如图 1-6 所示的 Pimoroni Fan SHIM 风扇。

图 1-6　Pimoroni Fan SHIM 风扇

1.3.4　提示与建议

Adafruit 网站也为树莓派提供了各种各样的外壳，其中，有些外壳还为内置 SSD（Solid State Disk，固态盘）预留了空间，具体参考 1.10 节。

此外，你也可以到电商平台寻找其他树莓派商家提供的各式外壳。

1.4　选择电源

1.4.1　面临的问题

你需要为树莓派选择电源。

1.4.2　解决方案

树莓派对电源的基本电气规格的要求为可提供 5V 稳压直流电。

电源在电流大小方面的要求，取决于树莓派的具体型号以及其连接的外围设备。你最好购买一款能够轻松驱动任何型号树莓派的电源，因此电流一般不宜小于1A。

如果你在同一个卖家那里购买树莓派和电源，他通常能够告诉你某款电源是否与你的树莓派相匹配。

树莓派4应该使用能够提供3A电流的电源，这是因为它比早期型号的处理能力更强，需要更多的电力；同时，由于两个USB 3.0接口能够为大功率USB外设（如外部USB驱动器）提供电流高达1.2A的电源，所以，也许需要更多的电力。

如果打算让树莓派4之前的型号使用Wi-Fi或USB外设，则需要提供大量的电力，这时应该配置一个能够提供1.5A甚至2A电流的电源。此外，还要小心那些非常廉价的电源，它们可能无法提供额定的5V电压。

1.4.3 进一步探讨

树莓派4是第一款采用更加先进的USB-C接口的树莓派。与早期树莓派上使用的micro-USB接口不同，USB-C接口没有正反方向，可以随意插拔（见图1-7）。

图1-7 树莓派3（上）和树莓派4（下）的电源和视频接口

在图1-7中，树莓派4的USB-C接口位于树莓派3的micro-USB接口下方。此外，我们可以看到树莓派4用一对micro-HDMI取代了单个全尺寸HDMI。

树莓派的电源和连接器其实与许多智能手机的充电器是完全一样的。只要这些充电器采用的是micro-USB接口，那么其电压几乎都是5V的（但是仍需检验一下）。这样一来，唯一的问题就是这些充电器是否能够提供足够的电流。

如果它们无法提供足够的电流，就会产生下列问题。

1. 充电器过热，甚至有可能引发火灾。

2. 充电器本身报废。

3. 高负荷运行时（比如当树莓派使用Wi-Fi无线网卡的时候），会导致电压下降，从而可能导致树莓派重启。

如果你想使用树莓派3或更早的版本，那么电源必须能够提供1A及以上的电流。如果电源只是标明了功率，而没有给出电流，那么将功率除以5V就是电流。也就是说，一个5V、10W的电源能够提供2A（2000mA）的电流。

当我们使用一个最大电流为 2A 的电源的时候，我们用到的电力不会比使用能提供 700mA 电流的电源时的更多。因为树莓派只是按需耗电，而不是按照供电器的最大输出电流耗电。

在图 1-8 中，我测量了 B 型树莓派的电流，并与 B 型树莓派 2 和 B 型树莓派 4 的电流进行了相应的比较。

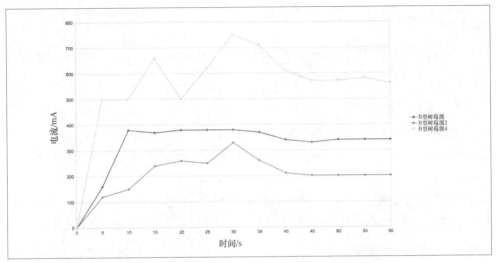

图 1-8　树莓派在引导期间的耗电情况

虽然新型号的树莓派（从 A+型到树莓派 4）要比旧型号的树莓派更加节能，但是当处理器满负荷运转，或者使用了大量外围设备的时候，它们的电流需求也是不低于树莓派 4 的，甚至更高。

当树莓派持续运行时，树莓派 2（以及树莓派 3）不仅在温度方面要比最新的树莓派 4 低得多，而且耗电量也少。

从图 1-8 可以看到，电流很少会高于 700mA。这是因为此时的处理器根本没有做太多的事情。当你开始播放 HD 视频的时候，电流就会显著提高。所以对电源来说，其额定输出电流最好高一些，以备不时之需。

1.4.4　提示与建议

你可以购买一个在树莓派关机时能自动切断电源的设备。

1.5　选择操作系统

1.5.1　面临的问题

面对众多的树莓派操作系统，你不知道应该选择哪一种。

1.5.2　解决方案

问题的答案取决于你到底想要用树莓派做什么。

如果你想将树莓派作为普通计算机使用，或者用于电子项目中，那么你可以选择树莓派的官方发行包：Raspbian。

如果你打算将树莓派作为媒体中心使用，也可以找到许多专门为此定制的 Linux 发行包（见 4.1 节）。

就本书而言，我们基本以 Raspbian 发行包为主，但是相关代码和命令同样适用于所有基于 Debian 的 Linux 发行包。

1.5.3　进一步探讨

microSD 卡不是很贵，你可以多准备几张，尽量多尝试几种发行包。如果你有此打算，最好把自己的文件存储在一个 U 盘上，这样就无须分别给每张 microSD 卡复制这些文件了。

请注意，如果你打算按照本书中的例子对 SD 卡进行写操作，那么要求你的计算机具有 SD 卡插槽（以及一个 SD 转 microSD 接口），或者专门购置一个 USB SD 读卡器。

1.5.4　提示与建议

树莓派的官方网站提供了许多树莓派发行包，读者可以访问官网了解详情。

1.6　通过 NOOBS 刷写 microSD 卡

1.6.1　面临的问题

你想通过 NOOBS（New Out of the Box Software）刷写 microSD 卡。

1.6.2　解决方案

NOOBS 是迄今为止为树莓派提供操作系统的最简便的方式之一。

从树莓派官网下载 NOOBS（注意，是 NOOBS，而非 NOOBS Lite）压缩文件，将其解压缩，然后将其存放到 microSD 卡中即可。为此，要求计算机有 SD 卡插槽，或提供 USB 适配器和 SD 转 microSD 适配器。

你下载 NOOBS 压缩文件之后，将其解压缩，并将整个文件夹里面的内容复制到 SD 卡中。需要注意的是，如果解压缩的文件夹名为 NOOBS_v2_9_0 或类似名称，那么你需要将该文件夹里面的内容复制到 microSD 卡的根目录，而不是直接复制这个文件夹。

microSD 卡

需要注意的是，并不是所有的 microSD 卡的性能都是一样的，所用的 microSD 卡的性能越好，树莓派的性能也会越高，所以，我们最好选用等级为 "class 10" 的 microSD 卡。在选择容量时，不应该选择低于 16 GB 的；鉴于价格差异较小，实际上 32 GB 是更好的选择，因为它能够提供足够的扩展空间。

将存有解压缩后的 NOOBS 文件的 microSD 卡插入树莓派，然后启动树莓派。启动后，你将看到图 1-9 所示的界面。在此界面中，选择 Raspbian，并单击 Install 按钮。

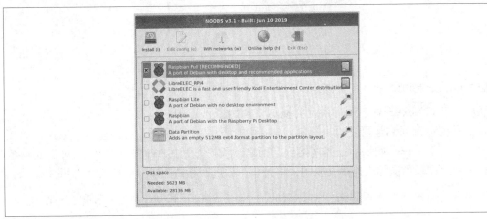

图 1-9　NOOBS 的开始界面

图 1-9 显示了为树莓派 4 提供的各种选项。在不同型号的树莓派上使用 NOOBS 时，你会看到不同的选项——因为对于不同的型号，它仅显示适用于该型号的相关选项。

你将收到一条警告消息，指出该 SD 卡将被重写（这正是我们想要做的），然后，选择的发行包会安装到该 SD 卡，还会显示一个安装进度条以及与该发行包有关的帮助信息（见图 1-10）。

图 1-10　NOOBS 重写 SD 卡

需要注意的是，完成这个过程可能需要一段时间。有时候，系统还会提示你连接Wi-Fi网络。

文件复制过程一旦结束，你将收到镜像成功的消息。届时，你可以按Enter键，将显示国家/地区信息对话框，你可以在其中选择相应的位置选项。注意，树莓派是一款英国产品，所以，这里的默认选项为英国。之后，树莓派就会重启，这时，你可以配置新安装的操作系统。首先，它会要求你选择国家/地区和其他位置选项（见图1-11）。

图1-11 安装完成后开始配置树莓派

然后，单击Next按钮，这时系统会提示将初始密码raspberry改为更安全的密码。接下来，系统会询问你是否要检查更新。需要注意的是，这项任务需要连接互联网，否则它无法正常工作。如果你已经连接到了网络（无论是通过Wi-Fi还是以太网），最好检查更新。如果当前无法连接互联网，将来也可以随时检查更新，具体方法参见3.40节。

树莓派的系统一旦运行起来，你的首要任务就是连接互联网（见2.1节和2.5节）。

1.6.3　进一步探讨

与完整的NOOBS不同，NOOBS Lite实际上并不包含Raspbian或任何其他发行版，它需要在microSD卡安装到树莓派后下载。在这种情况下，你的树莓派必须已连接互联网。之后，NOOBS Lite安装程序（见图1-12）会让你选择一个Wi-Fi网络。一旦连接上网络，NOOBS Lite安装程序就会下载一组操作系统，以供你进行选择。

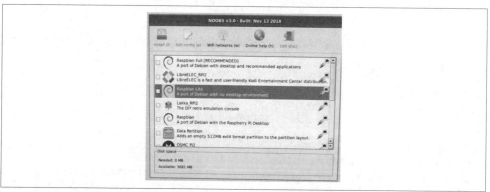

图1-12　NOOBS Lite安装程序

其中，Raspbian Lite是非常有趣的，它实际上是Raspbian的简化版本，专门用于headless

模式（headless 模式是指不需要显示器、键盘、鼠标等设备的模式，见 1.9 节）的树莓派的配置。

为了能将 NOOBS 正确地安装到 microSD 卡，必须将 microSD 卡格式化为 FAT32 格式。在通常情况下，市场上出售的 SD 和 microSD 卡都已经提前格式化为 FAT32 格式了。如果你打算使用的是一张旧卡，并且需要格式化成 FAT32，那么只要利用操作系统自身的工具就可以完成。有时，SD 卡可能会"顽固"地拒绝格式化，遇到这种情况，可以将其放入数码相机，并通过相机的格式化选项完成格式化。microSD 卡的类型对安装于其上的操作系统的运行速度有非常大的影响，所以挑选的时候，应当尽量选择标有"class 10"的 microSD 卡。

1.6.4 提示与建议

参考树莓派官网的提示，了解使用 NOOBS 安装操作系统的详细信息，还能找到更多类型的发行包。

如果需要提高对 SD 卡的控制权，比如希望在安装系统后自动下载并运行一个程序，参考 1.8 节。

如果想通过 PiBakery 用 Raspbian Lite 配置一个 headless 模式的树莓派，参见 1.9 节。

1.7 在不借助 NOOBS 的情况下安装操作系统

1.7.1 面临的问题

你想把树莓派的操作系统直接存放到 SD 卡或其他可移动介质上。

1.7.2 解决方案

一般来说，如果你只是想用 Raspbian 来配置树莓派，那么参考 1.6 节介绍的方法即可，因为它比本节介绍的方法简单得多。

但是，有时候你可能希望将磁盘镜像直接写入 SD 卡来运行系统——而不必从树莓派上的 SD 卡运行操作系统的安装程序。

之所以要这么做，可能是因为想使用非标准操作系统，或者，正如你将在本节中看到的，你希望使磁盘镜像位于 SD 卡以外的地方——可能是外部 USB 驱动器。

无论你出于何种原因，将磁盘镜像写入 SD 卡或其他介质的过程如下所示。

1. 使用 macOS、Windows 或 Linux 计算机（而非你的树莓派）下载磁盘镜像刻录软件 Etcher。

2. 还是在你的计算机上，下载你要安装的磁盘镜像。你可以从树莓派官网找到官方发行版。

3. 将 SD 卡（或任何你想安装操作系统的介质）插入计算机。最好是断开其他可移动介质的连接，这样你就不会意外地覆盖它们了。

4. 启动 Etcher（见图 1-13），然后选择镜像文件。在这里，我们选择的是 extension.iso，不过，你也可以选择该文件的 ZIP 格式，这也是允许的。

5. 单击 Etcher 上的 Select drive 按钮，选择 SD 卡或其他可移动介质。

   注意，这里选择的存储介质上的所有数据都会被删除，所以要非常小心，千万不要选择计算机的主硬盘。

6. 单击 Flash! 按钮，等待镜像文件刻录到可移动介质上。

   准备好 SD 卡或其他可移动介质后，将其连接到树莓派，当树莓派上电后，就会启动已安装的操作系统。

图 1-13　使用 Etcher 刻录磁盘镜像

1.7.3　进一步探讨

硬件供应商有时会提供自己的磁盘镜像，其中内置了对其硬件的支持。但是，最好避免使用这样的镜像，因为这样做就意味着你将无法获得使用标准 Raspbian 发行版和所有预装软件带来的各种好处。同时，这也意味着，如果你的某个软件出现了问题，你将很难得到技术支持，因为你使用的是非标准的发行版。

1.7.4　提示与建议

关于使用本节介绍的方法从适当的磁盘而非 SD 卡上运行 Raspbian 的例子，参见 1.10 节。

1.8　使用 PiBakery 配置和刷写 SD 卡

1.8.1　面临的问题

你希望将 Raspbian 安装到多个 microSD 卡上供多个树莓派使用，但你又不想对各个树莓派进行单独设置。

1.8.2 解决方案

下载由 David Ferguson 创建的 PiBakery 工具。该软件非常有用，并且支持 macOS 或 Windows 计算机，它不仅可以刷写 SD 卡（见 1.6 节），而且能设定基本安装完成后需要自动执行的其他步骤，如设置 Wi-Fi 连接（见 2.5 节）或修改树莓派的网络名称（见 2.4 节）。

首先，你需要下载 PiBakery。当你运行安装程序时（见图 1-14），你可以选择 Raspbian Full 或 Raspbian Lite，或者两者都选。除非你想在没有键盘、鼠标或显示器的情况下使用树莓派，否则只需要选择 Raspbian Full 即可。请注意这些文件的大小——都是"庞然大物"!

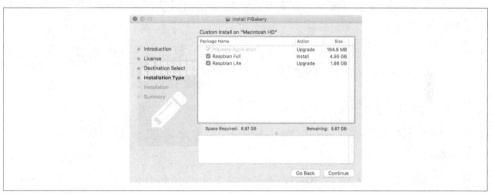

图 1-14　安装 PiBakery

安装好 PiBakery 后，请运行该程序。这时，会弹出一个窗口，你可以通过将块拖动到画布上来指出想要如何配置 Raspbian microSD 卡。在图 1-15 中，你可以看到我们是如何为 Startup 项添加一个"On Every Boot"块，然后在它下面添加 3 个相互连接的块的。

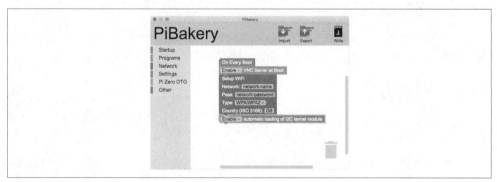

图 1-15　使用 PiBakery 配置 microSD 卡镜像

在上图中，第一个块用于确保启用虚拟网络控制台（Virtual Network Console，VNC）（见 2.8 节），第二个块用于设置 Wi-Fi 连接，最后一个块指出如何启用 I2C 接口（见 9.3

节）来连接外部电子设备。

当你对设置感到满意时，请将 microSD 卡插入计算机，然后单击 Write 按钮。这时会出现一个提示，要求你选择用于安装 Raspbian 操作系统的 SD 卡，并选择 Raspbian Lite 或 Raspbian Full（大部分读者选择 Raspbian Full 即可，除非你打算让树莓派运行在 headless 模式，具体参见 1.9 节）。之后，单击 Start Write 按钮，就会开始在 microSD 卡上安装 Raspbian 操作系统。安装完成后，弹出 microSD 卡，并将其插入树莓派，然后，就可以启动操作系统并直接使用了——根本无须进行任何其他设置。

1.8.3 进一步探讨

当你需要设置一大堆树莓派（比如为教室的所有学生设置树莓派）的时候，PiBakery 就是你的不二之选。

除了我们在这里使用的块之外，还有很多其他的块，它们也可以在启动时自动执行某些操作，比如自动运行程序，甚至可以从互联网下载并安装软件包。

1.8.4 提示与建议

在 1.9 节中，我们将再次使用 PiBakery 将树莓派设置为 headless 模式（没有键盘、鼠标或显示器）。

需要注意的是，不要将这里的 PiBakery 与 macOS 工具 ApplePi-Baker 搞混了。对使用 macOS 的读者来说，当需要备份和恢复树莓派 SD 卡时，ApplePi-Baker 是一个非常棒的工具。

1.9 使用 PiBakery 配置 headless 模式的树莓派

1.9.1 面临的问题

你想在不使用键盘、鼠标或显示器（headless 模式）的情况下设置一个树莓派（比如 W 型树莓派 Zero）。

1.9.2 解决方案

使用 PiBakery（见 1.8 节）配置带有 Raspbian Lite 和 Wi-Fi 凭证的 microSD 卡，这样你就可以使用 SSH（见 2.7 节）来远程控制树莓派了。

在这个解决方案中，假设需要对 W 型树莓派 Zero 进行配置，具体任务包括以下几项。

1. 将网络名称指定为 "PiZero"，这样便于在网络中找到它。

2. 连接 Wi-Fi，从而连接到互联网。

3. 从互联网上下载并运行一个 Python 脚本。

你目前可能还用不到第 3 步，但将来可能会用到，所以，提前了解一下也没坏处。

此外，你可以在普通计算机上通过 SSH 连接 W 型树莓派 Zero。

首先，你需要下载并运行 PiBakery（见 1.8 节）。

然后，像图 1-16 那样进行配置。同时，不要忘记设置 Wi-Fi。需要注意的是，SSH 是自动启用的。

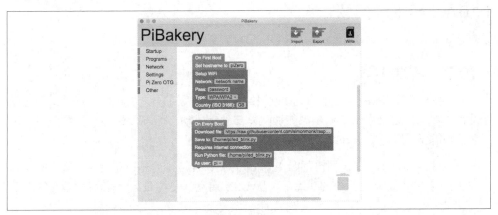

图 1-16　使用 PiBakery 配置 headless 模式的树莓派

这里要运行的 Python 程序来自 10.1 节，它使用树莓派的一个 GPIO 引脚来开启和关闭 LED。为了确保会自动下载这个程序，请在 "Download file" 行输入相应的网址，具体如图 1-16 所示。

PiBakery 有一个特性，即允许我们加载（导入）并保存配置。你可以将图 1-16 所示的配置加载到 PiBakery 中，方法是单击 Import 按钮，然后导航到本书存储库的 PiBakery 文件夹中的 headless_blink.xml 文件。关于本书示例代码的下载说明，详见 3.22 节。

请注意，图 1-16 中使用了两个引导块。在第一次引导时，主机名被设置为 piZero 并配置 Wi-Fi。第二个块在后续引导时起作用：下载 blink 程序，并运行它。

因此，在将 microSD 卡插入树莓派 Zero 并首次启动后（只需让它运行几分钟即可），需要断电再重新开机。现在，如果你将一个 LED 连接到 18 号引脚，它应该开始闪烁。

1.9.3　进一步探讨

对于设置 headless 模式的树莓派，PiBakery 是一个非常不错的方法。不过，除了设置 microSD 卡首次使用外，你还可以修改配置。所以，如果你把我们之前设置好的树莓派关机，取出 SD 卡，再插入计算机，PiBakery 会检测到 SD 卡被用过，并加载相应的配置。因为第一次引导已经发生过了，所以只会显示每次启动时的情况。但是，实际上你可以编辑这个配置并进行修改，甚至可以添加更多的块，而无须再次刷写该 SD 卡。

1.9.4 提示与建议

关于 PiBakery 的完整文档，参阅 PiBakery 官网。

1.10 从真正的硬盘或 U 盘启动

1.10.1 面临的问题

你的 microSD 卡容量太小了，或者你担心 SD 卡难以承载整个操作系统。

1.10.2 解决方案

你可以连接外部的 USB 闪存盘、USB 硬盘或大容量的 SSD，它们将被树莓派识别为存储设备。然而，如果你希望树莓派能够从外部硬盘启动，而不仅仅是作为数据存储访问它，则需要采取一些额外的步骤。

1. 购买一款 4GB 内存的 B 型树莓派 4。如果你要添加一个合适的磁盘，那么，增加额外的计算能力是非常值得的。此外，从 USB 启动只是树莓派 3 和后续型号的启动选项之一。

2. 按照 1.7 节介绍的方法，使用 microSD 卡为树莓派安装 Raspbian 操作系统。

3. 除非你下载了 NOOBS，否则请按照 3.40 节介绍的方法将树莓派的操作系统更新至最新版本。

4. 配置树莓派的硬件，使其从 USB 启动。这要用到一种被称为 OTP（One Time Programming，一次性编程）的技术。顾名思义，OTP 就是对树莓派的硬件进行永久性的改变，并且无法撤销。因此，一定要确保树莓派的操作系统是最新的（见 3.40 节），并且在终端会话中输入以下命令时要格外小心。

在本书中，所有命令行都以$符号开头，也就是说，如果行首为$，就意味着需要输入一条命令。不过，命令行的响应将不带前缀，与树莓派屏幕上显示的一样。

```
$ echo program_usb_boot_mode=1 | sudo tee -a /boot/config.txt
```

需要注意的是，命令中间的分隔符为|（竖线符号或管道符号）。通常，你可以在 Windows 计算机键盘上的右 Shift 键旁边以及 Mac 键盘上的 Enter 键附近找到该符号。

关闭你的树莓派（见 1.16 节），并取出 microSD 卡。

5. 将 U 盘（或闪存驱动器）连接到你的普通计算机，并按照 1.7 节介绍的方法安装磁盘镜像。

6. 弹出并拔掉普通计算机上的 U 盘，并将其连接到树莓派上。

7. 打开树莓派的电源，它应该开始从 U 盘启动。你将收到一条消息，告知根文件系统已调整大小。一段时间后，Pixel 桌面将出现在屏幕上。

1.10.3 进一步探讨

如果你想把树莓派的主盘换成物理磁盘，同时又想给你的树莓派 2 和树莓派 3 找到一个好的外壳，一个非常不错的解决方案是 Element 14 提供的 DIY Pi Desktop 套件。这个套件（见图 1-17）包括以下部件。

1. 一块 USB 转 mSATA（1.8 英寸，1 英寸≈2.54 厘米）的转接板，它可以安装在你的树莓派上。

2. 一个 U 型 USB 连接器，可以将树莓派的一个 USB 接口连接到 USB 转 mSATA 接口板。

3. 树莓派处理器芯片的散热片。

4. 一款时尚、小巧的树莓派外壳，包括一个启动按钮，用于启动树莓派。

除此之外，组装一台完整的树莓派桌面计算机还需要下列部件。

1. 一个 1.8 英寸 mSATA 磁盘驱动器。我会选择 SSD，因为 SSD 不仅比磁性硬盘更稳固，而且耗电量更小。

2. 一个性能良好的电源。因为你现在需要同时为树莓派和 U 盘供电，所以，有可能需要升级你的电源。Element 14 网站建议使用 5V、2.5A 的电源（见 1.4 节）。

3. 如果你想为树莓派桌面计算机安装一个网络摄像头，可以选择树莓派摄像头（见 1.17 节）。

图 1-17 Element 14 网站上的树莓派桌面计算机 DIY 套件

在组装套件的硬件时，可以参考相应的说明书。但在把所有部件装箱之前，我强烈建议你将树莓派固定到外壳中，因为装箱之后，很难从树莓派中取出 microSD 卡。

需要注意的是，截至目前，树莓派 4 还没有这种外壳。

1.10.4　提示与建议

本节内容是在树莓派官网资料的基础上改编的，有关自己组装树莓派桌面计算机的更多信息，请移步树莓派官网。

1.11　连接 DVI 或 VGA 显示器

1.11.1　面临的问题

你的显示器没有 HDMI 连接器，但是你仍然想用它连接树莓派。

1.11.2　解决方案

许多人都面临这个问题，不过，对没有 HDMI 但是支持 DVI 或者 VGA 输入的显示器来说，你只要购买相应的适配器就可以解决这个问题。

DVI 适配器不仅用起来最为简单，同时也是最便宜的。如果你以"HDMI male to DVI female converter"作为关键词进行搜索，会找到许多的 DVI 适配器。

1.11.3　进一步探讨

VGA 适配器的用法相对来说更复杂一些，因为它需要相应的电子设备将数字信号转换为模拟信号，所以你要留意一下是否提供了这些转接线。

官方的转换器名称为 Pi-View，在任何销售树莓派的地方都能买到它。使用 Pi-View 的好处是它已经过了长时间的测试，是可靠的，并且非常适合用于树莓派。当然，在互联网上还可以找到许多廉价的替代品，不过这些通常都不靠谱。

1.11.4　提示与建议

ELinux 上也给出了许多挑选转换器的建议。

1.12　使用复合视频显示器/电视

1.12.1　面临的问题

当文本显示在低分辨率的复合视频显示器上的时候，很难辨认。

1.12.2　解决方案

你需要调整树莓派的分辨率，以适应较小的屏幕。

树莓派提供两种视频输出：HDMI 和来自音频插孔的复合视频。后者需要专用的线缆。其中，HDMI 的输出质量更高一些。如果你打算使用复合视频作为主显示器信号，那么你可能需要再三斟酌。

如果你果真打算使用这种屏幕，比如确实需要一个小屏幕，那么你必须做出相应的调整，以使视频输出适合屏幕大小。为此，你必须修改/boot/config.txt 文件。

你可以使用笔记本计算机或台式计算机来编辑这个文件，只需将 SD 卡插入其读卡器即可；或者，你可以直接在树莓派上编辑该文件，这样就无须从树莓派中取出 SD 卡。如果使用树莓派编辑该文件，通常要用到编辑器 nano。由于该软件用起来有一定难度，因此，我建议你在尝试编辑第一个文件之前，先阅读 3.7 节。如果你愿意继续使用 nano 编辑文件，请在终端会话中执行以下命令。

```
$ sudo nano /boot/config.txt
```

注意，如果要保存所做的修改并退出 nano 软件，请先按 Ctrl+X 组合键，然后按 Y 键确认保存内容，最后按 Enter 键退出。

如果文字太小难以看清，而你又没有 HDMI 显示器，那么你可以将 SD 卡从树莓派上取下来，将其插入 Windows 计算机。该文件位于 SD 卡的根目录下，你可以通过 Windows 计算机上的文本编辑器（例如 Notepad++）来进行修改。

你需要了解自己屏幕的分辨率是多少。许多小屏幕的分辨率通常是 320 像素×240 像素。在这个文件中，你可以找到如下所示的两行内容。

```
#framebuffer_width=1280
#framebuffer_height=720
```

将以上两行内容前面的#去掉，并将两个数字改为你的显示器的宽度和高度。在下面的例子中，这两个数字已经被改为 320 和 240。

```
framebuffer_width=320
framebuffer_height=240
```

保存文件，然后重新启动树莓派。你将会发现，屏幕上面的内容已经变得易于阅读。你也许还会发现，屏幕周围出现了一个大黑边。要想调整黑边，可以参考 1.13 节。

1.12.3　进一步探讨

除此之外，树莓派还可以使用许多廉价的闭路电视（Closed Circuit Television）显示器，这时它们看起来非常像仿古的游戏控制台（见 4.4 节）。

不过，这些显示器的分辨率通常很低。

1.12.4　提示与建议

如果你想阅读其他复合视频显示器的使用指南，可以参考 Adafruit 提供的有关介绍。

另外，如果你使用的是 HDMI 视频输出，可以按照本书的 1.11 节和 1.13 节介绍的方法来调整图像。

1.13　调整显示器中的图像尺寸

1.13.1　面临的问题

当你第一次将树莓派连接到显示器时，可能会发现某些文本无法阅读（因为它们跑到屏幕外边去了），或者遇到窗口无法充满整个屏幕的问题。

1.13.2　解决方案

如果你的问题是图片周围有大量黑边，你可以通过树莓派的桌面配置工具（见图 1-18）使屏幕铺满显示器。为了打开这个配置工具，请进入 Raspberry Pi 菜单（就是带有 Raspberry Pi 图标的那个菜单），选择 Preferences→Raspberry Pi Configuration 选项即可。

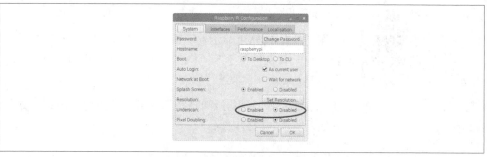

图 1-18　使用 Raspberry Pi Configuration 工具来解决扫描幅度不够的问题

然后，单击 Underscan 旁边的 Disabled 单选按钮。请注意，在单击 OK 按钮并重新启动树莓派之前，该修改是不会生效的。

如果你的问题正好相反——文本延伸到屏幕之外，请单击 Underscan 旁边的 Enabled 单选按钮。

接下来，你需要编辑/boot/config.txt 文件。你可以通过移除 SD 卡并将其挂载在普通计算机上来完成编辑工作，或者直接在树莓派上编辑 SD 卡。在树莓派上编辑文件通常需要用到 nano 编辑器——不过，这种方法比较复杂，我建议你在尝试编辑第一个文件之前阅读 3.7 节。如果你阅读之后仍然坚持使用 nano 编辑文件，请在终端会话中执行以下命令。

```
$ sudo nano /boot/config.txt
```

然后，找到处理过扫描的部分。你需要修改的 4 行内容显示在图 1-19 所示的中间部分，并且每一行都以#overscan 开头。

要想让这 4 行内容起作用，首先得把每行前面的#符号去掉。

要保存修改内容并退出 nano，先按 Ctrl+X 组合键，然后按 Y 键（进行确认），最后按 Enter 键即可。

之后，可以借助试错法不断调整设置，直到窗口基本铺满整个显示器为止。需要注意的是这 4 个数字都应该是负数。在调整这些设置时，不妨将−20 作为它们的起始值。

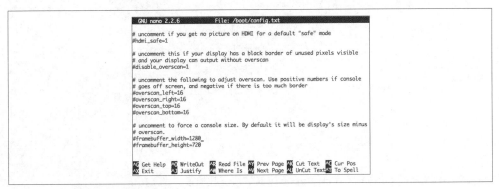

图 1-19　调整过扫描设置

1.13.3　进一步探讨

若每次修改分辨率之后，都得重启树莓派才能看到修改后的效果，那么整个过程将非常烦琐。但幸运的是这种事情只需要进行一次就行了，并且大部分显示器和电视无须调整就能正常工作。

1.13.4　提示与建议

关于利用 raspi-config 工具进行欠扫描设置的详细介绍，参考 ELinux 网站。

1.14　优化性能

1.14.1　面临的问题

你感觉自己的树莓派运行速度太慢了，想通过超频来提速。

1.14.2　解决方案

如果你使用的是 4 核处理器的树莓派 2、树莓派 3 或树莓派 4，你不会有太慢的感觉。但是，如果你使用的是单核处理器的老版树莓派，运行给你的感觉就像是"老牛拉破车"。

为了提高树莓派的运行速度，你可以使用超频方法。

当然，这会使树莓派的耗电量有所增加，同时也会使它变得更热（参考后面的内容）。

这里使用的超频方法称为动态超频，因为它会自动检测树莓派的温度，并且一旦温度过高，时钟频率就会自动下调，这叫作节流（throttling）。

要配置超频，最简单的方法就是使用 Raspberry Pi Configuration 工具。

要想打开这个工具，请转至 Raspberry Pi 菜单，选择 Preferences→Raspberry Pi Configuration 选项。接下来，打开 Performance 选项卡（见图 1-20）。

图 1-20 使用 Raspberry Pi Configuration 工具进行超频配置

当然，显示的超频（Overclock）选项会随着树莓派型号的不同而有所区别。选择其中一个选项，然后单击 OK 按钮即可。不过，这里所做的修改只有在重新启动树莓派后才会生效。

如果你在没有显示器的情况下运行树莓派（见 1.9 节），仍然可以进行超频，但需要先熟悉 2.7 节中介绍的 SSH 方面的知识。在你能够连接 SSH 后，只需在 SSH 终端中执行以下命令，就能运行 raspi-config 程序了。

```
$ sudo raspi-config
```

之后，请选择 Overclock 选项，这时将显示图 1-21 所示的选项。

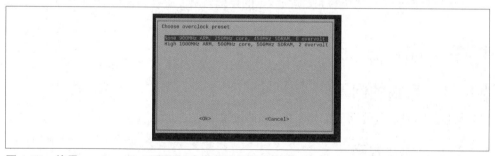

图 1-21 使用 raspi-config 工具通过命令行进行超频配置

你可以从中选择一个选项。如果你的树莓派开始变得不稳定甚至无响应，那么说明需要选择一个更保守的选项，或者将其重新设为 None 以关闭超频功能。

1.14.3 进一步探讨

利用超频方法，性能会得到明显改善。为了衡量改善程度，我在 15℃的室温环境下对 B 型树莓派（没有外壳）进行了测试。

我使用下面的 Python 代码作为测试程序。这段代码只针对处理器（也就是说，使其飞快运转），而没有涉及计算机的其他方面，例如写 SD 卡、绘图等。如果你想测试树莓派的超频效果，那么该程序确实能够较好地反映出 CPU 的性能。

```
import time

def factorial(n):
  if n == 0:
    return 1
  else:
    return n * factorial(n-1)

before_time = time.clock()
for i in range(1, 10000):
  factorial(200)
after_time = time.clock()

print(after_time - before_time)
```

注意，在这里给出代码对许多读者来说可能有些突兀，因此，如果你不熟悉 Python，不妨先读完第 5 章，再来看这些代码。

测试结果如表 1-3 所示，主要包括利用测试设备得到的电流和温度等方面的数据。

表 1-3　超频效果

频率	运行时长	电流	温度
700 MHz	15.8 s	360mA	27℃
1 GHz	10.5 s	420mA	30℃

如你所见，性能提升了约 33%，但是性能提升的代价是需要更大的电流，同时带来更高的温度。

为了让树莓派全速运行，你最好提供一个散热良好的外壳。

除此之外，你还可以设法为树莓派提供水冷设备，不过说实话，这样做非常不明智。

1.14.4　提示与建议

关于 raspi-config 工具的详细用法，参考 ELinux 网站。

1.15　修改密码

1.15.1　面临的问题

通常情况下，树莓派的默认密码为 raspberry，你想修改此密码。

1.15.2　解决方案

将 Raspbian 安装到 SD 卡上后，系统会提示你修改密码，但你可以跳过这一步。你可以使用 Raspberry Pi Configuration 工具随时修改密码。要打开该工具，请进入 Raspberry Pi 菜单，选择 Preferences→Raspberry Pi Configuration 选项。然后，进入 System 选项卡。在那里，你会发现 Change Password 按钮（见图 1-22）。

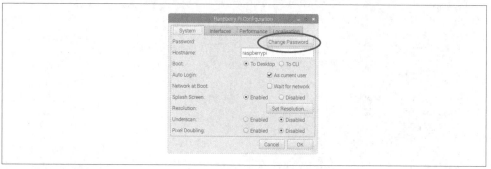

图 1-22　使用 Raspberry Pi Configuration 工具修改密码

修改密码后，我们无须重启树莓派，所做修改会立即生效。

1.15.3　进一步探讨

你还可以在终端中利用 passwd 命令来修改密码，具体如下所示。

```
$ passwd
Changing password for pi.
(current) UNIX password:
Enter new UNIX password:
Retype new UNIX password:
passwd: password updated successfully
```

1.15.4　提示与建议

关于 raspi-config 工具的详细用法，参考 ELinux 网站。

1.16　关闭树莓派

1.16.1　面临的问题

你想关掉自己的树莓派。

1.16.2　解决方案

单击桌面左上角的 Raspberry 菜单，将打开一个对话框，其中含有图 1-23 所示的 3 个关机选项。

1. Shutdown

关闭树莓派。要想再次启动树莓派，需要拔掉电源，然后重新插上才行。

2. Reboot

重新启动树莓派。

3. Logout

注销，并显示登录提示符，输入登录凭证可重新登录。

图 1-23　关闭树莓派

此外，你可以在命令行执行下列命令来重启树莓派。

```
$ sudo reboot
```

在安装某些软件之后，通常会用到上面这条命令。当你执行该命令时，会看到图 1-24 所示的消息，它展示了 Linux 操作系统的多用户特性，向所有连接到树莓派的用户提出警示。

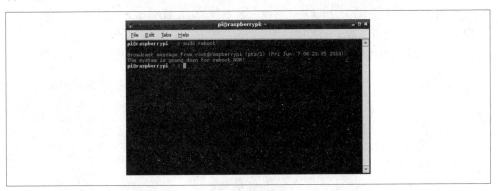

图 1-24　通过终端关闭树莓派

1.16.3　进一步探讨

关闭树莓派时，不要"简单粗暴"地拔掉电源插头，最好采用上面介绍的关机方法，因为当你给树莓派断电的时候，可能它正在向 microSD 卡中写入数据，这样一来就会导致文件受损而无法正常使用。

与大多数计算机的关机方法不同，树莓派的关机实际上并非切断电源。关机后，它只是进入了低功耗模式。

1.16.4　提示与建议

你可以购买一款硬件设备，以实现在树莓派关机的同时切断其电源。在 1.10 节中，我们见过一款带有电源按钮的外壳。关于为树莓派添加启动按钮的相关信息，参见 12.14 节。

1.17　为树莓派安装摄像头模块

1.17.1　面临的问题

你想使用树莓派的摄像头模块（见图 1-25）。

图 1-25　树莓派的摄像头模块

1.17.2　解决方案

树莓派的摄像头模块是通过排线连接到树莓派上的。

实际上，树莓派摄像头主要有两个版本：原始版本 1（见图 1-25）和较新的高分辨率版本 2。

排线需要连到介于树莓派 2、树莓派 3 或树莓派 4 的音频和 HDMI 之间的专用连接器上。要将排线安装到树莓派上，请轻轻拉起连接器两侧的扳手，使其解锁，然后将排线压入槽中，注意要让排线连接器的衬垫背对以太网接口。之后，按下两边的扳手，锁住排线（见图 1-26）。

 摄像头包装上面的说明文字指出它对静电敏感。

因此，在开始操作之前，需要释放身上的静电，触摸 PC 金属机箱等接地设备都可以消除静电。

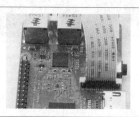

图 1-26　为 B 型树莓派 3 安装摄像头模块

请注意，树莓派 Zero 需要使用特殊的排线或适配器，因为它的摄像头接口比全尺寸的树莓派的接口要小很多（参见 A.5 节）。

摄像头模块安装好之后，还需要进行必要的软件配置才能使用。最简单的配置方法是使用 Raspberry Pi Configuration 工具。要打开这个工具，请进入 Raspberry Pi 菜单，选择 Preferences→Raspberry Pi Configuration 选项。然后，进入 Interfaces 选项卡，并将 Camera 选项设置为 Enabled（见图 1-27）。

图 1-27　使用 Raspberry Pi Configuration 工具启用摄像头

如果你通过 SSH 来远程使用树莓派（见 2.7 节），你也可以使用 raspi-config 启用摄像头。要运行 raspi-config 软件，请在终端会话中执行以下命令。

```
$ sudo raspi-config
```

然后，选择 Interfacing Options，这样就会看到 Camera 选项（见图 1-28）。

图 1-28　从命令行使用 raspi-config 启用摄像头

实际上，有两个命令可用于捕获静态图像和视频：raspistill 和 raspivid。

要想拍摄单张静态图像，可以使用 raspistill 命令，具体用法如下所示。

```
$ raspistill -o image1.jpg
```

预览屏幕会显示 5s 左右，之后拍照，并将照片保存到当前目录下的 image1.jpg 文件中。

为了录制视频，可以使用 raspivid 命令，具体如下所示。

```
$ raspivid -o video.h264 -t 10000
```

上述命令后面的数字表示录像时间，单位是 ms，就本例而言，录像时间是 10 s。

1.17.3　进一步探讨

无论是 raspistill，还是 raspivid，都提供了许多参数、选项。无论哪个命令，如果只执行命令本身而不带任何参数，就会自动显示可用选项的帮助信息。

该摄像头模块能够进行高分辨率的静态拍照和视频录制。

并且，第 2 版的树莓派摄像头模块可捕捉到 3280 像素 × 2464 像素的静态图像，也支持 1080p30 fps、720p60 fps 和 640 × 480 p90 fps 分辨率的视频。

此外，你可以购买非红外（NoIR）夜视摄像头，由于这种摄像头去掉了红外滤镜，因此，可以在夜间红外照明的情况下工作。

摄像头模块的一个替代方案是使用 USB 摄像头（见 8.2 节）。

1.17.4　提示与建议

关于命令 raspistill 和 raspivid 的详细介绍，参考 RaspiCam 的说明文档。

1.18　使用蓝牙设备

1.18.1　面临的问题

你想在自己的树莓派上面使用蓝牙设备。

1.18.2　解决方案

如果你使用的是树莓派 3 或树莓派 4，事情就简单多了：这两个版本不仅提供了 Wi-Fi 无线网卡，也附带了蓝牙硬件。如果你的树莓派的版本较旧，则需要自己安装一个 USB 蓝牙适配器。然而，无论你属于哪种情况，所需的蓝牙软件都已经包含在 Raspbian 操作系统中。

并非所有的蓝牙适配器都能与树莓派无缝兼容，但是大部分都是兼容的，以防万一，购买时请选择那些声明能够兼容树莓派的适配器。图 1-29 所示的树莓派 2 配备了一个USB 蓝牙适配器（即离摄像头最近的那个适配器）以及一个 USB Wi-Fi 适配器。

图 1-29　安装了 USB 蓝牙和 Wi-Fi 适配器的树莓派 2

Raspbian Pixel 桌面已经集成了蓝牙功能，这与 Mac 桌面非常相似。在屏幕的右上角，你会看到蓝牙图标（见图 1-30 中被圈中部分）。单击这个图标就可以打开蓝牙菜单。

图 1-30　Raspbian 操作系统中的蓝牙菜单

如果你想连接一个蓝牙外设，比如蓝牙键盘，直接选择 Add Device 选项即可。

之后，会弹出一个 Add New Device 对话框，其中会显示可用的设备列表，也就是可以与之连接或"配对"（见图 1-31）的设备。

图 1-31　蓝牙设备配对

这时，你可以从中选择要配对的设备，然后，只需按照树莓派和你要配对的设备上出现的说明进行操作即可。

1.18.3　进一步探讨

你可以将手机、蓝牙扬声器、键盘和鼠标与树莓派进行配对。我发现，连接一个新的蓝牙设备时并不见得第一次就能成功，所以，如果你一开始与设备配对时遇到了问题，在你放弃之前不妨多试几次。

大多数情况下，在桌面中将蓝牙设备添加到树莓派还是很方便的，但是，你也可以通过命令行对蓝牙设备进行配对。

要通过命令行执行与蓝牙设备有关的命令，请使用 bluetoothctl。

```
$ bluetoothctl
[NEW] Controller B8:27:EB:50:37:8E raspberrypi [default]
[NEW] Device 51:6D:A4:B8:D1:AA 51-6D-A4-B8-D1-AA
[NEW] Device E8:06:88:58:B2:B5 si's keyboard #1
[bluetooth]#
```

上面的命令用于扫描蓝牙设备，然后，就可以借助 pair 命令通过设备 ID 进行配对了。

```
[bluetooth]# pair E8:06:88:58:B2:B5
```

1.18.4　提示与建议

关于兼容树莓派的适配器的清单，参考树莓派官网。

Android 手机的 bluedot 软件可用于通过蓝牙和手机控制连接到树莓派的硬件，相关示例参见 10.7 节。

将树莓派与蓝牙扬声器进行配对时，必须将扬声器设置为声音的输出设备（见 15.2 节）。

## 第 2 章

网络连接

2.0 引言

树莓派在设计之初，便是要连接到互联网的。互联网通信是它的关键功能之一，这给其他各种用途铺平了道路，例如家庭自动化、Web 服务、网络监控等。

树莓派既可以使用以太网线缆联网（至少对大部分型号的树莓派来说如此），也可以使用内置 Wi-Fi 无线网卡联网。树莓派一旦连接到互联网，就意味着你可以通过其他计算机来远程连接树莓派。这对本身难以接近，或者没有连接键盘、鼠标和显示器的树莓派来说，是非常有用的。

接下来，本章将详细介绍树莓派连接互联网以及通过网络远程控制它的各种方法。

2.1 连接有线网络

2.1.1 面临的问题

你想通过有线网络将树莓派连接到互联网。

2.1.2 解决方案

首先，如果你的树莓派（1、2 或 3）的型号为 A、A+或 Zero，那么它们自身并没有提供 RJ-45 以太网接口。在这种情况下，最好使用 USB 无线网卡来连接互联网（见 2.5 节）。

如果你的树莓派（1、2 或 3）是 B 型或 B+型的，可以将以太网线缆插入 RJ-45 接口，同时将线缆另一端接入家用路由器后方的空闲接口中（见图 2-1）。

树莓派一旦连接到网络，它的网络 LED 就会立即开始闪烁。

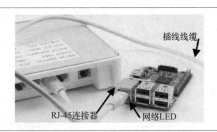

图 2-1　将树莓派连接至家用集线器

2.1.3　进一步探讨

Raspbian 操作系统被预配置为使用 DHCP（Dynamic Host Configuration Protocol，动态主机配置协议）连接网络。只要你的网络支持 DHCP，它就会自动为网络设备分配 IP 地址。

如果网络 LED 闪烁，但是树莓派仍然无法使用浏览器上网，请通过网络管理控制台检查 DHCP 是否已经开启。为此，你可以查看图 2-2 所示的有关选项。

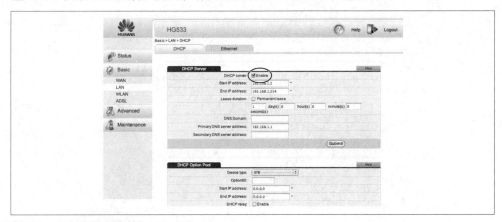

图 2-2　为家用集线器启用 DHCP

2.1.4　提示与建议

通过无线网络连接互联网的具体方法，参考 2.5 节。

2.2　查看自己的 IP 地址

2.2.1　面临的问题

你想知道自己树莓派的 IP 地址，以便与它进行通信。无论是将树莓派用作 Web 服务器与其交换文件，还是利用 SSH（见 2.7 节）或 VNC（见 2.8 节）远程控制树莓派，你都需要知道它的 IP 地址。

2.2.2　解决方案

一个 IP 地址（用于本地地址）由 4 部分数字组成，能够在网络中唯一地标识出计算机的网络接口。该地址各部分数字之间用点号分隔。

要想获悉自己树莓派的 IP 地址，只需在终端窗口中执行下列命令即可。

```
$ hostname -I
192.168.1.16 fd84:be52:5bf4:ca00:618:fd51:1c .....
```

从返回结果中可以看到树莓派在家庭网络中的本地 IP 地址。

2.2.3　进一步探讨

一个树莓派可以拥有多个 IP 地址（例如为每个网络连接分配一个 IP 地址）。如果你的树莓派同时连接了有线网络和无线网络，那么它就会拥有 2 个 IP 地址。但是，在通常情况下树莓派只会使用一种网络连接，要么使用有线连接，要么使用无线连接，而不是同时使用两种连接。要想查看所有的网络连接，可以使用 ifconfig 命令。

```
$ ifconfig

eth0      Link encap:Ethernet HWaddr b8:27:eb:d5:f4:8f
          inet addr:192.168.1.16 Bcast:192.168.255.255 Mask:255.255.0.0
          UP BROADCAST RUNNING MULTICAST MTU:1500 Metric:1
          RX packets:1114 errors:0 dropped:1 overruns:0 frame:0
          TX packets:1173 errors:0 dropped:0 overruns:0 carrier:0
          collisions:0 txqueuelen:1000
          RX bytes:76957 (75.1 KiB) TX bytes:479753 (468.5 KiB)

lo        Link encap:Local Loopback
          inet addr:127.0.0.1 Mask:255.0.0.0
          UP LOOPBACK RUNNING MTU:16436 Metric:1
          RX packets:0 errors:0 dropped:0 overruns:0 frame:0
          TX packets:0 errors:0 dropped:0 overruns:0 carrier:0
          collisions:0 txqueuelen:0
          RX bytes:0 (0.0 B) TX bytes:0 (0.0 B)

wlan0     Link encap:Ethernet HWaddr 00:0f:53:a0:04:57
          inet addr:192.168.1.13 Bcast:192.168.255.255 Mask:255.255.0.0
          UP BROADCAST RUNNING MULTICAST MTU:1500 Metric:1
          RX packets:38 errors:0 dropped:0 overruns:0 frame:0
          TX packets:28 errors:0 dropped:0 overruns:0 carrier:0
          collisions:0 txqueuelen:1000
          RX bytes:6661 (6.5 KiB) TX bytes:6377 (6.2 KiB)
```

通过观察 ifconfig 的返回结果，不难发现，当前树莓派同时连接了有线网络（eth0）和无线网络（wlan0），其中前者的 IP 地址为 192.168.1.16，后者的 IP 地址为 192.168.1.13。其中，网络接口 lo 实际上是一个虚拟网络接口，计算机可以借助它与自己通信。

2.2.4　提示与建议

读者可以查询网络资料了解关于 IP 地址的详尽说明。

2.3　配置静态 IP 地址

2.3.1　面临的问题

你想给自己的树莓派配置一个静态 IP 地址，这样 IP 地址就不会发生变化了。

2.3.2　解决方案

实际上，实现静态 IP 地址的方法有两种。一种是借助于网络控制器（家用集线器），另一种则是借助于树莓派本身。

一般来说，第一种方法还是比较好的，但是，如果你打算在不同的网络之间移动树莓派，并且想保持其 IP 地址不变，那么第二种方法是更好的方法。

家里所有的计算机、电视、电话和其他联网设备一般都是通过集线器连接互联网的，而集线器通过电话线、4G 信号或光纤线缆连接到你家。所有这些设备，无论是通过 Wi-Fi 连接到集线器，还是直接通过线缆连接到集线器，都是你的局域网（Local Area Network，LAN）的一部分。

默认情况下，当你将一个新设备连接到你的局域网（如树莓派）时，无论是通过以太网线缆接入还是使用 Wi-Fi 接入，局域网控制器（你的集线器）都会使用被称为 DHCP 的协议为新设备分配一个 IP 地址。这个地址将从一个 IP 地址池中分配，这个 IP 地址池的范围可能为 192.168.1.2 到 192.168.1.199（或者从 10.0.0.2 到 10.0.0.199）。换句话说，连接到 LAN 的每个设备，IP 地址中的前面 3 个部分保持一致，只有最后一部分有所不同。

当 DHCP 给一个设备分配 IP 地址时，会规定一个租赁时间，也就是说，在这段时间内该 IP 地址只供这个设备使用，而不会分配给其他设备。一般来说，这个租赁时间的默认值是相当短的。比如就我的集线器而言，是一个星期，这意味着我的树莓派的 IP 地址可以在一周后突然发生变化，而如果该树莓派用于没有键盘、鼠标和显示器的项目，那就很难找到它的 IP 地址，也就无法连接到它了。这就是需要给树莓派设置静态 IP 地址的原因。

使用网络设置 IP 地址

不过，有一种简单的方法可以确保你的树莓派的 IP 地址不会发生变化，那就是进入集线器控制界面，并将 DHCP 租赁时间改为一个更高的值。要访问这个接口，你需要使用一台计算机（可以使用你的树莓派，但并不是硬性要求），并进入一个特定的地址，该地址通常写在集线器上，也就是所谓的路由器地址或管理控制台地址。对我的路由器来说，该地址为 http://192.168.1.1。此外，你还需要输入相应的用户名和密码。需要注意的是，这里的用户名和密码不同于登录 Wi-Fi 接入点时所用的用户名和密码。它们通常写在集线器的某个地方，而且默认值通常分别是 admin 和 password。

成功连接之后，你需要在管理控制台中找到与DHCP设置有关的页面，具体如图2-3所示。

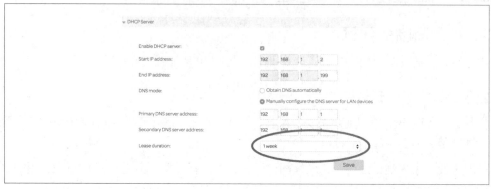

图 2-3　修改 DHCP 租赁时间

在这里，请将"Lease duration"字段（或任何其他类似的字段）的值改为允许的最大值。

不过，延长租期的一个缺点是，它仅适用于你的局域网上的各个设备。因此，如果你有很多设备，就有可能耗尽 IP 地址，因为在租期到期之前，DHCP 无法重新分配旧的 IP 地址。

更好的方法是使用被称为 DHCP 预留的技术。该技术会让 DHCP 永久地将一个特定的 IP 地址分配给一个特定的设备。在图 2-4 中，你可以看到我已经将 IP 地址 192.168.1.3 分配给了设备 raspberrypi-Ethernet（一个通过以太网线缆连接到集线器的树莓派）。

图 2-4　分配 DHCP 预留地址

从现在开始，只要该树莓派连接到局域网，它就会被分配 IP 地址 192.168.1.3，也就是说，DHCP 不会将该 IP 地址分配给其他设备。

使用树莓派设置 IP 地址

第二种为树莓派设置静态 IP 地址的方法是借助于树莓派本身而非 LAN。实际上，就是让树莓派向集线器请求它想使用的 IP 地址。

和让 LAN 确定树莓派的 IP 地址相比，让树莓派决定自己的 IP 地址的运行机制略有不同。

当然，这种做法的弊端在于，局域网的 DHCP 控制器可能已经将该 IP 地址分配给了其他计算机。如果你有多个树莓派，并且它们都试图使用同一个 IP 地址，就会出现类似的问题。我们知道，IP 地址是不能共享的，在这种情况下，其中一个树莓派将无法连接到网络。

如果你想使用此处介绍的方法，你需要确保自己的 IP 地址对特定的树莓派来说是唯一的，并且为树莓派分配的是一个 DHCP 规定范围之外的静态 IP 地址。例如，图 2-3 所示 DHCP 分配的 IP 地址范围是 192.168.1.2 到 192.168.1.199。所以，如果我们选择了一个静态 IP 地址 192.168.1.210，那么它不会被重新分配给其他设备。需要注意的是，IP 地址的每部分对应的数字必须介于 0 和 255 之间，像 192.168.1.300 这样的 IP 地址是无效的。

对于树莓派上面的每个网络连接，通常具有不同的 IP 地址。但在本例中，将通过编辑接口文件中的相应条目，给以太网接口和 Wi-Fi 接口设置同一个静态 IP 地址。

要想编辑该文件，可以借助如下命令。

```
$ sudo nano /etc/dhcpcd.conf
```

首先，要确定使用哪个 IP 地址。对供 DHCP 使用的 IP 地址的要求是：它应该是网络中其他设备尚未使用的地址，同时要位于你的家用集线器的 IP 地址范围之内。就这里而言，我们将使用 192.168.1.210。

编辑该文件内容，在文件末尾添加如下所示内容。

```
interface eth0
static ip_address=192.168.1.210/24
static routers=192.168.1.1
static domain_name_servers=192.168.1.1

interface wlan0
static ip_address=192.168.1.210/24
static routers=192.168.1.1
static domain_name_servers=192.168.1.1
```

请注意，正如我前面提到的，这里将为两个网络接口（以太网和 Wi-Fi）设置相同的 IP 地址。如果两个连接都可以使用，那么最先连接成功的接口将禁止另一个接口使用该 IP 地址。实际上，这意味着以太网连接将获胜，因为它的连接速度比 Wi-Fi 的快得多。

在这里，为路由器和 domain_name_servers 设置的 IP 地址就是用来连接集线器管理控制台的 IP 地址。

实际上，很多集线器都使用上述范围的 IP 地址。注意，在 routers 和 domain_name_servers 条目旁边的地址与写在集线器上管理控制台的地址必须一致。

然而，如果你的集线器使用 10.0.0.1 这种不太常见的地址形式，就需要将我们前面例子中的地址 192.168.1 都改为 10.0.0.1。

完成修改后，先按 Ctrl+X 组合键，然后按 Y 键保存文件。有关 nano 编辑器的使用指南，参见 3.7 节。

为了让所做的修改生效，你需要重启树莓派。

2.3.3　进一步探讨

对不同版本的 Raspbian 操作系统来说，网络设置方面存在很多不同之处。不过，本节介绍的配置方法可以适用于（截至写作本书时）最新版本的 Raspbian（Buster）。如果你的操作系统不是最新版本的 Raspbian，最好更新到这个版本，因为 Raspbian 总是在不断发展和改进。关于升级操作系统的详细步骤，参考 3.40 节。要想了解当前所用 Raspbian 操作系统的版本，参考 3.39 节。

2.3.4　提示与建议

读者可以查询网络资料了解关于 IP 地址的详尽说明。

2.4　为树莓派配置网络名称

2.4.1　面临的问题

你想给树莓派配置一个网络名称，这样，它的名称就不再是单调的"raspberrypi"了。

2.4.2　解决方案

修改树莓派的网络名称的方法有很多，但是，无论用哪种方法，都必须确保选择的网络名称不包含空格，相反，它只能包含字母、数字和短横线（-）。

对以下 3 种方法来说，都必须重启树莓派，才能让更改生效。

使用 Raspberry Pi Configuration 工具设置网络名称

除非你的树莓派运行在 headless 模式（即没有连接显示器和键盘的模式）下，否则设置树莓派的网络名称的最简单方法就是使用 Raspberry Pi Configuration 工具。要打开这个工具，请打开 Raspberry Pi 菜单，选择 Preferences→Raspberry Pi Configuration 选项。然后，进入 System 选项卡（见图 2-5）。

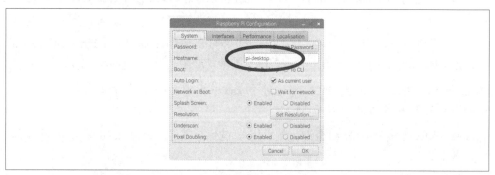

图 2-5　使用 Raspberry Pi Configuration 工具修改 Hostname

将 Hostname 字段中的名称改为你喜欢的名称，单击 OK 按钮即可。

然后，系统会提示你重新启动。系统重启后，所做的修改就会生效（见 1.16 节）。

使用命令行设置网络名称（一种简单的方法）

你也可以使用 raspi-config 工具在命令行下修改树莓派的网络名称。为此，可以在终端窗口中执行以下命令。

```
$ sudo raspi-config
```

这时，将打开 raspi-config 工具。然后，你可以使用向上或向下键选中 Network Options，然后，按 Enter 键。这时，将打开一个表格，你可以在其中输入新的网络名称（见图 2-6）。请注意，这个界面只支持命令行，所以，你也可以在 SSH 会话中使用它（见 2.7 节）。

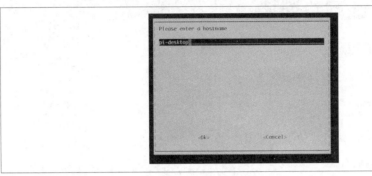

图 2-6 使用 raspi-config 设置树莓派的网络名称

使用命令行设置网络名称（一种比较复杂的方法）

如果你想挑战一种复杂的方法，可以直接编辑控制树莓派的网络名称文件。为此，你需要修改两个文件。

首先，需要编辑/etc/hostname 文件。为此，请打开终端窗口，并执行如下所示的命令。

```
$ sudo nano /etc/hostname
```

然后，使用选好的名称替换掉"raspberrypi"即可。

接着，使用编辑器打开/etc/hosts 文件，具体命令如下所示。

```
$ sudo nano /etc/hosts
```

该文件大致如下所示。

```
127.0.0.1       localhost
::1             localhost ip6-localhost ip6-loopback
fe00::0         ip6-localnet
ff00::0         ip6-mcastprefix
ff02::1         ip6-allnodes
ff02::2         ip6-allrouters
```

```
127.0.1.1      raspberrypi
```

修改文件最后的部分，将原名称（"raspberrypi"）改为新名称即可。

2.4.3　进一步探讨

修改树莓派的名称有时非常有用，特别是当你将多台树莓派连接到网络上的时候。

2.4.4　提示与建议

关于修改树莓派的 IP 地址的方法，可以参考 2.3 节。此外，你也可以通过 PiBakery 来设置树莓派的网络名称，详见 1.8 节。

2.5　配置无线网络连接

2.5.1　面临的问题

你想通过 Wi-Fi 将树莓派连接到互联网上。

2.5.2　解决方案

实际上，为树莓派设置 Wi-Fi 连接的方法有多种。

从 Pixel 桌面设置 Wi-Fi

如果你的 Raspbian 是最新版本，那么配置 Wi-Fi 的任务将易如反掌。你只需在屏幕右上方单击网络图标（形如两台计算机）即可（见图 2-7），之后，你会看到一个无线网络清单。当你选择网络后，系统将提示你输入 "Pre Shared Key"，即密码。输入正确的密码，稍等片刻，网络图标就会变为标准的 Wi-Fi 标志，说明无线网络已经连接成功。

图 2-7　连接 Wi-Fi 网络

使用命令行设置 Wi-Fi（一种比较简单的方法）

如果你希望树莓派配置完成后，可以在不连接键盘和显示器的情况下使用，那么这种设置 Wi-Fi 的方法是再合适不过的。但是，你需要使用以太网线缆将树莓派临时连接到集线器上（见 2.1 节）。

首先，请执行以下命令，以启动 raspi-config 实用程序。

```
$ sudo raspi-config
```

然后，从打开的菜单中选择 Network Options（使用向上或向下键进行选择，并按 Enter 键），然后，选择 Wi-Fi（见图 2-8）。

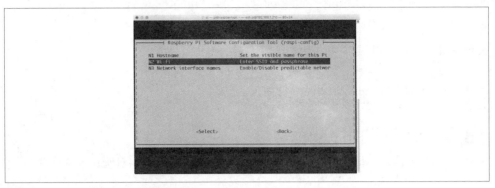

图 2-8　使用 raspi-config 设置 Wi-Fi

这时，软件将提示你输入 SSID（Wi-Fi 名称）和密码。

使用命令行设置 Wi-Fi（一种比较复杂的方法）

此外，你还可以直接使用命令行来设置无线网络连接。为此，首先要编辑/etc/wpa_supplicant/wpa_supplicant.conf 文件，具体命令如下所示。

```
$ sudo nano /etc/wpa_supplicant/wpa_supplicant.conf
```

然后，在文件末尾添加如下所示内容。

```
network={
        ssid="my wifi name"
        psk="my wifi password"
}
```

修改 ssid 和 psk 的值，使其与你的 Wi-Fi 的名称和密码相匹配。

为了使文件的更改生效，请重新启动树莓派。

2.5.3　进一步探讨

Wi-Fi 无线网卡比较费电，因此如果遇到树莓派意外重启或无法正确重启的情况，那么很可能说明需要更换一个更大功率的电源。你可以使用一个能提供 1.5A 或更大电流的电源。如果你使用的是树莓派 4，并且在上面安装了大功率的 USB 外设，那么最好使用能够提供 3A 电流的电源。

如果你打算将树莓派用于媒体中心（见 4.1 节），还有一个设置页面可供你使用 Wi-Fi 将媒体中心连接到网络。

2.5.4　提示与建议

如果需要了解兼容树莓派的 Wi-Fi 无线网卡的清单，请查阅相关资料。

关于配置有线网络的详细内容，参阅 2.1 节。

关于设置无线网络的更多信息，参阅 2.5 节。

关于 nano 编辑器的用法介绍，参阅 3.7 节。

关于使用 PiBakery 设置 Wi-Fi 连接的详细信息，参阅 1.8 节。

2.6 使用控制台线联网

2.6.1 面临的问题

虽然没有网络连接可用，但是，你仍然希望能够从另一台计算机远程访问树莓派。

2.6.2 解决方案

使用控制台线（一种需要单独购买的特殊导线，具体参见附录 A 中的"杂项"部分）来连接树莓派。

要使用这种方法，你需要启用串行端口。这意味着，至少在配置树莓派时，你需要连接键盘、显示器和鼠标。

要启用串行端口，请进入 Raspberry Pi 菜单，选择 Preferences→Raspberry Pi Configuration 选项。接下来，进入 Interfaces 选项卡，然后单击串行端口（Serial Port）对应的 Enabled 单选按钮，具体如图 2-9 所示。

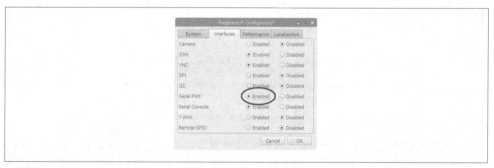

图 2-9　使用 Raspberry Pi Configuration 工具启用串行端口

与大多数树莓派的配置一样，你也可以使用命令行的 raspi-config 工具启用串行端口，为此，可以在终端会话中执行下列命令。

```
$ sudo raspi-config
```

此后，选择 Interfacing Options，并选择 Serial 选项，如图 2-10 所示。

如果你打算以无外设的方式来使用树莓派，即不用键盘、鼠标或显示器，那么控制台线将是不二之选。控制台线的外观如图 2-11 所示，可以从 Adafruit 网站购买。

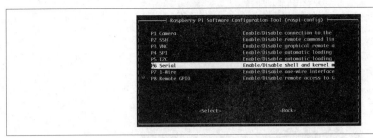

图 2-10　使用 raspi-config 工具启用串行端口

图 2-11　控制台线

控制台线的连接方式如下（你也可以参考图 2-11）。

1. 将红色（5V）导线连接到 GPIO 接口左边缘上的 5V 引脚。

2. 将黑色（GND）导线连接至上面用到的 5V 引脚左边的 GND 引脚。

3. 将白色导线（RX）连接至树莓派的 14 TXD 引脚，它位于黑色导线左边。

4. 将绿色导线（RX）连接到树莓派上白色导线左边的 15 RXD 引脚。

如果你使用了不同的控制台线，导线颜色可能会有所不同，所以务必查看控制台线的相关文档，否则，可能会对树莓派造成损坏。

需要注意的是，USB 线也能为红色导线提供 5V 电压，对树莓派自身来说，这就够了。但是，如果连接了很多外设，就无法满足要求了。

如果使用的是 Windows 或者 macOS，那么你还需为 USB 线下载并安装相应的驱动程序。在一般情况下，Linux 用户无须为这些线缆安装任何驱动程序。

要想从 macOS 上连接树莓派，你需要打开终端，并执行如下命令。

```
$ sudo cu -l /dev/cu.usbserial -s 115200
```

连接上之后，按 Enter 键，就会看到树莓派的登录提示符（见图 2-12）。这里，默认用户名和密码分别是 pi 和 raspberry。

如果你想从 Windows 计算机连接树莓派，你需要下载一款名为 Putty 的终端软件。

当你运行 Putty 软件时，将 "Connection type" 改为 "Serial"，并把通信速率设为 "115200"。

此外，你需要把"Serial line"设置为控制台线所用的 COM 端口。它可能是 COM7，如果无法正常使用，可以通过 Windows 设备管理器来进行检查。

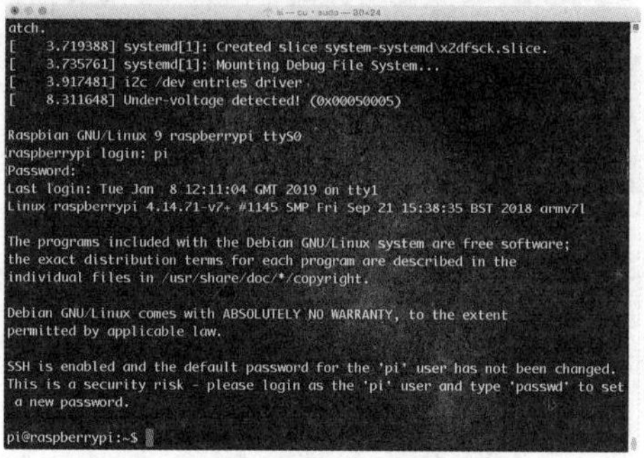

图 2-12　利用控制台线登录

单击 Open 并按 Enter 键，终端会话就会启动，并给出登录提示符。

2.6.3　进一步探讨

如果你想树莓派轻装上阵，控制台线将是不二之选，因为它不仅可为树莓派提供电源，还可以通过其对树莓派进行远程控制。

控制台线在 USB 端有一个芯片，提供了 USB 转串行端口的功能。

有时候，为了使用控制台线，需要为你的个人计算机安装相应的驱动程序，具体操作取决于你使用的操作系统。你还可以使用任何 USB 转串行端口转换器，只要你的计算机上有相应的驱动程序即可。

如果你按照一组 GPIO 接口相应顺序将 4 个插座小心地胶合在一起，就可以轻松地将这些插座插到正确的地方。

如果你使用了类似 Raspberry Leaf（见 9.1 节）这样的 GPIO 模板，在 GPIO 接口中找到这些正确的位置是非常轻松的。关于树莓派各个引脚的详细介绍，参考附录 B。

2.6.4　提示与建议

如果你想了解串口控制台的更多知识，参考 Adafruit 教程。这里使用的控制台线是由 Adafruit 供应的（产品码 954）。

2.7　利用 SSH 远程控制树莓派

2.7.1　面临的问题

你想要从另一台计算机上通过 SSH 连接一台远程树莓派。

2.7.2 解决方案

要想使用 SSH 连接树莓派，必须先启用 SSH。对于较新版本的 Raspbian，你可以使用 Raspberry Pi Configuration 工具（见图 2-13）来完成这项工作，该软件位于主菜单的 Preferences 中。单击 SSH 的复选框，单击 OK 按钮，系统将提示重新启动树莓派。

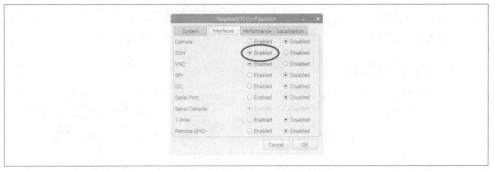

图 2-13　通过 Raspberry Pi Configuration 工具启用 SSH

如果你喜欢使用命令行工具，可以使用 raspi-config 程序。为了启动该程序，只需在终端中执行下列命令即可。

```
$ sudo raspi-config
```

然后，进入 Interfaces 选项卡，向下滚动到 SSH 选项，并单击 Enabled 单选按钮。

如果你想用一台安装了 macOS 或 Linux 的计算机连接树莓派，只需要打开终端窗口，执行下列命令即可。

```
$ ssh 192.168.1.16 -l pi
```

这里的 IP 地址（192.168.1.16）是树莓派的 IP 地址（见 2.2 节）。这时，将提示输入密码，正确输入之后就可以登录到树莓派了（见图 2-14）。

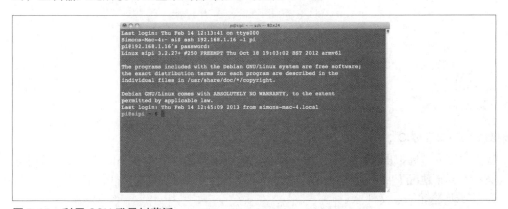

图 2-14　利用 SSH 登录树莓派

如果从 Windows 计算机远程连接树莓派，需要使用 Putty（见 2.6 节）来启动 SSH 会话。

2.7.3　进一步探讨

SSH 是连接远程计算机的一种常见方法，只要是树莓派本身支持的命令，都可以在 SSH 中使用。同时，就像它的名字所暗示的那样，这是一种安全的连接方式，因为通信是加密的。

这种方法唯一的缺点，可能在于它的运行环境采用命令行，而非图形界面。如果你想远程访问树莓派的桌面环境，就需要使用 VNC（见 2.8 节）和 RDP（见 2.9 节）。

2.7.4　提示与建议

利用 SSH 远程控制树莓派的更多内容可参考 Adafruit 相关教程。另外，你也可以通过 PiBakery 启用 SSH。

2.8　利用 VNC 远程控制树莓派

2.8.1　面临的问题

你需要通过 VNC 从 macOS、Windows 或 Linux 远程访问树莓派完整的 Raspbian 图形桌面。

2.8.2　解决方案

使用 Raspbian 操作系统预安装的 VNC 软件。但是在此之前，需要对树莓派进行相应的配置。为此，你可以使用 Raspberry Pi Configuration 工具完成这项工作，该工具可在树莓派桌面主菜单的 Preferences 部分中找到。打开该工具后，进入 Interfaces 选项卡，向下滚动到 VNC 选项，单击 Enabled 单选按钮，然后单击 OK 按钮即可（见图 2-15）。

图 2-15　启用 VNC

如果你不介意虚拟屏幕的分辨率很低，那么你可以跳过这个步骤，直接远程连接树莓派。但通常情况下，人们都是更加喜欢高分辨率的。为了提高分辨率，请使用下面的命令编辑 config.txt 文件。

```
$ sudo nano /boot/config.txt
```

然后，找到如下所示的内容。

```
# framebuffer_width=1900
# framebuffer_height=1024
```

删除每行开头的#符号以启用新的屏幕宽度和高度，具体如下所示。

```
framebuffer_width=1900
framebuffer_height=1024
```

你需要重新启动树莓派，以使更改生效。

若要从计算机远程连接树莓派，则需要安装 VNC 客户端软件。其中，RealVNC 提供的 VNC Viewer 是一个流行的客户端，可用于 Windows、Linux 和 macOS。

当你在 macOS 或 Windows 等上运行该客户端软件时，需要输入要连接的 VNC 服务器的 IP 地址（即你的树莓派的 IP 地址）。

然后，它会提示你输入密码（见图 2-16）。

图 2-16　VNC 连接的认证过程

Catchphrase 和 Signature 是两种安全设施，旨在提醒你是否有人在攻击你的树莓派。如果你在下次认证时，两种安全设施的其中之一发生了变化，说明你的树莓派正面临威胁。

2.8.3　进一步探讨

虽然大部分工作都可以通过 SSH 进行，但是，有时候访问树莓派图形环境是非常有用的。

如果你希望树莓派每次重启都会自动启动 VNC 服务器，只需启用相应的 VNC 选项即可。

2.8.4　提示与建议

利用 VNC 远程控制树莓派的更多内容参考 Adafruit 教程。此外，也可以在配置新树莓派时通过 PiBakery 启用 VNC，具体步骤参考 2.9 节。

2.9 利用 RDP 远程控制树莓派

2.9.1 面临的问题

你想从 Windows、Linux 或 macOS 中通过 RDP（Remote Desktop Protocol，远程桌面协议）访问树莓派的 Raspbian 图形桌面。

2.9.2 解决方案

在树莓派上安装 RDP 软件，具体命令如下所示。

```
$ sudo apt-get update
$ sudo apt-get install xrdp
```

一旦软件安装完毕，就会自动启动 xrdp 服务，也就是说，每当树莓派重启时，该服务就会自动启动。

如果你的操作系统是 Windows 7 及其之后的版本，那么实际上已经包含用于连接树莓派的 RPD 客户端了。它位于启动菜单的 All Programs/Accessories/Remote Desktop Connection 菜单中。对于较旧的 Windows 版本，你可以从 ModMyPi 下载客户端。

对 macOS 用户来说，可以从 App Store 上免费下载为 macOS 提供的 Microsoft RDP 客户端。

Linux 所需的客户端可以从 rdesktop 网站下载。

启动 RDP 客户端时，你需要添加一个新连接。为此，需要输入树莓派的 IP 地址，以及登录该树莓派所需的用户名和密码（见图 2-17），也就是说，除非已经修改了默认设置，否则用户名为 pi，密码为 raspberry。

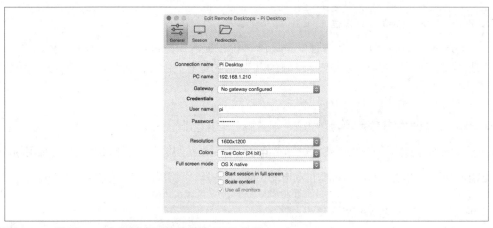

图 2-17　用 Microsoft 远程桌面软件新建 RDP 连接

你可能还需要选择一个分辨率，并且不要选中 "Start session in full screen" 选项。

2.9.3　进一步探讨

RDP 的作用与 VNC 的类似，不过更加高效，所以屏幕内容的刷新会更加流畅。

2.9.4　提示与建议

本节的学习需参考 2.8 节。

2.10　在 Mac 网络中实现文件共享

2.10.1　面临的问题

你希望树莓派出现在 macOS 的 Finder 列表中，从而可以使用 Finder 来连接树莓派，并浏览其文件系统。

2.10.2　解决方案

macOS 本身就支持使用 Finder 通过网络浏览文件（见图 2-18）。不过，你必须对树莓派的配置做相应的修改，以便支持 macOS 浏览其文件系统。

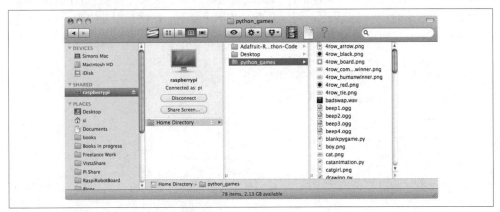

图 2-18　macOS 的 Finder 中的树莓派

你需要知道树莓派的 IP 地址（见 2.2 节）。

现在，在树莓派上执行下列命令来安装 netatalk。

```
$ sudo apt-get update
$ sudo apt-get install netatalk
```

随后，回到 macOS 中，在 Finder 菜单中选择 Go→Connect to Server，然后输入 afp://192.168.1.16 作为服务器地址（当然，你要使用自己的树莓派的 IP 地址替换这里的地址）。接着单击 Connect，系统就会提示登录（见图 2-19）。

图 2-19 从 macOS 的 Finder 连接树莓派

使用树莓派默认的用户 pi 和相应密码（一般为 raspberry，除非你已经修改了密码）登录后，Finder 就会显示树莓派 home 目录下的内容。

对树莓派来说，还有一些配置需要修改，这样我们就可以将树莓派自动挂载到 macOS 的文件系统中了。

```
$ sudo apt-get update
$ sudo apt-get install avahi-daemon
$ sudo update-rc.d avahi-daemon defaults
```

然后，执行下列命令。

```
$ sudo nano /etc/avahi/services/afpd.service
```

接着，将下列内容粘贴到该文件中。需要说明的是，由于这里需要输入的内容很多，因此如果你阅读的此书的纸质版，可以从配套代码中复制、粘贴相应的内容。这样，只需找到相关的章节对应的内容即可。

```
<?xml version="1.0" standalone='no'?><!--*-nxml-*-->
<!DOCTYPE service-group SYSTEM "avahi-service.dtd">
<service-group>
    <name replace-wildcards="yes">%h</name>
    <service>
        <type>_afpovertcp._tcp</type>
        <port>548</port>
    </service>
</service-group>
```

为了让它作为守护进程运行，也就是每当树莓派启动时自动运行，可以执行如下所示的命令。

```
$ sudo /etc/init.d/avahi-daemon restart
```

回到 macOS 界面，这时在 Finder 中应该可以看到自己的树莓派了。

2.10.3　进一步探讨

在树莓派和 Mac 之间轻松传递文件是非常有用的功能。这样，即使树莓派没有外接鼠标、键盘和显示器，也能使用其上的文件。

你还可以在 Mac 上面打开树莓派中的文件，就如同它们就在 Mac 上一样。它带来的好处就是你能够使用 TextMate 或者自己喜欢的文本编辑器来编辑树莓派上的文件。

如果你的系统是 Windows 或者 Linux，你还可以配置树莓派，让其作为网络附接存储系统，从而实现文件共享，具体参见 2.11 节。

2.10.4　提示与建议

本节改编自 Matt Richardson 和 Shawn Wallace 所著的 *Getting Started with Raspberry Pi*（O'Reilly）配套的教程。

2.11　将树莓派用作网络附接存储系统

2.11.1　面临的问题

你想要把树莓派用作网络附接存储（Network Attached Storage，NAS）系统，进而可以从网络中的计算机访问树莓派连接的大容量 USB 驱动器。

2.11.2　解决方案

这个问题的解决方案是安装配置 Samba。为此，可以执行如下所示的命令。

```
$ sudo apt-get update
$ sudo apt-get install samba
$ sudo apt-get install samba-common-bin
```

现在，请将 USB 驱动器接入树莓派。该驱动器将自动挂载到/media/pi 文件夹下。为了检查是否挂载到位，可以执行下列命令。

```
$ cd /media/pi
$ ls
```

这时，该驱动器应该被显示出来，其名称为格式化它时所取的那个。树莓派每次重启的时候，都会自动挂载这个驱动器。

现在，你需要配置 Samba，以便该驱动器可以在网络上共享。为此，首先要添加一个 Samba 用户（pi）。请执行下列命令，并设置一个密码。

```
$ sudo smbpasswd -a pi
New SMB password:
Retype new SMB password:
Added user pi.
```

接下来，需要修改/etc/samba/smb.conf 文件，具体命令如下所示。

```
$ sudo nano /etc/samba/smb.conf
```

需要寻找的第一行位于文件顶部附近。

```
workgroup = WORKGROUP
```

如果你打算通过 Windows 计算机连接，只需要修改这里。这里应该改成 Windows 工作组的名称。对 Windows XP 操作系统来说，默认的工作组名称是 MSHOME；对后续的 Windows 版本来说，其名称为 HOME。需要注意的是，由 macOS、Windows 以及 Linux 计算机组成的混合网络通常需要连接到 NAS 系统才可正常工作。

下一个需要修改的地方位于该文件下方的 Authentication 部分。

请找到下面这行内容。

```
# security = user
```

删除前面的注释符号#，启用安全保护。

最后，向下滚动到文件尾部，并添加如下所示内容。

```
[USB]
path = /media/pi/NAS
comment = NAS Drive
valid users = pi
writeable = yes
browseable = yes
create mask = 0777
public = yes
```

保存文件，并运行下列命令重启 Samba。

```
$ sudo /etc/init.d/samba restart
```

如果一切正常，USB 驱动器现在就能够实现网络共享了。

2.11.3　进一步探讨

如果要通过 macOS 连接驱动器，只需在 Finder 菜单中选择 Go→connect to Server。然后，在 Server Address 字段中输入 smb://raspberrypi/USB，这时就会出现一个登录对话框，在此，你需要将用户名改为 pi（见图 2-20）。

图 2-20　通过 macOS 的 Finder 连接 NAS 系统

如果你想通过 Windows 计算机连接 NAS 系统，具体过程取决于 Windows 的版本情况。不过基本过程是一致的，即需要输入网络地址，该地址应该为\\raspberrypi\USB（见图 2-21）。

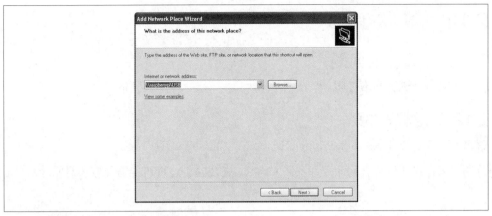

图 2-21　通过 Windows 连接 NAS 系统

之后，输入正确的用户名和密码，就可以使用 NAS 系统了（见图 2-22）。当然，该操作只需要在第一次使用 NAS 系统时执行。添加网上邻居后，你应该能够在文件资源管理器中直接导航到它。

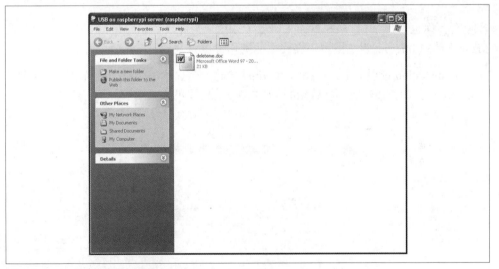

图 2-22　在 Windows 上浏览 NAS 系统

如果你是 Linux 用户，可以使用下列命令来挂载 NAS 驱动器。

```
$ sudo mkdir /pishare
$ sudo smbmount -o username=pi,password=raspberry //192.168.1.16/USB /pishare
```

2.11.4　提示与建议

你也许想要修改树莓派的网络名称，例如改为 piNAS，具体方法参考 2.4 节。

2.12　网络打印

2.12.1　面临的问题

你想用树莓派进行网络打印。

2.12.2　解决方案

使用 CUPS（Common Unix Printing System，通用 UNIX 打印系统）。

首先，请在终端运行下列命令来安装 CUPS，完成这个过程可能需要较长时间。

```
$ sudo apt-get update
$ sudo apt-get install cups
```

为了使用 CUPS，需要管理员权限，为此，可以使用下列命令提升权限。

```
$ sudo usermod -a -G lpadmin pi
```

上面的命令用于将用户 pi 添加到 CUPS 使用的 lpadmin 组中，这样用户 pi 就有了打印的权限。

实际上，你也可以通过 Web 界面来配置 CUPS。为此，需启动 Chromium，然后在 Main 菜单的 Internet 组（或单击桌面上的图标）中打开地址 http://localhost: 631。

在 Administration 选项卡中，选择 Add Printer。这时将显示一个打印机清单，其列出了所有网络上面和直接连接到树莓派的 USB 接口的打印机（见图 2-23）。

图 2-23　用 CUPS 查找打印机

然后，按照一系列对话框的提示就可以完成打印机的配置了。

2.12.3　进一步探讨

完成所有步骤之后，你可以利用 LibreOffice 来测试打印机。输入一些文本并进行打印时，你会看到刚才添加的打印机已经处于可用状态（见图 2-24）。

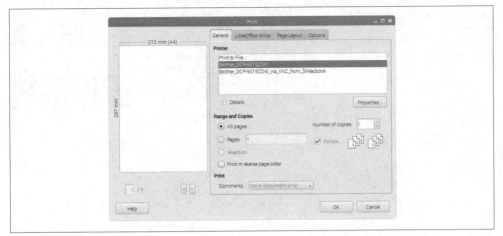

图 2-24　Print 对话框

2.12.4　提示与建议

你可以访问 CUPS 的官方网站了解更多信息。

第 3 章

操作系统

3.0　引言

本章介绍在使用树莓派的过程中，需要了解的 Linux 操作系统的各个方面的相关知识，并且很多时候都要用到的命令行形式。对 Windows 或 macOS 用户来说，刚开始可能很不适应。但是，一旦习惯了，使用命令行执行各种操作时效率会出奇地高。

当然，你也可以像 Windows 或 macOS 那样以图形界面的方式完成许多简单的文件操作，如移动、重命名、复制和删除文件——这些正是本章第一节要介绍的内容。

3.1　通过图形界面处理文件

3.1.1　面临的问题

你希望通过图形界面来移动文件，就像在 macOS 或者 Windows 计算机上面那样。

3.1.2　解决方案

使用文件管理器（File Manager）。

你可以在 Accessories 分组的 Start 菜单中找到这个程序（见图 3-1）。

使用文件管理器，你可以将文件或目录从一个目录拖到另一个目录，或使用 Edit 菜单将一个地方的文件复制到另一个地方。这里的操作方法与 Windows 的文件管理器和 macOS 的 Finder 的用法大体相同。

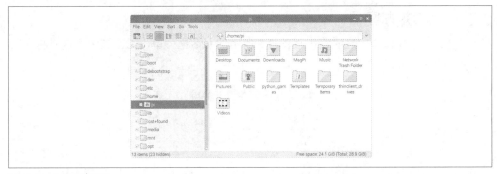

图 3-1　文件管理器

3.1.3　进一步探讨

文件管理器的左侧显示的是已经挂载好的各卷的层次结构。

中间区域展示的是当前文件夹中的文件，你既可以通过单击工具栏的按钮进行浏览，也可以在上部的文件路径区域输入具体的位置进行浏览。右击文件，可以看到当前文件支持的各种操作（见图 3-2）。

图 3-2　右击文件时显示的菜单

你还可以在选择文件时按住 Ctrl 键，这样就能一次选择多个文件进行复制或移动；另外，也可以先选择一个文件，然后在单击要选择的文件列表的最后一个文件的同时按住 Shift 键，这样就能选中在此范围内的所有文件。

3.1.4　提示与建议

请同时参阅 3.5 节的内容。

3.2　将文件复制到 U 盘中

3.2.1　面临的问题

你想将一个文件从树莓派复制到 U 盘中。

3.2.2 解决方案

将 U 盘插入 USB 接口，这时将出现图 3-3 所示的对话框。单击 OK 按钮，这时将在文件管理器中打开它。

图 3-3　Removable medium is inserted 对话框

该驱动器将被挂载在/media/pi 目录下，后面是 U 盘的名称（在本例中，该名称为 UNTITLED）。这时，要想从 home 目录中复制一个文件，只需将它拖曳到代表你的 U 盘的文件夹中即可，如图 3-4 所示。

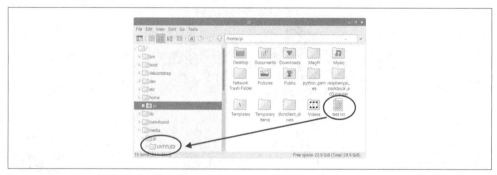

图 3-4　通过拖曳的方式将文件复制到 U 盘

当然，对 Windows、macOS 和 Linux 来说，它们都有自己的磁盘格式。所以，我们应该把 U 盘格式化为 FAT32 或 exFAT，以最大限度地兼容 macOS 和 Windows 计算机，不过，exFAT 格式能够支持的磁盘容量比 FAT32 的更大一些。

3.2.3 进一步探讨

将 U 盘挂载到树莓派的文件系统后，你还可以使用命令行来复制文件。例如，下面的例子可以将文件 test.txt 复制到 U 盘中。

```
$ cd /home/pi
$ cp test.txt /media/pi/UNTITLED/
```

在这个例子中，cd 命令用于切换目录，cp 命令用于完成复制。这些命令将在 3.4 节和 3.5 节进行深入介绍。

3.2.4　提示与建议

有关文件管理器的说明信息，参阅 3.1 节。

关于通过命令行复制文件的详细介绍，参阅 3.4 节。

3.3　启动一个终端会话

3.3.1　面临的问题

当你使用树莓派的时候，你需要在终端中输入文本命令。

3.3.2　解决方案

单击树莓派桌面顶部的终端图标（该图标看起来像一个黑色的显示器），或者从 Start 菜单中选择 Accessories→Terminal（见图 3-5）。

图 3-5　打开终端

3.3.3　进一步探讨

终端启动时，它将会设置到你当前的主目录（/home/pi）下。

如果需要，你可以打开多个终端会话。你可以在不同的目录下打开多个终端，这样做的好处是无须通过 cd（见 3.4 节）命令频繁地在目录之间来回切换。

在使用终端时，一切都要区分大小写。也就是说，当你使用命令执行某些操作时，输入的命令必须使用正确的大小写。例如，下一节要介绍 ls 命令，它必须采用小写形式，即 ls，而不能写成 LS、Ls 或 lS。同样，所有的文件名也都是大小写敏感的，所以，文件名 picture.jpg 和 Picture.jpg 代表的是两个不同的文件。

3.3.4　提示与建议

在 3.4 节中，我们将为读者介绍如何使用终端来导航目录。

3.4 利用终端浏览文件系统

3.4.1 面临的问题

你希望了解如何利用终端来修改目录，以及如何通过终端来浏览文件系统。

3.4.2 解决方案

用来浏览文件系统的主要命令是 cd（change directory）。在 cd 命令的后面，你必须指定你要切换到的目录。这时，你可以使用当前文件夹中的相对路径，或者文件系统内的绝对路径来指定你要切换的目录。

要想了解当前文件夹的位置，你可以借助于命令 pwd（print working directory）。

3.4.3 进一步探讨

你可以通过尝试下面的例子来进行学习。首先，打开一个终端会话，你将看到下面的提示符。

```
pi@raspberrypi: ~ $
```

每次执行命令时，你都能够看到这个提示符（pi@raspberrypi:~ $），它的作用是提示你的用户名（pi）以及计算机名称（raspberrypi）。字符~是你的主目录（/home/pi）的简写形式。因此，无论当前位置如何，你都可以通过下列命令将当前位置变为你的主目录。

```
$ cd ~
```

 在本书中，字符$表示需要输入命令的行的开始位置，也就是所谓的命令提示符。但是，在命令行返回的结果的前面，是没有任何前缀的，这跟在树莓派上看到的一样。

你可以通过 pwd 命令来验证当前目录是否已经确实变更为主目录。

```
$ pwd
/home/pi
```

如果你想在目录结构中上移一级，可以通过在 cd 命令后面加上特殊值..（两个点号）来实现，具体如下所示。

```
$ cd ..
$ pwd
/home
```

也许你已经看出来了，特定文件或目录都是由/分隔开的单词所组成的。因此，整个文件系统的根目录就是/，若要访问/下面的主目录，就需要用/home/表示。然后，若要在主目录中定位 pi 文件夹，则需要使用/home/pi/。路径中最后面的/是可以省略的。

路径既可以是绝对路径（以/开头，并给出从根目录起的完整路径），也可以是针对当前工作目录的相对路径（在这种情况下，就不会以/开头了）。

对于主目录下面的文件，你虽然具有完整的读写权限，但是当切换到存放系统文件和应用程序的目录下的时候，你对某些文件就只剩下读权限了。当然，你可以逾越这一限制（见 3.12 节），但是请务必小心。

你可以利用命令 cd /和 ls 来检查根目录的结构，具体如图 3-6 所示。

图 3-6　显示目录内容

命令 ls（list）展示了根目录/下的所有文件和目录。你会发现，home 目录也赫然在列，而你刚才就是从这个目录切换过来的。

现在，你可以通过图 3-7 所示的命令切换到其中一个目录下。

图 3-7　切换目录并列出其中的内容

如你所见，文件和文件夹的颜色也别具深意：文件以各种颜色显示，而目录都是深蓝色。

除非你对打字情有独钟，否则，使用 Tab 键会更加轻松。当你开始输入一个文件的名字的时候，可以通过 Tab 键的自动补全功能来完成文件名的输入。举例来说，如果你想切换到 network 目录，可以输入 cd netw，然后按 Tab 键。因为 netw 已经足以唯一确定出某个文件或目录，所以按 Tab 键就会自动补全它。

如果输入的内容尚不足以唯一确定出一个文件或目录，那么，按 Tab 键就会展示与已经输入的内容相匹配的所有可能的项。所以，如果只输入 net 便按 Tab 键，你会看到图 3-8 所示内容。

图 3-8　利用 Tab 键自动补全

你可以在 ls 命令后面提供更多的参数来缩小要展示的内容的范围。切换至目录/etc，并执行下列命令。

```
$ ls f*
fake-hwclock.data  fb.modes  fstab  fuse.conf

fonts:
conf.avail  conf.d  fonts.conf  fonts.dtd
```

```
foomatic:
defaultspooler  direct  filter.conf

fstab.d:
pi@raspberrypi /etc $
```

字符*是一个通配符。如果用命令 ls 指定参数 f*，就会展示所有以 f 开头的文件和目录。

有利的是，命令的返回结果首先给出的是/etc 目录下所有以 f 开头的文件，然后才是所有以 f 开头的文件夹。

通配符的常见用法是列出具有特定扩展名的所有文件（例如，ls *.docx）。就像许多其他操作系统一样，Linux 的一个惯例是如果文件名以英文句点作为前缀，则表示该文件对用户来说应该是不可见的。所以，使用 ls 命令时，是看不到以这种方式命名的文件和文件夹的，除非为 ls 命令指定参数-a。

示例如下。

```
$ cd ~
$ ls -a
.                              Desktop                .pulse
..                             .dillo                 .pulse-cookie
Adafruit-Raspberry-Pi-Python-Code  .dmrc              python_games
.advance                       .emulationstation      sales_log
.AppleDB                       .fltk                  servo.py
.AppleDesktop                  .fontconfig            .stella
.AppleDouble                   .gstreamer-0.10        stepper.py.save
Asteroids.zip                  .gvfs                  switches.txt.save
atari_roms                     indiecity              Temporary Items
.bash_history                  .local                 thermometer.py
.bash_logout                   motor.py               .thumbnails
.bashrc                        .mozilla               .vnc
.cache                         mydocument.doc         .Xauthority
.config                        Network Trash Folder   .xsession-errors
.dbus                          .profile               .xsession-errors.old
```

如你所见，home 目录下的内容大部分是隐藏文件和文件夹。

3.4.4　提示与建议

请同时参阅 3.14 节。

3.5　复制文件或文件夹

3.5.1　面临的问题

你想通过终端会话复制文件。

3.5.2　解决方案

使用 cp 命令复制文件和目录。

3.5.3 进一步探讨

当然，你可以通过文件管理器的复制、粘贴选项或快捷键来复制文件（见 3.1 节）。

使用终端会话来复制文件的最简单的例子就是在工作目录复制文件。cp 命令后面的第一个参数是待复制的文件，第二个参数是复制后新文件的名称。

例如，下面的例子将新建一个名为 myfile.txt 的文件，然后为该文件建立一个副本，并命名为 myfile2.txt。至于利用>命令创建文件的更多技巧，参考 3.9 节。

```
$ echo "hello" > myfile.txt
$ ls
myfile.txt
$ cp myfile.txt myfile2.txt
$ ls
myfile.txt    myfile2.txt
```

当然，虽然这里的两个文件的路径都是本地的当前工作目录，但实际上这些路径可以是文件系统中的任意目录，只不过需要你对其具有写权限。下面的例子将会把源文件复制到/tmp 目录下，该目录是用来存放临时文件的。所以，不要将任何重要的文件放到这个目录下。

```
$ cp myfile.txt /tmp
```

需要注意的是，这里没有指定新文件的名称，而是只给出了新文件所在的目录。这样就会在/tmp 目录下为 myfile.txt 创建一个同名的副本。

有时候，需要复制的文件不止一个，而是要复制整个目录下面的文件和尽可能多的目录。为了完成这类操作，你需要使用-r 选项进行递归。这样就能够复制该目录及其所有的内容。

```
$ cp -r mydirectory mydirectory2
```

无论你想复制文件还是文件夹，只要你的权限不够，该命令就会在输出结果中指出来。为此，你要么修改复制操作的目标文件夹的权限（见 3.14 节），要么以超级用户的身份来复制它们（见 3.12 节）。

3.5.4 提示与建议

请同时参阅 3.6 节。

建议读者进一步了解关于 cp 命令各参数的详细介绍。

3.6 重命名文件和文件夹

3.6.1 面临的问题

你希望通过终端会话来为文件重命名。

3.6.2 解决方案

利用 mv 命令为文件和目录重命名。

3.6.3 进一步探讨

mv 命令的用法与 cp 命令非常相似，只不过该命令是对文件进行重命名的，而不是进行复制的。

例如，如果要将一个文件的名称从 my_file.txt 改为 my_file.rtf，只需要运行下列命令即可。

```
$ mv my_file.txt my_file.rtf
```

目录的重命名也同样很简单，并且不需要像复制文件时那样添加递归选项-r，因为修改目录的名称就暗含把该目录下的所有内容全部放入重命名后的目录下的操作。

3.6.4 提示与建议

请同时参阅 3.5 节。

3.7 编辑文件

3.7.1 面临的问题

你想要在命令行下通过一个编辑器来编辑配置文件。

3.7.2 解决方案

使用编辑器 nano，该编辑器存在于大部分树莓派的发行包中。

3.7.3 进一步探讨

若要使用 nano，只需要简单输入 nano，并在后面指定待编辑的文件的名称或路径再按 Enter 键。如果文件不存在，从编辑器保存文件时会创建该文件。不过，前提条件是你对将要写入文件的目录具有写权限。

在你的 home 目录下，运行命令 nano my_file.txt 就可以编辑或创建文件 nano my_file.txt。图 3-9 展示了运行中的 nano。

图 3-9　利用 nano 编辑文件

你无法利用鼠标来给光标定位，但是，你可以使用方向键。

图 3-9 所示屏幕的下方列出了许多命令，你可以在按住 Ctrl 键之后，通过按下相应字母键来访问它们。这里的大多数命令不是很常用。在大部分情况下，你可能需要用到的组合键有如下几种。

Ctrl+X：退出。nano 在退出之前，会提示你保存文件。

Ctrl+V：下一页。可以看成按向下方向键。该命令可以让你以每次一屏的方式浏览大型文件。

Ctrl+Y：前一页。

Ctrl+W：搜索，可以用来查找一段文本。

Ctrl+O：输出，即在不退出编辑器的情况下写入文件。

此外，这里还有一些简单的剪切、粘贴的选项，不过在实际使用过程中，更加简单的方法是通过右击，使用弹出的快捷菜单中的普通剪贴板（见图 3-10）。

图 3-10　nano 中的剪贴板

这个剪贴板还允许你在其他窗口（比如浏览器）之间复制、粘贴文本。

如果你想要保存对文件的修改并退出 nano，可以使用 Ctrl+X 组合键。然后，输入 Y 以确认保存文件。这样，nano 就会以显示的文件名作为默认名来保存文件。按 Enter 键保存并退出。

如果你想撤销所做的修改，那么可以输入 N，而不是 Y。

3.7.4　提示与建议

因为个人喜好不同，所以不同的人会钟情于不同的浏览器。对 Linux 来说，还有许多其他类型的编辑器也可以很好地用于树莓派。在 Linux 的世界中，Vim（Vi improved）拥有大量的追随者。这个编辑器自然也包含在各种流行的树莓派发行版中。但是，对初学者来说，这个编辑器不太容易掌握。你可以像使用 nano 那样来使用它，只要把命令 nano 替换为 vi 即可。如果你想了解 Vim 的更多细节，需参阅其他相关资料。

3.8 查看文件内容

3.8.1 面临的问题

你想查看而非编辑一个小型文件的内容。

3.8.2 解决方案

使用 cat 命令或者 more 命令来查看文件内容。

示例如下。

```
$ more myfile.txt
This file contains
some text
```

3.8.3 进一步探讨

cat 命令会显示文件的所有内容，在文件内容较长，一屏放不下的情况下也是如此。

more 命令一次显示一屏的文本，按空格键后继续显示下一屏。

3.8.4 提示与建议

你还可以使用 cat 命令来串联（连接）多个文件（见 3.32 节）。

与 more 命令有关的另一个流行命令是 less。这两个命令非常相似，不过 less 命令不仅可以从前往后浏览文件，还允许以从后往前查看文件。

3.9 在不借助编辑器的情况下创建文件

3.9.1 面临的问题

你想创建一个只有一行内容的文件，但是又不想使用编辑器。

3.9.2 解决方案

利用>命令和 echo 命令将命令行中的内容重定向到文件中。

示例如下。

```
$ echo "file contents here" > test.txt
$ more test.txt
file contents here
```

 >命令会覆盖已有的文件，所以使用的时候务必谨慎。

3.9.3　进一步探讨

这种方法对快速创建文件非常有用。

3.9.4　提示与建议

在不借助编辑器的情况下，还有许多命令可以用来查看文件内容，具体可以参考 3.8 节。
要使用>命令来捕获其他类型的系统输出，参考 3.31 节。

3.10　创建目录

3.10.1　面临的问题

你想要通过终端新建一个目录。

3.10.2　解决方案

mkdir 命令可以用来创建一个新的目录。

3.10.3　进一步探讨

若要新建一个目录，可以使用 mkdir 命令。你可以像下面这样来进行尝试（注意，这里只显示了命令，而没有显示命令的响应）。

```
$ cd ~
$ mkdir my_directory
$ cd my_directory
$ ls
```

如果你想在某个目录下新建目录，就必须具有这个目录的写权限。

3.10.4　提示与建议

关于利用终端浏览文件系统的基础知识，参考 3.4 节。

3.11　删除文件或目录

3.11.1　面临的问题

你想通过终端来删除文件或目录。

3.11.2　解决方案

rm（remove）命令可以用来删除文件或目录及其内容。在使用这个命令的时候，要极其谨慎。

3.11.3　进一步探讨

删除单个文件不仅简单，而且比较安全。下面通过实例讲解从 home 目录下删除文件 my_file.txt，具体命令如下所示（你可以使用 ls 命令检查该文件是否已被删除）。

```
$ cd ~
$ rm my_file.txt
$ ls
```

如果你想在某个目录下执行删除操作，你需要具有该目录的写权限。

在删除文件的时候，你还可以使用*通配符。下面的命令将删除当前目录下名称以 my_file 开头的所有文件。

```
$ rm my_file.*
```

此外，你可以使用下列命令来删除该目录下的所有文件。

```
$ rm *
```

如果你想以递归的方式来删除一个目录，以及该目录下所有的内容，包括其中所有目录，那么你可以使用-r 选项。

```
$ rm -r mydir
```

 在使用终端窗口删除文件的时候，一定记住你无法从回收站恢复这些文件。同时，通常它也不会提供确认选项，而是直接执行删除操作。在与 sudo 结合使用的情况下，该命令可能会造成无可挽回的损失（见 3.12 节）。

3.11.4　提示与建议

请同时参阅 3.4 节。

如果担心意外删除文件或者文件夹，你也可以通过为该命令建立别名的方式（见 3.36 节），强制 rm 命令在执行前先进行确认。

3.12　以超级用户权限执行任务

3.12.1　面临的问题

有些命令，如果没有足够的权限是无法使用的。此时，你需要以超级用户的身份来执行这些命令。

3.12.2　解决方案

sudo（substitute user do）可以让你以超级用户的身份来执行命令。为此，你只需要在命令的前面加上 sudo 即可。

3.12.3　进一步探讨

你需要通过命令行完成的大部分任务，其实都不需要超级用户权限。最常见的需要超级用户权限的任务是安装软件或者编辑配置文件。例如，apt-get 命令是在 Raspbian 操作系统中安装新软件的主要手段，我们将在 3.17 节中详细介绍该命令的用法。

另一个需要超级用户权限的例子是 reboot 命令。当你以普通用户的身份运行该命令的时候，将会收到许多错误信息。

```
$ reboot
Failed to set wall message, ignoring: Interactive authentication required.
Failed to reboot system via logind: Interactive authentication required.
Failed to open /dev/initctl: Permission denied
Failed to talk to init daemon.
```

如果你在同一命令前面加上 sudo，它就能正常工作了。

```
$ sudo reboot
```

如果你有大量命令需要以超级用户权限执行，而你又不希望每次执行时都在它们前面加上前缀 sudo，可以使用下列命令。

```
$ sudo sh
#
```

请注意这里提示符的变化情况：从$变为#。这样一来，所有后面的命令都会以超级用户的身份执行。如果你想恢复到普通用户身份，可以使用下列命令。

```
# exit
$
```

3.12.4　提示与建议

若想了解更多文件权限方面的内容，可以参考 3.13 节。

若要使用 apt-get 命令安装软件，可以参考 3.17 节。

3.13　理解文件权限

3.13.1　面临的问题

在列出文件时，文件名后面会伴有一些"奇怪"的字符，你想知道这些字符的含义。

3.13.2　解决方案

为了了解文件和目录的权限及所属关系，可以在 ls 命令后面加上 -l 选项。

3.13.3　进一步探讨

执行命令 ls -l（注意，这里必须是小写的 l），你将看到类似下面的输出结果。

```
$ ls -l
total 16
-rw-r--r-- 1 pi pi    5 Apr 23 15:23 file1.txt
-rw-r--r-- 1 pi pi    5 Apr 23 15:23 file2.txt
-rw-r--r-- 1 pi pi    5 Apr 23 15:23 file3.txt
drwxr-xr-x 2 pi pi 4096 Apr 23 15:23 mydir
```

ls 命令的第一行输出结果表明，该目录中含有 16 个文件。

图 3-11 展示了所列出的信息的各个不同部分，其中第一部分包含了权限信息。在第二列中，数字 1（图中标示为"文件数量"）表示包含的文件的数量。这个字段只有在列出的条目涉及目录的时候才有意义，对文件来说，该字段的值只能是 1。接下来的两个条目（都是 pi）表示文件的属主和用户组。表示文件大小的条目（第 5 列）指示文件的大小，单位为字节。修改时间在每次编辑或修改过后都会发生变化。最后一个条目是文件或目录的实际名称。

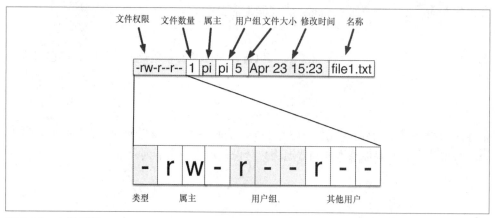

图 3-11　文件权限

文件权限分为 4 段（类型、属主、用户组和其他用户）。

第一段是类型，对目录来说，它的值为字符 d；对文件来说，它的值是-。

下一段由 3 个字符组成，用来表示该文件的属主的具体权限。每个字符都是一个开关标志，所以，如果属主具有读权限，那么第一个字符应该是 r；如果其具有写权限，那么第二个字符应该是 w；如果文件为可执行文件（如程序或脚本），并且属主对其具有执行权限，则第三个字符为 x（就本例而言，这里是-）。

第三段也有同样的 3 个开关标志，不过这些权限都是针对组内所有用户而言的。用户可以划分到不同的用户组。所以，就本例而言，该文件同时归属于用户 pi 和用户组 pi。因此，用户组 pi 内的其他成员同样具有该文件赋予该用户组的相关权限。

最后一段规定了其他用户，即除了用户 pi 和用户组 pi 之外的用户，对该文件所具有的权限。

由于大部分人都是仅以用户 pi 的身份来使用树莓派的，所以他们最关心的权限都集中在第二段。

3.13.4 提示与建议

若要修改文件的权限，可以参考 3.14 节。

3.14 修改文件的权限

3.14.1 面临的问题

你需要修改一个文件的权限。

3.14.2 解决方案

利用 chmod 命令修改文件的权限。

3.14.3 进一步探讨

需要修改文件权限的常见情况包括：待编辑的文件被设置为只读文件，或者需要赋予某文件执行权限以便使其可以作为程序或脚本来运行。

chmod 命令可以用来为文件添加或删除权限。为此，可以使用两种方式：一种是使用八进制（以 8 为基数），另一种是使用文本。我们下面使用的是文本方式，这种方式更易于理解。

chmod 命令的第一个参数用于指定需要做哪些修改，第二个参数用于指定要对哪些文件或文件夹执行这些操作。第一个参数由权限范围（+、-、=分别用于添加、删除和设置操作）和权限类型两部分组成。

例如，下面的代码将会为文件 file2.txt 添加执行（x）权限。

```
$ chmod u+x file2.txt
```

如果我们现在使用 ls 命令展示目录内容，就会发现已经添加了 x 权限。

```
$ ls -l
total 16
-rw-r--r-- 1 pi pi    5 Apr 23 15:23 file1.txt
-rwxr--r-- 1 pi pi    5 Apr 24 08:08 file2.txt
-rw-r--r-- 1 pi pi    5 Apr 23 15:23 file3.txt
drwxr-xr-x 2 pi pi 4096 Apr 23 15:23 mydir
```

如果我们要给用户组或其他用户添加执行权限，则第一个参数分别为 g 和 o。如果使用 a，则会给所有用户添加相应的权限。

3.14.4 提示与建议

有关文件权限方面的背景知识，参考 3.13 节。

修改文件属主方面的知识，参考 3.15 节。

3.15 修改文件的属主

3.15.1 面临的问题

你需要修改文件的属主。

3.15.2 解决方案

chown（change owner）命令可以用来修改文件或目录的属主。

3.15.3 进一步探讨

就像我们在 3.13 节所看到的那样，任何文件或目录都具有属主及相应的用户组。对树莓派来说，在大多数情况下其用户都是单用户，所以实际上我们无须关心用户组。

在偶然的情况下，你会发现系统上安装的某些文件的属主并非用户 pi。如果遇到这种情况，你可以利用 chown 命令来修改文件的属主。

为了修改文件的属主，可以使用 chown 命令，后面跟新的属主和用户组，两者之间用冒号分隔，最后是文件名。

你可能会发现，修改文件的属主是需要超级用户权限的，这时可以在 chown 命令前面加上 sudo（见 3.12 节）。

```
$ sudo chown root:root file2.txt
$ ls -l
total 16
-rw-r--r-- 1 pi   pi      5 Apr 23 15:23 file1.txt
-rwxr--r-- 1 root root    5 Apr 24 08:08 file2.txt
-rw-r--r-- 1 pi   pi      5 Apr 23 15:23 file3.txt
drwxr-xr-x 2 pi   pi   4096 Apr 23 15:23 mydir
```

3.15.4 提示与建议

有关文件权限方面的背景知识，参考 3.13 节。

此外，还可以参考 3.14 节来了解修改文件权限的方法。

3.16 屏幕截图

3.16.1 面临的问题

你希望截取树莓派屏幕的图像，并将其保存到一个文件中。

3.16.2 解决方案

安装屏幕截图软件 scrot（SCReenshOT）。

3.16.3　进一步探讨

在进行截屏时，最简单的方法就是直接运行命令 scrot。这样就能立即截取屏幕上的图像，并以类似 2019-04-25-080116_1024x768_scrot.png 这样的文件名，将图像保存到当前目录中。

有时候，你需要截取一类特殊对象的快照，例如当前打开的菜单等，但是这些对象所在的窗口一旦失去焦点，这些对象就会随之消失。遇到这种情况的时候，你可以使用-d 选项来规定一个延迟，使其在指定的延迟时间之后进行截图。

```
$ scrot -d 5
```

这个延迟时间是以秒为单位的。

如果截取的是整个屏幕，可以利用像 GIMP 这样的图像编辑软件来剪裁。不过，更简便的做法是在截屏时直接利用鼠标选取所需部分，为此可以使用-s 选项。

使用这个选项时，先输入如下命令，然后用鼠标框选所需的屏幕部分即可。

```
$ scrot -s
```

保存截图的文件名将包含该图像的像素大小。

3.16.4　提示与建议

scrot 命令还有许多其他选项，可用于控制其他事项，例如使用多屏、改变保存截图的文件的格式等。如果你想了解 scrot 命令的更多选项，可以利用下列命令来查看其使用手册。

```
$ man scrot
```

使用手册

实际上，几乎所有 Raspbian 命令都提供了使用手册，只需输入命令名和命令本身，就能查看这些帮助信息。但是，有些使用手册读起来可能比较费劲，因为它们是相应命令的全面参考，而不是如何使用相应命令的简单指南。所以，通过互联网搜索相应命令的用法通常效果会更好一些。

3.17　利用 apt-get 安装软件

3.17.1　面临的问题

你想通过命令行方式来安装软件。

3.17.2　解决方案

从终端会话安装软件的时候，最常用的工具就是 apt-get（the Advanced Packaging Tool）。

这个命令必须以超级用户权限来运行，其基本格式如下所示。

```
$ sudo apt-get install <name of software>
```

例如，要想安装字处理软件 AbiWord，你可以使用下列命令。

```
$ sudo apt-get install abiword
```

3.17.3 进一步探讨

软件包管理器 apt-get 会用到一个可用软件的列表。在你所用的树莓派操作系统发行包中就包含这个列表，不过这个列表很可能已经过时了。所以，当你安装某软件而 apt-get 却告诉你找不到时，就需要利用下列命令来更新这个列表。

```
$ sudo apt-get update
```

因为这个列表以及安装软件包都位于互联网，所以，只有树莓派连接互联网之后，才能正常安装软件。

 当你更新时，如果遇到类似 E: ProblemWith MergeList /var/lib/dpkg/status 这样的错误信息，可以尝试如下所示的命令。

```
$ sudo rm /var/lib/dpkg/status
$ sudo touch /var/lib/dpkg/status
```

安装经常需要较长时间，因为各种文件需要先下载下来，然后才能进行安装。某些软件还会在你的桌面上添加快捷方式，或者在 Start 菜单中添加程序组。

你可以在 apt-get search 命令后面加上搜索字符串（如 abiword）来搜索需要安装的软件。运行该命令后，将会看到一个包含与你想要安装的软件相匹配的软件列表。

3.17.4 提示与建议

当你不再使用某些程序的时候，可以将其删除以释放存储空间，具体删除方法参考 3.18 节。

关于获取源代码的方法，参考 3.21 节。

3.18 删除利用 apt-get 安装的软件

3.18.1 面临的问题

你利用 apt-get 安装了大量软件，现在想要将其中某些删掉。

3.18.2 解决方案

apt-get 有一个删除软件的选项（remove），只不过它只能清除利用 apt-get install 命令安装的软件。

例如，如果你想删除 AbiWord，可以使用如下所示的命令。

```
$ sudo apt-get remove abiword
```

3.18.3　进一步探讨

利用上面的方法来删除软件的时候，并不能清除所有内容，因为这些软件在安装过程中会同时安装其自身所依赖的各种软件。为了删除这些内容，必须使用 autoremove 选项，具体用法如下所示。

```
$ sudo apt-get autoremove abiword
$ sudo apt-get clean
```

apt-get 的 clean 选项可以进一步清理无用软件的安装文件。

3.18.4　提示与建议

利用 apt-get 安装软件的内容，参考 3.17 节。

3.19　利用 Pip 安装 Python 库

3.19.1　面临的问题

你希望通过软件包管理器 pip（pip installs packages）来安装 Python 库。

3.19.2　解决方案

如果你的 Raspbian 是最新版本，那么 pip 已经安装在系统上了，你可以从命令行运行下面的示例命令，该例子取自 8.1 节，其作用是安装 Python 库 svgwrite。

```
$ sudo pip install svgwrite
```

如果你的系统还没有安装 pip，可以通过下面所示的命令进行安装。

```
$ sudo apt-get install python-pip
```

3.19.3　进一步探讨

虽然许多 Python 库可以通过 apt-get（见 3.17 节）进行安装，但是某些却不行，这时你就得使用 pip 来安装了。

3.19.4　提示与建议

若要使用 apt-get 命令安装软件，可以参考 3.17 节。

3.20　通过命令行获取文件

3.20.1　面临的问题

你希望在不借助浏览器的情况下，从互联网上下载一个文件。

3.20.2　解决方案

利用命令 wget 从互联网下载文件。

举例来说，下面的命令将从 https://www.icrobotics.co.uk 下载文件 Pifm.tar.gz。

```
$ wget http://www.icrobotics.co.uk/wiki/images/c/c3/Pifm.tar.gz
--2013-06-07 07:35:01--  http://www.icrobotics.co.uk/wiki/images/c/c3/Pifm.tar.gz
Resolving www.icrobotics.co.uk (www.icrobotics.co.uk)... 155.198.3.147
Connecting to www.icrobotics.co.uk (www.icrobotics.co.uk)|155.198.3.147|
:80... connected.
HTTP request sent, awaiting response... 200 OK
Length: 5521400 (5.3M) [application/x-gzip]
Saving to: 'Pifm.tar.gz'

100%[=================================================>] 5,521,400    601K/s

2018-06-07 07:35:11 (601 KB/s) - 'Pifm.tar.gz' saved [5521400/5521400]
```

如果你的 URL 中含有任何特殊字符，则最好用英文双引号将其引起来。本例中的 URL
取自 4.6 节。

3.20.3　进一步探讨

你可以寻找一些通过 wget 获取文件的软件安装方法的说明，你会发现在通常情况下，利
用命令行下载文件，要比通过浏览器来寻找、下载并将文件复制到所需位置方便得多。

wget 命令以用于下载的 URL 作为其参数，并将文件下载到当前目录下。它常用来下载
压缩文件，不过也能用于下载任何网页。

3.20.4　提示与建议

关于利用 apt-get 进行安装的详细介绍，参考 3.17 节。

3.21　利用 Git 获取源代码

3.21.1　面临的问题

有时候，Python 库及其他软件都是以 GitHub 存储库的 URL 形式来提供的。

你需要将它们下载到树莓派上。

3.21.2　解决方案

为了使用 GitHub 存储库中的代码，你需要使用 git clone 命令来获取相应的文件。

例如，使用下面的命令可以将本书中的所有源代码示例都下载到一个新的文件夹中。

```
$ git clone https://github.com/simonmonk/raspberrypi_cookbook_ed3.git
```

对用于克隆代码的 URL，GitHub 存储库还会提供一个相应的网页供浏览器访问，具体如图 3-12 所示。

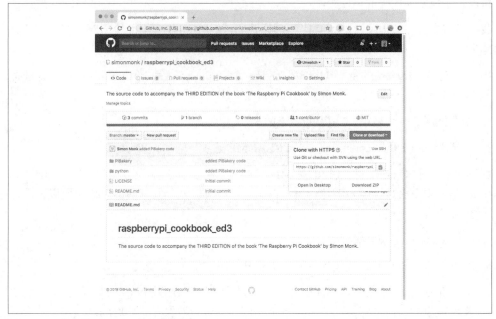

图 3-12　本书的 GitHub 存储库页面

这时，只需单击 Clone or download 按钮，就可以复制该存储库的 URL，然后，将其粘贴到终端会话中 git 命令之后即可。

3.21.3　进一步探讨

需要注意的是，Git 和 GitHub 并不是一回事。Git 是软件，而 GitHub 是一个代码托管网站，你可以用 Git 软件将自己的代码推送到 GitHub 上。事实上，如果你愿意，你也可以用树莓派来托管自己的 GitHub 存储库。然而，使用基于 Git 的网站（如 GitHub 或 GitLab）也有优点，如下。

1. 代码被存放在云端，即使你的磁盘（或 SD 卡）坏了，这些代码也不会丢失。

2. 代码是公开可见的，所以其他人可以查看和使用，如果有人发现代码有问题，则他有可能帮你修复它们。

3. 你可以在自述文件中包含与项目有关的文档，供所有人浏览。

如果你正在开发一个树莓派项目，并且感觉其他人也可能对它感兴趣，那么，建议使用 GitHub 或 GitLab 来托管代码。虽然为此需要学习一些东西，但是这些努力是非常值得的。

使用 Git 的另一个好处（无论是在本地单独使用，还是结合 GitHub 等服务使用）是，每当为项目做了大量工作时，都可以把它们推送到代码的主副本上。需要注意的是，这并不会替代原有的代码，而是作为一个新的版本存储。所以，就算出现了差错，也可以轻松恢复到代码的早期版本。

我已经将本书和其他项目的所有代码都托管到了 GitHub 上。下面给出新建存储库的具体步骤。

1. 打开你在 GitHub 的主页（你需要创建一个账户），然后，单击"+"按钮，并选择 New Repository 选项。

2. 给存储库起一个名字，并提供简要说明。

3. 勾选 Initialize this repository with a README 选项。

4. 选择一个许可证——我选择的是 MIT 许可证，一方面，是为了以此向这个"庄严"的学习中心表达崇高的敬意；另一方面，希望可以充分共享我的工作。所以，该许可证再合适不过了。

5. 单击 Create repository。

6. 在计算机（树莓派或其他计算机）上打开一个终端（见 3.3 节）。

7. 运行命令 git，参数为存储库的 URL。这将为项目创建一个文件夹。并且，在这个文件夹里的任何文件，只要被执行了写操作，就会被保存到 GitHub 中。

```
$ git add .
$ git commit -m "message about what you changed or added"
$ git push
```

其中，第一条命令的作用是将所有修改或新建的文件添加到要提交的文件列表中。在第二条命令中，commit 的-m 选项用于为提交的新改动提供注释。最后，push 命令被用于将修改的内容推送到 GitHub。这时，系统会要求你输入 GitHub 账户的用户名和密码。

在 GitHub 上，可以为树莓派找到海量的源代码，包括 Python 及其他语言编写的代码，尤其是当涉及不同类型的硬件（如显示器和传感器）的软件接口时，更是如此。

3.21.4　提示与建议

更多关于 Git、GitHub 和 GitLab 的介绍，请分别访问其官方网站了解。

有关本书程序代码以及与本书有关的其他文件的下载方法，详见 3.22 节。

3.22　获取本书的随附代码

3.22.1　面临的问题

你想下载与本书有关的所有源代码和其他文件。

3.22.2　解决方案

你可以按照 3.21 节介绍的方法从 GitHub 获取这些文件，或者按照本节介绍的方法，以单个 ZIP 存档文件的形式从 GitHub 进行下载。

下载本书的代码时，不妨先用树莓派的浏览器访问本书对应的 GitHub 网页。这个网页不仅给出了本书托管在 GitHub 上的代码的相关链接，还提供了本书的勘误表和其他信息。

因此，无论是先访问本书的网站，还是直接访问 GitHub，在单击 Clone or download 按钮后，都会看到 Download ZIP 选项，具体如 3.21 节中的图 3-12 所示。

单击 Download ZIP，Chrome 浏览器会将该 ZIP 文件保存到 Downloads 目录中。单击下载的 ZIP 文件（见图 3-13）旁边的下拉按钮，然后，选择 Show in folder 选项。

图 3-13　以 ZIP 存档的形式下载本书所有文件

这将在 Downloads 文件夹中打开一个文件管理器窗口，请在其中找到刚刚下载的 ZIP 文件（见图 3-14）。

图 3-14　在 Downloads 目录中查找 ZIP 文件

双击该 ZIP 文件，将会打开 Xarchiver 工具，然后，单击 Extract files 图标，具体如图 3-15 所示。

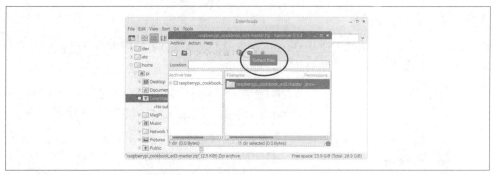

图 3-15 使用 Xarchiver 工具提取文件

这时，将弹出图 3-16 所示的对话框，请将其中用于保存解压缩后的文件的路径改为 /home/pi/，然后，单击 Extract 按钮即可。

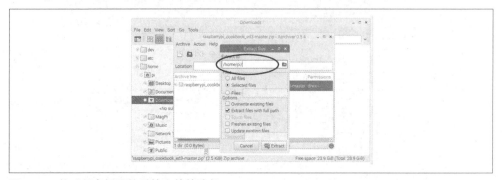

图 3-16 修改保存解压缩后的文件的路径

文件解压缩后，主目录中会生成一个新的文件夹，里面含有本书随附的所有资源。

3.22.3 进一步探讨

现在，如果使用文件管理器浏览主目录，你会发现一个名为 raspberrypi_cookbook_ed3-master 的文件夹（见图 3-17）。

图 3-17 提取的文件

其中，PiBakery 文件夹中存放的是 1.8 节中介绍的 PiBakery 的各种配置，而 Python 文件夹中存放的是本书涉及的所有 Python 程序。

3.22.4　提示与建议

有关 Git 和 GitHub 用法的更多信息，参见 3.21 节。

3.23　在系统启动时自动运行程序或脚本

3.23.1　面临的问题

你希望某些程序或脚本，在树莓派开机时自动运行。

3.23.2　解决方案

修改 rc.local 文件来使你感兴趣的程序开机自动运行。

你可以通过下列命令来编辑/etc/rc.local 文件。

```
$ sudo nano /etc/rc.local
```

在第一段注释代码（以#开头的各行）后面添加如下所示的一行内容。

```
$ /usr/bin/python /home/pi/my_program.py &
```

上面这行命令末尾务必加上&，这一点非常重要，其作用是指示其在后台运行，否则树莓派就无法引导。

3.23.3　进一步探讨

采用这种方法设置程序自动运行需要小心翼翼地编辑 rc.local 文件，否则可能导致树莓派无法启动。

3.23.4　提示与建议

关于如何安全地设置程序自动运行的详细介绍，参见 3.24 节。

3.24　让程序或脚本作为服务自动运行

3.24.1　面临的问题

你希望让一个脚本或程序在树莓派每次重启时都自动运行。

3.24.2　解决方案

Debian Linux（大部分树莓派的发行包都是从此系统演变而来的）为了在系统启动时自

动运行某些命令而采取了一种基于依赖包的机制。

在这种机制下，对在 init.d 文件夹中运行的脚本或程序来说，它们的配置文件的使用和创建就颇具技巧了。

3.24.3　进一步探讨

下面通过一个例子来说明如何运行 home 目录下的 Python 脚本。

虽然 Python 脚本可以做任何事情，但就本例而言，它只是运行了一个简单的 Python 网络服务器，具体情况参考 7.17 节。

下面是这个过程中所涉及的具体步骤。

1. 创建一个 init 脚本。

2. 赋予 init 脚本执行权限。

3. 通知系统新建了一个 init 脚本。这个脚本可以随意命名，不过就本例来说，我们给它取名为 my_server。

可以利用 nano 来创建这个脚本，具体命令如下所示。

```
$ sudo nano /etc/init.d/my_server
```

将下面的代码粘贴到编辑器窗口中，并保存文件。由于这里需要输入的内容很多，所以，如果你在阅读本书的纸质版，可以从配套代码中复制、粘贴相应的内容。这样的话，只需找到相关的章节对应的内容即可。

```
### BEGIN INIT INFO
# Provides: my_server
# Required-Start: $remote_fs $syslog $network
# Required-Stop: $remote_fs $syslog $network
# Default-Start: 2 3 4 5
# Default-Stop: 0 1 6
# Short-Description: Simple Web Server
# Description: Simple Web Server
### END INIT INFO

#! /bin/sh
# /etc/init.d/my_server

export HOME
case "$1" in
  start)
    echo "Starting My Server"
    sudo /usr/bin/python /home/pi/myserver.py  2>&1 &
  ;;
stop)
  echo "Stopping My Server"
  PID=`ps auxwww | grep myserver.py | head -1 | awk '{print $2}'`
  kill -9 $PID
  ;;
```

```
*)
  echo "Usage: /etc/init.d/my_server {start|stop}"
  exit 1
;;
esac
exit 0
```

对自动运行脚本而言，这些代码看起来有些长，不过大部分都是样板式代码。若要运行一个不同的脚本，你需要通读上述代码，修改待运行的 Python 文件的名称和描述即可。下一步是赋予文件属主执行权限，具体命令如下所示。

```
$ sudo chmod +x /etc/init.d/my_server
```

现在，该程序已经被设置为一个服务，如果各项测试一切正常，便可以将其设置为自动运行，使其作为引导序列的一部分，具体命令如下所示。

```
$ /etc/init.d/my_server start
Starting My Server
Bottle v0.11.4 server starting up (using WSGIRefServer())...
Listening on http://192.168.1.16:80/
Hit Ctrl-C to quit.
```

最后，如果运行正常，可以通过下面的命令让系统了解你定义的新服务。

```
$ sudo update-rc.d my_server defaults
```

3.24.4　提示与建议

对于让程序自动运行，3.23 节的方法更加简单。

至于修改文件和文件夹权限的具体介绍，参考 3.13 节。

3.25　定期自动运行程序或脚本

3.25.1　面临的问题

你想要每天自动运行一次脚本，或定期自动运行脚本。

3.25.2　解决方案

使用 Linux 的 crontab 命令。

为此，树莓派需要具体的时间与日期，也就是说需要具有网络连接或实时时钟，具体参考 12.13 节。

3.25.3　进一步探讨

crontab 命令可以让某些事件定期发生。这里时间周期的单位可以是天或者小时，同时，你可以定义更加复杂的模式，以便在每周不同的日子里触发不同的事件。这对需要在半夜进行备份的任务来说，是非常有用的。

你可以通过下列命令来编辑需要调度的事件。

```
$ crontab -e
```

如果你希望运行的程序或脚本要求超级用户权限，可以在所有的 crontab 命令前面加上前缀 sudo（见 3.12 节）。

注释行（以#开头）指出了 crontab 行的格式。这些数字依次表示分、时、日（每月中的几号）、月、星期几，然后是你想要运行的命令。

如果在数字位置上出现了*，它表示"每"；如果第四个位置出现的是数字，该脚本就只有在该数字指定的月的分/时/日才会被执行。

如果需要在每天凌晨 1 点运行脚本，就需要添加图 3-18 所示的一行内容。

图 3-18　编辑 crontab

通过在表示星期几的位置指定相应的范围，比如说 1-5（从星期一到星期五），那么，该脚本将只在这些日子的凌晨 1 点运行，具体如下所示。

```
0 1 * * 1-5 /home/pi/myscript.sh
```

如果你的脚本需要从特定的目录运行，可以使用分号（;）来间隔多个命令，具体如下所示。

```
0 1 * * * cd /home/pi; python mypythoncode.py
```

3.25.4　提示与建议

如果你想查看 crontab 命令的详细文档，可以使用如下所示的命令。

```
$ man crontab
```

3.26　搜索功能

3.26.1　面临的问题

你知道一个文件就在系统的某个地方，具体不太清楚，你想设法找到它。

3.26.2　解决方案

利用 Linux 操作系统的 find 命令。

3.26.3 进一步探讨

find 命令会从指定的目录开始搜索，如果找到了相应的文件，就会显示其位置。示例如下。

```
$ find /home/pi -name gemgem.py
/home/pi/python_games/gemgem.py
```

你可以从目录树中任意目录开始搜索，甚至可以从整个文件系统的根目录（/）开始搜索。不过，如果搜索整个文件系统，会耗费更多的时间，还可能会收到出错信息。

你可以将这些出错信息重定向到其他地方，方法是在命令行后面添加 2>/dev/null。

如果要在整个文件系统中搜索文件，可以使用如下所示的命令。

```
$ find / -name gemgem.py 2>/dev/null
/home/pi/python_games/gemgem.py
```

请注意，由于 2>/dev/null 会将 find 命令的输出进行重定向处理，因此，当最终找到目标文件时，也很难见到该文件。关于重定向的详细介绍，参考 3.31 节。

在 find 命令中，你同样可以使用通配符，具体如下所示。

```
$ find /home/pi -name match*
/home/pi/python_games/match4.wav
/home/pi/python_games/match2.wav
/home/pi/python_games/match1.wav
/home/pi/python_games/match3.wav
/home/pi/python_games/match0.wav
/home/pi/python_games/match5.wav
```

3.26.4 提示与建议

实际上，find 命令还有许多其他高级搜索功能。如果你想查阅完整的 find 使用手册，可以使用下面所示的命令。

```
$ man find
```

3.27 使用命令行历史记录功能

3.27.1 面临的问题

你希望能够在命令行中重复执行某些命令，而无须再次输入它们。

3.27.2 解决方案

使用向上方向键或向下方向键从命令历史记录中选择之前用过的命令，或者使用 history 命令与 grep 命令来查找之前用过的命令。

3.27.3 进一步探讨

你可以通过按向上方向键来访问上一条运行过的命令。再次按此键，就会访问上一条命令之前的那条命令，以此类推。如果你越过了想要使用的命令，可以使用向下方向键往回退。

如果你想取消对选中命令的运行操作，可以使用 Ctrl+C 组合键。

随着时间的推移，命令历史记录会变得很多，以至于找不到你以前使用过的命令。要想找到很久以前用过的命令，你可以求助于 history 命令。

```
$ history
    1  sudo nano /etc/init.d/my_server
    2  sudo chmod +x /etc/init.d/my_server
    3  /etc/init.d/my_server start
    4  cp /media/4954-5EF7/sales_log/server.py myserver.py
    5  /etc/init.d/my_server start
    6  sudo apt-get update
    7  sudo apt-get install bottle
    8  sudo apt-get install python-bottle
```

上面列出了所有的命令历史记录，由于这些内容太多，可能很难找到你想要的命令。为了弥补这一点，你可以使用管道方式（见 3.33 节）将 history 命令的结果输出给 grep 命令，使其只显示与搜索字符串相匹配的命令。所以，如果要查找所有执行过的 apt-get 命令（见 3.17 节），可以使用如下所示的命令。

```
$ history | grep apt-get
    6  sudo apt-get update
    7  sudo apt-get install bottle
    8  sudo apt-get install python-bottle
   55  history | grep apt-get
```

这里每条历史命令前面都有一个编号，找到所需的命令后，可以通过在 ! 后面加上其编号的方法来运行它，具体如下所示。

```
$  !6
sudo apt-get update
Hit http://mirrordirector.raspbian.org wheezy InRelease
Hit http://mirrordirector.raspbian.org wheezy/main armhf Packages
Hit http://mirrordirector.raspbian.org wheezy/contrib armhf Packages
.....
```

3.27.4 提示与建议

如果你想查找的是文件，而不是命令，参见 3.26 节。

3.28 监视处理器活动

3.28.1 面临的问题

树莓派有时可能运行得有点慢，而你想看看是哪些进程"霸占"了处理器。

3.28.2 解决方案

使用任务管理器（Task Manager）实用程序，你可以在开始菜单的 Accessories 程序组找到它（见图 3-19）。

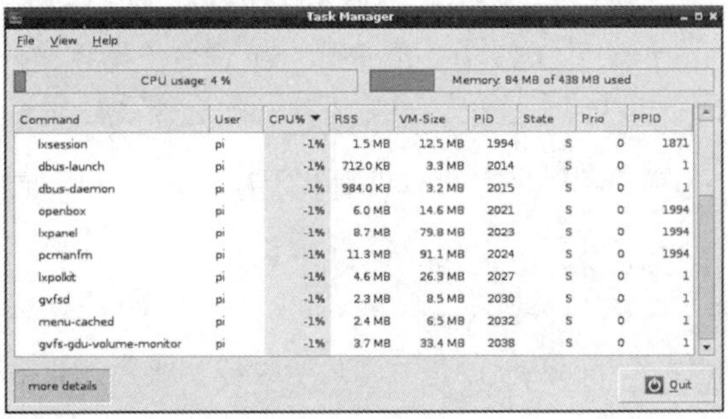

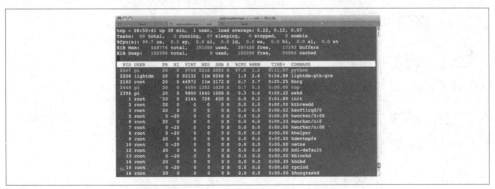

图 3-19　任务管理器

通过任务管理器，我们可以查看 CPU 和内存的使用情况。你还可以右击某个进程，然后从弹出的快捷菜单中选择相应选项以将其终止。

窗口顶部的图形显示了 CPU 和内存的总体使用率。进程列表位于下方，你可以在此了解每个进程占用资源的情况。

3.28.3　进一步探讨

如果你喜欢从命令行完成这类事情，可以使用 Linux 操作系统的 top 命令来显示处理器和内存的使用情况，以及哪些进程占用了大量的资源（见图 3-20）。然后可以使用 kill 命令终止进程。不过，这需要具备超级用户权限。

图 3-20　使用 top 命令查看资源使用情况

在本例中你可以看到，位于顶部的那个进程占用了 97% 的 CPU 资源，该进程来自一个 Python 程序。第一列显示其进程 ID（2447）。如果要终止这个进程，可以输入以下命令。

```
$ kill 2447
```

但这样做的时候，很可能会终止一些重要的操作系统进程，遇到这种情况，可以关闭树莓派然后重启，一切就会恢复正常了。

有时，在使用 top 后无法立即看到哪些进程正在运行。如果遇到这种情况，可以使用 ps 命令并将结果通过管道（见 3.33 节）传递给 grep 命令（见 3.27 节）来查找所有正在运行的进程，这样不仅可以搜索进程，还能将找到的进程高亮显示。

例如，为了找出霸占 CPU 的 Python 进程的进程 ID，我们可以运行以下命令。

```
$ ps -ef | grep "python"
pi       2447  2397 99 07:01 pts/0    00:00:02 python speed.py
pi       2456  2397  0 07:01 pts/0    00:00:00 grep --color=auto python
```

就本例而言，Python 程序 speed.py 的进程 ID 为 2447。列表中的第二个条目是 ps 命令本身的进程。

---

killall 命令

killall 命令是 kill 命令的变种。这个命令要谨慎使用，因为它会终止所有匹配其参数的进程。例如，下面的命令将终止树莓派上运行的所有 Python 程序。

```
$ sudo killall python
```

3.28.4　提示与建议

更多详细内容参见 top、ps、grep、kill 和 killall 命令的使用手册。你可以先输入 man，后跟相应的命令名来查看其帮助信息，具体如下所示。

```
$ man top
```

3.29　文件压缩

3.29.1　面临的问题

你下载了压缩文件并想将其解压缩。

3.29.2　解决方案

你可以使用 tar 命令或 gunzip 命令，具体视文件类型而定。

3.29.3　进一步探讨

如果要解压缩的文件仅具有扩展名.gz，可以通过下列命令来解压缩。

```
$ gunzip myfile.gz
```

你还经常会遇到一些被称为 tarball 的文件，其中包含的目录已经被 Linux 的 tar 命令压缩过，并用 gzip 压缩到了名称类似 myfile.tar.gz 的文件中。

你可以使用 tar 命令从 tarball 中提取原始文件和文件夹。

```
$ tar -xzf myfile.tar.gz
```

对于 ZIP 格式的压缩文件，可以使用文件管理器和 Xarchiver 工具进行解压缩处理，具体见 3.22 节。

3.29.4 提示与建议

你可以通过命令 man tar 来访问 tar 的详细信息。

3.30 列出已连接的 USB 设备

3.30.1 面临的问题

你已插入 USB 设备，并希望弄清楚 Linux 是否能够识别它。

3.30.2 解决方案

使用 lsusb 命令。该命令能够列出已经连接到树莓派 USB 接口的所有设备。

```
$ lsusb
Bus 001 Device 002: ID 0424:9512 Standard Microsystems Corp.
Bus 001 Device 001: ID 1d6b:0002 Linux Foundation 2.0 root hub
Bus 001 Device 003: ID 0424:ec00 Standard Microsystems Corp.
Bus 001 Device 004: ID 15d9:0a41 Trust International B.V. MI-2540D [Optical mouse]
```

3.30.3 进一步探讨

这个命令可以告诉你设备是否已连接，但不能保证设备可以正常工作。要使设备正常工作，可能需要为设备安装驱动程序或做进一步配置。

3.30.4 提示与建议

有关连接外部网络摄像头时使用 lsusb 的示例，参考 4.3 节。

3.31 将输出从命令行重定向到文件

3.31.1 面临的问题

你希望快速创建一个包含某些文本的文件，或将目录列表记录到文件中。

3.31.2 解决方案

使用>命令将本应该显示在终端中的命令输出重定向。

例如，要将目录列表复制到名为 myfiles.txt 的文件中，请执行以下操作。

```
$ ls > myfiles.txt
$ more myfiles.txt
```

```
Desktop
indiecity
master.zip
mcpi
```

3.31.3　进一步探讨

可以在任何产生输出的 Linux 命令上使用>命令，甚至包括 Python 程序。

你还可以使用与之相反的<命令来重定向用户输入，尽管它不像>那么有用。

3.31.4　提示与建议

若要使用 cat 命令将多个文件连接在一起，可以参考 3.32 节。

3.32　连接文件

3.32.1　面临的问题

你有多个文本文件，并且要将它们合并成一个大文件。

3.32.2　解决方案

使用 cat 命令将多个文件连接到一个输出文件中。

示例如下。

```
$ cat file1.txt file2.txt file3.txt > full_file.txt
```

3.32.3　进一步探讨

连接文件是 cat 命令的真正目的。你可以提供尽可能多的文件名，它们都将写入所指向的文件中。如果不重定向输出，那么输出仅显示在终端窗口中。如果它们是些大型文件，则可能需要耗费较长时间！

3.32.4　提示与建议

参考 3.8 节，在那里 cat 命令用于显示文件的内容。

3.33　使用管道

3.33.1　面临的问题

你想将一个 Linux 命令的输出作为另一个命令的输入。

3.33.2 解决方案

使用管道命令，即通过竖线（|）将一个命令的输出传递给另一个命令。

示例如下。

```
$ ls -l *.py | grep Jun
-rw-r--r-- 1 pi pi 226 Jun  7 06:49 speed.py
```

本例将找到所有扩展名为.py 并且在目录列表中含有 Jun 的文件，Jun 表明它们在 6 月进行了最后一次修改。

3.33.3　进一步探讨

乍一看，管道命令与重定向命令>（见 3.31 节）非常相似。两者的区别是，>命令不能重定向到另一个程序，而只能重定向到文件。

只要愿意，我们可以将尽可能多的程序连接起来，如下所示，但是这种方式并不常见。

```
$ command1 | command2 | command3
```

3.33.4　提示与建议

有关使用 grep 命令查找进程的示例，参考 3.28 节。关于通过管道和 grep 命令搜索命令历史记录的示例，参考 3.27 节。

3.34　不将输出结果显示到终端

3.34.1　面临的问题

你想运行一个命令，但是不想让输出信息填满屏幕。

3.34.2　解决方案

使用>命令将输出重定向到/dev/null。

示例如下。

```
$ ls > /dev/null
```

目录 dev 中包含了 Linux 操作系统中使用的所有外围设备，如串行端口等。需要注意的是，在这个目录中还定义了一个特殊的设备，即空设备——所有需要丢弃的输出，都可以重定向给它。

3.34.3　进一步探讨

这个例子只是用来展示语法，别无他用。一个更常见的使用场景是，在所运行的程序代码中，开发人员留下了很多跟踪消息，而你不想看到这些消息。下面的示例隐藏了

find 命令的多余输出（见 3.36 节）。

```
$ find / -name gemgem.py 2>/dev/null
/home/pi/python_games/gemgem.py
```

3.34.4　提示与建议

有关重定向至标准输出的详细信息，参阅 3.31 节。

3.35　在后台运行程序

3.35.1　面临的问题

你想在运行一个程序的同时进行一些其他任务。

3.35.2　解决方案

使用&命令在后台运行程序或命令。

示例如下。

```
$ python speed.py &
[1] 2528
$ ls
```

这样就不用等待程序运行完成了，命令行仅显示进程 ID（第二个数字），并立即允许继续运行其他命令。然后，你可以使用此进程 ID 来终止后台进程，详见 3.28 节。

要使后台进程回到前台，请使用 fg 命令。

```
$ fg
python speed.py
```

该命令将报告正在运行的命令或程序，然后等待它完成。

3.35.3　进一步探讨

后台进程的输出仍将显示在终端中。

在后台运行进程的替代方法是打开多个终端窗口。

3.35.4　提示与建议

有关进程管理的详细介绍，参阅 3.28 节。

3.36　创建命令别名

3.36.1　面临的问题

你想为经常使用的命令创建别名。

3.36.2　解决方案

使用 nano（见 3.7 节）编辑文件～/.bashrc，在文件的末尾添加所需内容，具体如下所示。

```
alias L='ls -a'
```

上述命令将创建一个名为 L 的别名，当输入该别名时，将被视为输入了 ls-a 命令。

使用 Ctrl+X 组合键和 Ctrl+Y 组合键保存并退出文件，然后使用新的别名更新终端，输入以下命令。

```
$ source .bashrc
```

3.36.3　进一步探讨

许多 Linux 用户喜欢通过下列方式为 rm 设置别名，以便它在得到确认后才进行删除操作。

```
$ alias rm='rm -i'
```

这不是一个坏方法，但如果你使用别人的系统，请别忘了人家可能没有设置这个别名！

3.36.4　提示与建议

有关 rm 命令的详细信息，参阅 3.11 节。

3.37　设置日期和时间

3.37.1　面临的问题

你希望在树莓派上手动设置日期和时间，因为它没有连接网络。

3.37.2　解决方案

可以使用 Linux 操作系统的 date 命令。

日期和时间的格式为 MMDDHHMMYYYY，其中 MM 是月份，DD 是日期，HH 和 MM 分别是小时和分钟，YYYY 是年份。

示例如下。

```
$ sudo date 010203042019
Wed  2 Jan 03:04:00 GMT 2019
```

3.37.3　进一步探讨

如果树莓派已经连入互联网，那么当它启动时，将使用互联网时间服务器自动设置时间。

在使用 date 命令的时候，还可以通过仅仅输入 date 本身来显示 UTC 时间。

```
$ date
Fri 19 Jul 10:59:08 BST 2019
```

3.37.4　提示与建议

如果你希望树莓派即便在没有网络的情况下也能保持正确的时间，可以使用实时时钟（RTC）模块（见 12.13 节）。

3.38　查看 SD 卡剩余存储空间

3.38.1　面临的问题

你想知道 SD 卡上有多少可用空间。

3.38.2　解决方案

可以使用 Linux 操作系统的 df 命令。

```
$ df -h
Filesystem      Size  Used Avail Use% Mounted on
Rootfs          3.6G  1.7G  1.9G  48% /
/dev/root       3.6G  1.7G  1.9G  48% /
devtmpfs        180M     0  180M   0% /dev
tmpfs            38M  236K   38M   1% /run
tmpfs           5.0M     0  5.0M   0% /run/lock
tmpfs            75M     0   75M   0% /run/shm
/dev/mmcblk0p1   56M   19M   38M  34% /boot
```

使用-h 选项后，在显示磁盘空间的大小时，将以 KB、MB 和 GB 为单位，而不是以字节为单位。

3.38.3　进一步探讨

通过输出结果的第一行可以看出，该存储卡的存储空间为 3.6 GB，其中已经使用了 1.7 GB。

当存储空间被耗尽的时候，可能会出现意外的错误行为，例如错误消息指出文件无法写入。

3.38.4　提示与建议

你可以通过 man df 命令查看 df 命令的使用手册。

3.39　检查操作系统版本

3.39.1　面临的问题

你想知道你所运行的 Raspbian 操作系统是哪个版本。

3.39.2　解决方案

在终端或 SSH 会话中输入以下命令来显示操作系统的版本。

```
$ cat /etc/os-release
PRETTY_NAME="Raspbian GNU/Linux 9 (stretch)"
NAME="Raspbian GNU/Linux"
VERSION_ID="9"
VERSION="9 (stretch)"
ID=raspbian
ID_LIKE=debian
HOME_URL="http://www.raspbian.org/"
SUPPORT_URL="http://www.raspbian.org/RaspbianForums"
BUG_REPORT_URL="http://www.raspbian.org/RaspbianBugs"
pi@raspberrypi:~ $
```

3.39.3　进一步探讨

如上例所示，第一行就给出了我们要找的答案。在这个例子中，我的树莓派运行的 Raspbian 操作系统的版本号为 9，该版本也被称为 stretch。

在使用某个软件遇到问题时，明确所在 Raspbian 操作系统的版本是非常有用的。在通常情况下，支持人员问你的第一个问题是：你运行的是什么版本的 Raspbian？

此外，你还可能需要知道在自己的树莓派上运行的 Linux 内核是什么版本，为此，可以借助于下面的命令。

```
$ uname -a
Linux raspberrypi 4.14.71-v7+ #1145 SMP Fri Sep 21 15:38:35 BST 2018 armv7l GNU/Linux
```

从上面的输出结果可以看到，Raspbian stretch 操作系统使用的内核版本为 4.14。

3.39.4　提示与建议

关于如何检查 SD 卡或其他引导盘上还剩多少空间的方法，参阅 3.38 节。

3.40　更新 Raspbian 操作系统

3.40.1　面临的问题

你想把树莓派的 Raspbian 操作系统更新到最新版本。

3.40.2　解决方案

要将操作系统更新到最新版本，只需进入终端的命令行（见 3.3 节）并执行以下命令即可。

```
$ sudo apt-get update
$ sudo apt-get dist-upgrade
```

这将需要较长时间，尤其是如果有很多地方需要升级。最重要的是，对于操作系统中的所有重要文件，务必在升级前将其备份到 U 盘中（见 3.2 节）。

3.40.3　进一步探讨

在这些命令中，第一条命令的作用并非更新 Raspbian 操作系统。相反，它只是更新 apt-get 包管理器，使其了解构成操作系统和相关软件的程序包的最新版本。

实际上，dist-upgrade 命令才是用于更新操作系统本身的。在这个过程中，它会提示所需的存储空间，所以，你应该使用 3.38 节介绍的方法来检查是否拥有足够的存储空间，如果空间足够，请按 Y 键继续更新操作系统。

需要注意的是，将操作系统更新至最新版本是一件非常重要的事情，原因如下：首先，之所以要推出新版本的操作系统，是为了修复错误，软件存在的问题往往在升级系统后就消失了；其次，如果你将树莓派暴露在互联网上，新版本的 Raspbian 操作系统会经常修补新发现的安全漏洞。

3.40.4　提示与建议

关于重新安装 Raspbian 操作系统的方法，参考 1.6 节。

第 4 章

软件

4.0　引言

本章介绍树莓派上各种现成软件的使用方法。

本章中的某些内容会把树莓派变成单一用途的工具，而其他内容则介绍树莓派上特定软件的用法。

4.1　搭建媒体中心

4.1.1　面临的问题

你想把自己的树莓派打造成一个"超级媒体中心"。

4.1.2　解决方案

为了把树莓派打造成一个媒体中心，你的树莓派可能需要拥有像 B 型树莓派 4 那样优异性能，毕竟媒体播放是一个处理器密集型的工作。

在安装 NOOBS 的过程中，你可以把树莓派配置成为一个媒体中心（见 1.6 节）。除了选择安装 Raspbian 之外，对树莓派来说，还可以安装 LibreELEC_RPi4（见图 1-9）。

LibreELEC 是专门针对树莓派用作媒体中心而优化过的一个操作系统。它提供了 Kodi 媒体中心软件，该软件是基于开源项目 XBMC 的。该项目最初就是用于将 Xbox 游戏控制台转换为媒体中心。后来，这个项目被移植到多个平台上，其中就包括树莓派（见图 4-1）。

树莓派可以完美播放全高清视频以及流媒体音乐、MP3 文件和互联网广播等。

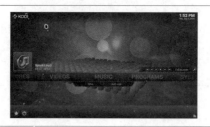

图 4-1　用作媒体中心的树莓派

4.1.3　进一步探讨

Kodi（原名 XBMC）是一款非常强大的软件，具有丰富的功能。要想检查该软件是否正常工作，最简单的方法恐怕就是将一些视频文件或音乐文件放到一个 USB 驱动器或 USB 外置硬盘上，并将其连接到树莓派，这样你就能够通过 Kodi 来播放它们了。

树莓派很可能会放置到电视旁边，实际上，电视的 USB 接口完全可以为树莓派提供足够的电流来供其运行。在这种情况下，你就不必使用单独的电源了。

此外，无线键盘和鼠标也是不错的选择，如果你同时购买两者，集线器可以共享一个 USB 接口，这样就可避免到处都是导线。在这种情况下，使用内置触控板的迷你键盘也是非常不错的选择。

通常，有线网络的性能要优于 Wi-Fi，但是，如果树莓派不在以太网接口附近，用起来就不太方便。在这种情况下，你可以配置 Kodi 用无线网卡来上网。

Kodi 的配置非常简单，该软件的完整使用指南参考 Kodi 官网。

4.1.4　提示与建议

你可以为树莓派添加一个红外线控制器来远程控制 Kodi。

4.2　安装办公软件

4.2.1　面临的问题

你需要在树莓派上打开文字处理软件和电子表格文档。

4.2.2　解决方案

说到底，树莓派就是 Linux 计算机，而 Raspbian 操作系统带有一组 LibreOffice 程序（见图 4-2），打开主菜单就能找到它们。

图 4-2　Raspbian 操作系统中的 LibreOffice 程序

4.2.3　进一步探讨

实际上，有两种文字处理器可供选择——AbiWord 和 LibreOffice Writer。其中，后者是流行的 LibreOffice 软件套件的一部分，由于该套件对 Microsoft Office 套件的兼容性极佳，所以，非常适合用作 Microsoft Office 的替代方案。

LibreOffice Writer 不仅能够打开并保存 Word 文档，而且适用于 Windows、macOS 及其他 Linux 计算机。

树莓派 4、树莓派 3 或树莓派 2 在运行这些办公软件的时候，通常要比之前的树莓派快得多。

4.2.4　提示与建议

要获取有关 LibreOffice 软件套件的更多信息，请访问 LibreOffice 网站。

如果只想编辑无格式文本文件，可以使用 nano 编辑器（见 3.7 节）。

4.3　打造网络摄像头服务器

4.3.1　面临的问题

你想把树莓派打造成一台网络摄像头服务器。

4.3.2　解决方案

下载 motion 软件。利用它，你可以对带有 USB 网络摄像头或树莓派摄像头模块的树莓派进行相应的配置，将其连接到一个网页，就可以通过网页查看摄像头了。

要想安装该软件，可以在终端运行下列命令。

```
$ sudo apt-get update
$ sudo apt-get install motion
```

现在，需要修改几处配置。首先，你需要编辑/etc/motion/motion.conf 文件，所需命令如下所示。

```
$ sudo nano /etc/motion/motion.conf
```

这是一个大型的配置文件，在其顶部附近，可以找到下面这行内容：

```
daemon off
```

现在，需要将其改为：

```
daemon on
```

另一处需要修改的地方位于该文件较为靠下的部分，这行内容为：

```
webcam_localhost = on
```

现在，将其改为：

```
webcam_localhost = off
```

此外，还有一个文件需要修改。为此，需要运行下列命令：

```
$ sudo nano /etc/default/motion
```

然后，将下面这行：

```
start_motion_daemon=no
```

改为：

```
start_motion_daemon=yes
```

然后，将下面这行：

```
stream_localhost on
```

改为：

```
stream_localhost off
```

为了运行 Web 服务，需要运行下列命令：

```
$ sudo service motion start
```

如果你使用的是树莓派摄像头模块，还需要执行额外的步骤。首先，使用以下命令编辑/etc/modules 文件。

```
$ sudo nano /etc/modules
```

在这个文件的末尾添加如下所示的内容，然后，保存并退出 nano。

```
bcm2835-v4l2
```

现在，重新启动树莓派，就可以打开浏览器来使用网络摄像头了。为此，你需要知道自己树莓派的 IP 地址（见 2.2 节）。你还可以通过访问 http://localhost:8081，从树莓派浏览器检查网络摄像头是否正常工作。

从同一网络的另一台计算机上打开浏览器，导航至 http://192.168.0.210:8081/。注意，你需要把这里的 URL 改为自己树莓派的 IP 地址，不过 URL 尾部的 ":8081" 不要修改。

如果一切顺利，你将会看到类似于图 4-3 所示的内容。

图 4-3　树莓派网络摄像头

4.3.3　进一步探讨

motion 软件的功能实际上非常强大，它提供了许多其他的设置，可以用来调整网络摄像头的工作。

默认时，网络摄像头只能供你的局域网使用。如果你想让网络摄像头供互联网使用，那么需要对你的家用集线器设置端口转发。这就要求你登录集线器的管理控制台，找到端口转发选项，并在树莓派 IP 地址的 8081 端口上面启用该功能。

这样一来，你就能够使用 ISP 分配的外部 IP 地址来使用该网络摄像头了。该地址通常可以在管理控制台的第一页中找到。不过需要注意的是，除非你从 ISP 购买了静态 IP 地址，否则，你的家用集线器或调制调解器每次重启后，该 IP 地址很可能会随之改变。

另外，像 No-IP 之类的服务也可以提供静态 DNS，你可以注册一个域名，并且每当你的 IP 地址变化之后，该域名都能自动映射到该地址上。

4.3.4　提示与建议

要想阅读 motion 的完整文档，请访问其官方网站。

关于与树莓派兼容的网络摄像头清单，需要参考其他相关资料。

最好将网络摄像头的 IP 地址固定下来，以便可以随时找到它，参见 2.3 节。

将网络摄像头用于机器视觉项目的相关内容，参见第 8 章。

关于 apt-get 的详细介绍，参见 3.17 节。

4.4　运行老式游戏控制台模拟器

4.4.1　面临的问题

你想在树莓派上面使用游戏模拟器，把它变成一台"老式游戏机"。0..

4.4.2　解决方案

如果你想重温青春时光，那就在 Stella Atari 2600 模拟器上玩一把 Asteroids（见图 4-4）吧！这时，RetroPie 项目绝对是一个不错的选择。

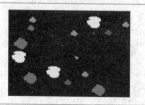

图 4-4　运行在 Stella Atari 2600 模拟器上的 Asteroids

此外，还有许多其他精彩的项目也已经建成，它们可以创建带有老式游戏控制器的定制控制台和游戏桌面。

虽然你可以在 Raspbian 操作系统上安装 RetroPie，但制作控制台最简单的方法是下载一个现成的磁盘映像，并使用 1.8 节中介绍的方法将其写入 SD 卡。

虽然这些游戏都"老掉渣"了，几乎没有价值了，但是，它们仍然是有版权的。要想在类似 Stella 的模拟器上玩这些游戏，需要相应的 ROM 镜像文件，虽然可以轻易从互联网下载到，但是别忘了，它们并不属于你。所以，请恪守法律。

4.4.3　进一步探讨

树莓派本身的资源并不充足，但是模拟器会耗费惊人的资源，因此，你会发现你将需要使用树莓派 4、树莓派 3 或树莓派 2。

如果你搜索网络，就会发现许多人已经做好了这些基本的设置，并添加了"复古"的 USB 控制器，它们不仅易于获取而且价格低廉。借助于它们，你可以把树莓派和显示器轻松打造成一个具有街机风格的游戏中心。

此外，你也可以从 Pimoroni 上购买一套名为 Picade 的套件来制作一台可爱的街机（见图 4-5）。

图 4-5　Pimoroni Picade 套件

4.4.4　提示与建议

要想阅读完整的 RetroPie 文档，请访问 RetroPie 官方网站。

4.5　运行树莓派版 Minecraft

4.5.1　面临的问题

你想在树莓派上运行流行游戏 Minecraft。

4.5.2　解决方案

Minecraft 的初创者 Mojang 已经将其移植到树莓派平台，在最新版的 Raspbian 发行包中，已经预装了树莓派版的 Minecraft 游戏（见图 4-6）。

图 4-6　树莓派上的 Minecraft

4.5.3　进一步探讨

为了让 Minecraft 适应树莓派，开发人员对该游戏的图形代码部分做了部分剪切。这就意味着你只能够直接在连接了键盘、鼠标和显示器的树莓派上玩游戏。你无法通过远程的 VNC 连接来玩这款游戏。

树莓派版的 Minecraft 基于该游戏的移动版本，同时精简了某些功能，其中包括著名的 Redstone。

4.5.4　提示与建议

要想了解 Minecraft 在树莓派上的移植情况，可以参考其官网。

树莓派版的 Minecraft 还提供了一个 Python 编程接口，在 7.20 节，你将学习如何使用 SSH 连接发送 Python 命令来执行自动建造。

4.6　树莓派无线电发射器

4.6.1　面临的问题

你想把树莓派打造成一台低功率调频发射器，以便将无线电信号发送给普通的 FM 收音机（见图 4-7）。

图 4-7　将树莓派打造成调频发射器

4.6.2　解决方案

树莓派问世不久，伦敦帝国学院的一伙聪明人就创造了一些 C 代码，并用 Python 进行了封装，你可以借此达成上面的目标。在下载的播放样本曲中，甚至包括《星球大战》的主题曲。如果你使用的是"原始"的树莓派 1，仍然可以使用该项目中的代码。不过，自从推出新型号的树莓派后，该项目一直没有进行更新。幸运的是，该项目已经并入一个更高级的项目，名为 rpitx。

你唯一要做的就是用一根短导线连接到 GPIO 的 4 号引脚，为此，使用一根母头转公头接头的导线即可。事实上，如果收音机就在树莓派旁边，连天线之类的信号增强装置都用不上。

第一步是使用以下命令安装 rpitx 软件。请注意，在安装过程中会修改树莓派的某些设置，包括 GPU（Graphics Processing Unit，图形处理单元）的工作频率。因此，安装该软件之前，请做好相应的备份工作，具体命令如下所示。

```
$ sudo apt-get update
$ git clone https://github.com/F5OEO/rpitx
$ cd rpitx
$ ./install.sh
```

该软件的安装大约需要 15 分钟。在此过程中，你可能会遇到一些错误消息和警告信息，但这些都是正常的。在安装结束时，安装程序脚本将询问：

```
In order to run properly, rpitx need to modify /boot/config.txt. Are you
    sure (y/n)
```

此时，按 Y 键，安装脚本将通过以下消息确认所做的修改：

```
Set GPU to 250Mhz in order to be stable
```

如果你需要撤销此修改，请删除/boot/config.txt 文件中的最后一行 gpu_freq = 250，然后重新启动树莓派即可。

随后，找到一台 FM 收音机，并将频率调到 103.0MHz。如果该频率已经被其他发送装置占用，可以另选一个频率，并将其记下来。

现在，执行下列命令（如果你改变了频率，请记得修改后面的参数，即 103.0）。

```
sudo ./pifmrds -freq "103.0" -audio src/pifmrds/stereo_44100.wav
```

如果一切顺利，你应该会听到开发人员谈论左右声道的声音。

4.6.3　进一步探讨

务必谨记，是否可以实现该项目，要遵从你所在国家或地区的法律，它的输出功率比 MP3 播放器的调频发射器的要大。

你可以把树莓派放到自己的汽车内，这将是一个通过车载音频系统播放音频的极佳方式。

4.6.4　提示与建议

要了解关于 rpitx 项目的更多信息，请访问 rpitx 相关的网站。

4.7　编辑位图

4.7.1　面临的问题

你想要编辑照片或图像。

4.7.2　解决方案

下载并运行 GNU 图像处理程序（GIMP，见图 4-8）。

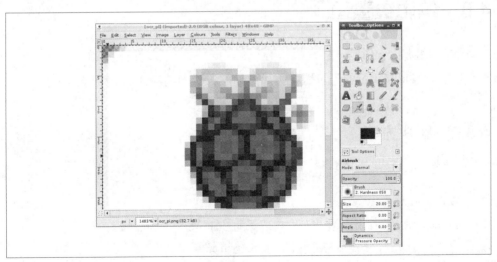

图 4-8　树莓派上的 GIMP

要安装 GIMP，请打开一个终端会话，并执行如下所示的命令。

```
$ sudo apt-get install gimp
```

一旦安装好了 GIMP，你就会在主菜单的 Graphics 组顶部发现一个程序，名为 GNU Image Manipulation Program。

4.7.3　进一步探讨

尽管 GIMP 是内存和处理器的“消耗大户”，但是即使对 B 型树莓派 2 来说，运行 GIMP 也是完全吃得消的；对树莓派 4 来说，那就更不在话下了。

实际上，Raspbian 操作系统还提供了一个更简单的图像处理程序，叫作 ImageMagick。你可以在 Start 菜单的 Graphics 组中找到它。当然，你也可以在命令行中使用它，比如改变图像的分辨率等。

4.7.4　提示与建议

要想进一步了解 GIMP 的用法，请访问 GIMP 网站。

GIMP 是一款功能丰富的高级图像编辑程序，要想掌握它必须下一番功夫学习。为此，你可以访问 GIMP 网站 Docs 标签下的在线手册进一步学习。

关于处理矢量图的方法，参见 4.8 节。

关于利用 apt-get 进行软件安装的详细介绍，参考 3.17 节。

4.8　编辑矢量图

4.8.1　面临的问题

你想创建或编辑高质量的矢量图，例如可缩放矢量图（Scalable Vector Graphics，SVG）。

4.8.2　解决方案

使用以下命令安装 Inkscape。

```
$ sudo apt-get update
$ sudo apt-get install inkscape
```

安装 Inkscape 之后，其图标将出现在树莓派的 Start 菜单的 Graphics 组中。

Inkscape（见图 4-9）是最常用的开源矢量图编辑器之一。

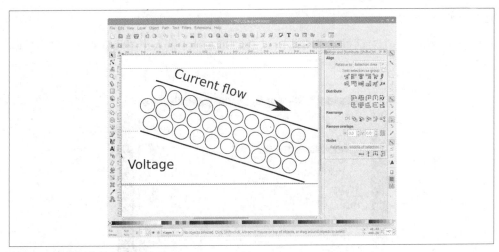

图 4-9　树莓派上的 Inkscape

4.8.3　进一步探讨

Inkscape 是一款非常强大的软件，提供了丰富的功能。换句话说，要想掌握这些功能，可能需要下一番功夫，因此，如果它一开始无法让你得心应手地使用，请不要灰心。多阅读相关教程也会带来很大的帮助。

同时，Inkscape 对运算能力的要求是比较高的，所以，最好使用树莓派 4、树莓派 3 或树莓派 2，否则难以发挥其能力。

4.8.4　提示与建议

有关 Inkscape 的相关文档，请访问其官网。

有关编辑位图（例如照片）的详细介绍，参见 4.7 节。

4.9　互联网广播

4.9.1　面临的问题

你想在树莓派上收听互联网广播。

4.9.2　解决方案

安装 VLC 媒体播放器，具体命令如下所示。

```
sudo apt-get install vlc
```

一旦安装好该软件，就可以在主菜单的 Sound Video 部分找到 VLC。

运行该软件，并在 Media 菜单中选择 Open Network Stream 选项。

这时，将会出现一个对话框（见图 4-10），你可以在其中输入想要收听的互联网广播电台的 URL。

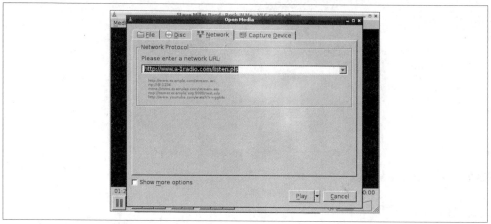

图 4-10　树莓派上的 VLC

此外，你需要在树莓派的音频接口中插入耳机或扩音器。

4.9.3　进一步探讨

你也可以使用下列命令来运行 VLC。

```
$ vlc http://www.a-1radio.com/listen.pls -I dummy
```

尽管 VLC 有可能产生一系列出错信息，但是并不妨碍广播正常播放。

4.9.4　提示与建议

本节内容主要引用自 Jan Holst 发布的一篇关于 Pi Radio 的教程，Jan Holst 在该教程中对 Pi Radio 进行了深入的讲解，并为该工程添加了许多收音机样式的控件。

第 5 章

Python 入门

5.0　引言

对树莓派来说，有许多编程语言可用，其中最流行的就是 Python。事实上，树莓派名字 "Raspberry Pi" 中的 Pi 就是受到单词 "Python" 的启发而取的。

本章提供大量的示例代码来帮你踏上树莓派的编程之旅。

5.1　在 Python 2 和 Python 3 之间做出选择

5.1.1　面临的问题

你需要使用 Python，但是对具体使用哪个版本却拿不定主意。

5.1.2　解决方案

两个版本都用。先使用 Python 3，直到遇到只有用另一个版本才能完美解决的问题时，再回到 Python 2 的怀抱。

5.1.3　进一步探讨

虽然 Python 最新的版本是 Python 3，并且该版本已经发布好几年了，但是许多人仍在坚守 Python 2。实际上，在 Raspbian 发行包中，两个版本都提供了：版本 2 名为 Python，版本 3 则名为 Python 3。本书中的示例，除非特别指明，否则都是利用 Python 3 编写的。对绝大部分示例代码来说，无须修改即可同时运行于 Python 2 和 Python 3 环境中。

就 Python 社区而言，弃用旧版本的 Python 2 的阻力在于 Python 3 所引入的某些特性无法与 Python 2 相兼容。也就是说，在为 Python 2 开发的巨量第三方库中，许多都无法在 Python 3 中正常使用。

113

我的策略是在有可能的情况下，尽量使用 Python 3 编写代码，只有在遇到兼容性问题的时候，万不得已才重新回到 Python 2 的怀抱。

5.1.4　提示与建议

网上有一些关于如何选择 Python 2 与 Python 3 的文章，推荐大家去读一读。

5.2　使用 Mu 编辑 Python 程序

5.2.1　面临的问题

你已经久闻编辑器 Mu 的大名，并想用它来编写 Python 程序。

5.2.2　解决方案

实际上，Mu 已预安装在最新版本的 Raspbian 操作系统中了，你可以在主菜单的 Programming 菜单中找到它（见图 5-1）。

图 5-1　从主菜单打开 Mu

第一次启动 Mu 时，系统会提示您选择一种模式（见图 5-2）。

图 5-2　为 Mu 选择模式

在这里，我们选择 Python 3 模式，然后单击 OK 按钮，就会打开 Mu 编辑器，这样就可以开始编写 Python 代码了。

下面，让我们小试牛刀：在编辑器区域的提示行"# Write your code here :-)"下细心地输入下面的测试代码。

```
for i in range(1, 10):
    print(i)
```

这个小程序的作用是输出 1～9。在这里，我们不会介绍其运行机制（我们将在 5.21 节中加以详细解释）。请注意，当你在第一行末尾按 Enter 键时，第二行（即 print 语句所在的行）会自动缩进（见图 5-3）。

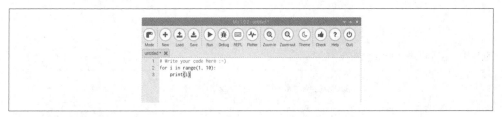

图 5-3　使用 Mu 编辑代码

在运行程序之前，我们需要将程序保存到一个文件中，为此，只需在 Mu 窗口的顶部单击 Save 按钮，然后在弹出的对话框中输入文件名 count.py（见图 5-4）并单击 Save 按钮。

图 5-4　使用 Mu 保存文件

现在文件已被保存，单击 Mu 窗口顶部的 Run 按钮，即可运行程序。这时，编辑器 Mu 的屏幕将分为上下两部分，其中下半部分将显示程序的运行结果（见图 5-5）。

如果你已经按照 3.22 节中介绍的方法下载了本书的配套文件，那么，现在可以直接在 Mu 中使用 Open 按钮打开它们。如果你导航到/home/pi/raspberrypi_cookbook_ed3/python 文件夹，将看到图 5-6 所示的内容。

需要注意的是，编辑器 Mu 是用于 Python 3 的，而本书有几个 Python 程序只能在 Python 2 中运行，所以，当你使用 Mu 运行的示例代码出错时，请检查代码所属的版本，看是否是这个问题所致。

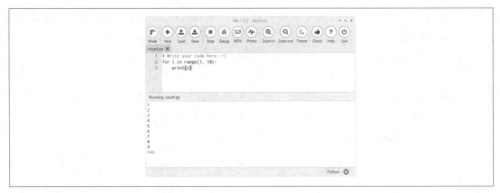

图 5-5　运行程序 count.py

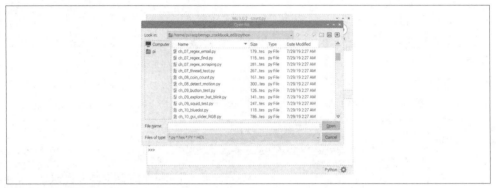

图 5-6　通过 Mu 查看本书的 Python 代码

5.2.3　进一步探讨

作为一门编程语言，Python 的与众不同之处在于：缩进是该语言的一个基本组成部分。许多基于 C 的编程语言都是利用{和}来界定代码块的，而 Python 则使用缩进级别来划分代码块。因此，对图 5-5 的代码来说，Python 会将 print 作为循环的一部分而重复执行，因为它缩进了 4 个空格。

当你刚接触 Python 时，可能经常会遇到 IndentationError:unexpected indent 之类的错误提示，这些提示说明某些地方的缩进出现问题了。如果一切看起来都很正常，最好仔细检查各个缩进中是否存在制表符。要知道，Python 是会对制表符区别对待的。

在本书中，我们选择 Python 3 作为编辑模式（见图 5-2），当然，还有其他的模式选项。例如，Adafruit CircuitPython 模式允许你使用树莓派对 Adafruit 的各种 CircuitPython 电路板进行编程，而 BBC micro:bit 模式则可以用来为 BBC micro:bit 电路板编写 MicroPython 程序。这两个模式涉及其他类型的电路板，这超出了本书的范围，暂不展开介绍。

5.2.4　提示与建议

除了可以使用 Mu 来编辑和运行 Python 文件外，你还可以采用一种简单易行的方法，先使用 nano 来编辑文件（见 3.7 节），然后在终端会话中运行它们（见 5.4 节）。

5.3　使用 Python 控制台

5.3.1　面临的问题

你想要输入 Python 命令，而非编写完整的程序。这对于熟悉 Python 的功能特性非常有用。

5.3.2　解决方案

你可以在 Mu 或者终端会话中使用 Python 控制台。Python 控制台提供的命令行环境有点儿像 Raspbian（见 3.3 节），区别在于：你可以在其中输入 Python 命令，但是无法执行操作系统命令。如果你使用的是 Mu 编程环境（见 5.2 节），可以通过单击 Mu 窗口顶部的 REPL（Read Eval Print Loop）按钮来访问 Python 控制台（见图 5-7）。

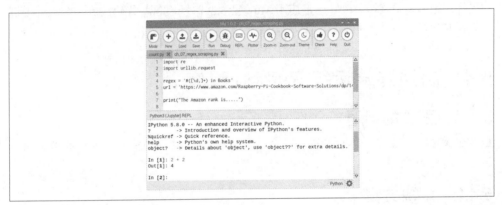

图 5-7　在 REPL 中运行命令

实际上，我们只需关注图 5-7 底部内容即可：这里有一个命令提示符，你可以在此输入 Python 命令。在本例中，我输入了以下内容：

    2 + 2

并得到了预期的结果，如下：

    4

5.3.3　进一步探讨

除了使用 Mu 来运行单个 Python 命令之外，还有一种方法是在终端窗口中运行命令 python3 来启动 Python 3 控制台（或者运行命令 python 来启动 Python 2 控制台）。

如果出现提示符>>>，则表明你可以输入 Python 命令了。如果你需要输入多行命令，那么控制台将会自动产生一个由 3 个点号指示的后续行。对于这些行，你仍然需要使用 4 个空格进行缩进，具体如下所示。

```
>>> from time import sleep
>>> while True:
...     print("hello")
...     sleep(1)
...
hello
hello
```

在最后一条命令之后，你需要按两次 Enter 键，控制台才能识别出这是缩进块的结束位置，继而运行这些代码。

此外，Python 控制台还提供了命令历史记录，你可以通过向上方向键和向下方向键来向前或向后选择运行过的命令。

当你完成 Python 控制台的操作，想要返回命令行时，运行命令 exit()即可。

5.3.4 提示与建议

如果你想输入多行代码，最好还是使用 Mu（见 5.2 节），将这些代码放到一个文件中进行编辑和运行。

5.4 利用终端运行 Python 程序

5.4.1 面临的问题

虽然在 Mu（见 5.2 节）内运行程序是个不错的方法，但是有时候你想从一个终端窗口来运行 Python 程序。

5.4.2 解决方案

在终端中使用 python 或者 python3 命令，后面加上需要运行的程序文件的名称即可。

5.4.3 进一步探讨

要从命令行运行一个 Python 3 程序，可以使用如下所示的命令。

```
$ python3 myprogram.py
```

如果你想要使用 Python 2 来运行程序，则需要将命令 python3 改为 python。无论如何，你要运行的 Python 程序应该位于扩展名为.py 的文件中。虽然你可以用普通用户的身份来运行大部分 Python 程序，但是，对于某些程序，你必须具有超级用户权限才能够运行——遇到这种情况的时候，可以在命令前面加上前缀 sudo。

```
$ sudo python3 myprogram.py
```

在前面的这些例子中，命令中必须包含 python3 才能运行程序，不过，你还可以在 Python 程序的开头部分添加一行内容，这样 Linux 就能够知道它是一个 Python 程序了。这一特殊行通常称为 shebang（单词 "hash" 和 "interrobang" 的缩写）行，下面是由单行代码组成的一个示例程序，其中第一行就是 shebang 行。

```
#!/usr/bin/python3
print("I'm a program, I can run all by myself")
```

为了能够从命令行直接运行这个示例程序，你必须首先通过下列命令赋予该文件写权限（见 3.13 节）。在这里，我们假设该文件名为 test.py。

```
$ chmod +x test.py
```

其中，参数+x 表示添加执行权限。

现在，你只需要单条命令就能够执行这个名为 test.py 的 Python 程序了。

```
$ ./test.py
I'm a program, I can run all by myself
$
```

注意，对上面这条命令来说，最前边的./是搜索该文件所必需的。

5.4.4 提示与建议

3.25 节介绍了通过定时事件来运行一个 Python 程序的方法。

要想在引导期间自动运行程序，参考 3.24 节。

5.5 为值（变量）命名

5.5.1 面临的问题

你想要给一个值命名。

5.5.2 解决方案

利用=给一个值指定名称。

5.5.3 进一步探讨

对 Python 来说，你无须声明变量的类型，直接通过赋值操作符（=）给它赋值即可，具体如下所示。

```
a = 123
b = 12.34
c = "Hello"
d = 'Hello'
e = True
```

你可以使用单引号或双引号来定义字符串常量。在 Python 中，逻辑常量是 True 和 False，且是大小写敏感的。

按照惯例，变量名以小写字母开头，如果其中包含多个单词，可以使用下画线将它们连接起来。给变量取一个描述性的名称，永远都是一个好主意——这样即使很长一段时间后重新回顾这些代码，你依然能够清楚它们的作用。

像 x、total 和 number_of_chars，都是合法的变量名称。

5.5.4 提示与建议

赋予变量的值，也可以是列表（见 6.1 节）或者字典（见 6.12 节）。

关于变量算术运算的介绍，详情参考 5.8 节。

5.6 显示输出结果

5.6.1 面临的问题

你想要查看变量的值。

5.6.2 解决方案

使用 print 命令。你可以在 Python 控制台（见 5.3 节）中尝试下面的示例代码。

```
>>> x = 10
>>> print(x)
10
>>>
```

需要注意的是，print 命令在输出结果时会另起一行。

5.6.3 进一步探讨

对 Python 2 来说，你可以使用不带括号的 print 命令。但是对 Python 3 来说，这是不允许的，所以为了兼容这两个版本，请在待输出值的两边加上括号。

5.6.4 提示与建议

要想读取用户的输入，参考 5.7 节。

5.7 读取用户的输入

5.7.1 面临的问题

你想提示用户输入一个值。

5.7.2 解决方案

使用 input 命令（Python 3）或者 raw_input 命令（Python 2）。你可以在 Python 3 控制台（见 5.3 节）中尝试下列代码。

```
>>> x = input("Enter Value:")
Enter Value:23
```

```
>>> print(x)
23
>>>
```

5.7.3   进一步探讨

在使用 Python 2 时，必须将上面例子中的 input 替换为 raw_input。

实际上，Python 2 也有一个 input 函数，不过它的作用是验证输入，并试图将其转换为适当类型的 Python 值，而 raw_input 的作用跟 Python 3 中的 input 函数完全一致，都是返回字符串，即使你输入的是数字。

5.7.4   提示与建议

关于 Python 2 的 input 函数的更多内容，需要参考其他资料。

5.8   算术运算

5.8.1   面临的问题

你想使用 Python 进行算术运算。

5.8.2   解决方案

使用运算符+、−、*和/。

5.8.3   进一步探讨

对算术运算来说，最常用的运算符是+、−、*和/，分别对应于加法、减法、乘法和除法运算。

此外，你还可以像以下示例那样通过圆括号对表达式的各个部分进行分组，在这个示例中，给出一个摄氏温度值，表达式会把它转换为华氏温度值。

```
>>> tempC = input("Enter temp in C: ")
Enter temp in C: 20
>>> tempF = (int(tempC) * 9) / 5 + 32
>>> print(tempF)
68.0
>>>
```

其他算术运算符还包括%（取模运算）和**（幂运算）。举例来说，要求 2 的 8 次方，可以使用下列运算表达式。

```
>>> 2 ** 8
256
```

5.8.4   提示与建议

关于 input 命令的用法，参考 5.7 节；将输入的字符串转换为数字的方法，参考 5.12 节。

此外，Math 库提供了许多常用的数学函数，你可以直接拿来使用。

5.9　创建字符串

5.9.1　面临的问题

你需要创建字符串变量来保存文本。

5.9.2　解决方案

要想创建一个新的字符串，可以使用赋值运算符（=）和字符串常量。你可以使用单引号或双引号将字符串引起来，但是前后要匹配。

示例如下。

```
>>> s = "abc def"
>>> print(s)
abc def
>>>
```

5.9.3　进一步探讨

如果字符串本身包含单引号或双引号，那么可以选择字符串内没有用到的那种类型的引号来将这个字符串引起来。示例如下。

```
>>> s = "Isn't it warm?"
>>> print(s)
Isn't it warm?
>>>
```

有时候，字符串会包含一些特殊字符，如制表符和换行符等。这时候，可以使用转义字符来满足这一需求。要包含一个制表符，可以使用\t；对于换行符，可以使用\n。具体如下所示。

```
>>> s = "name\tage\nMatt\t14"
>>> print(s)
name    age
Matt    14
>>>
```

5.9.4　提示与建议

要想了解所有的转义字符，参考 Python 官方文档。

5.10　连接（合并）字符串

5.10.1　面临的问题

你想把多个字符串合并到一起。

5.10.2　解决方案

使用+（连接）运算符。

示例如下。

```
>>> s1 = "abc"
>>> s2 = "def"
>>> s = s1 + s2
>>> print(s)
abcdef
>>>
```

5.10.3　进一步探讨

对许多编程语言来说，你可以连接"一串"的值，这些值中既可以有字符串类型，也可以有其他类型，比如数值类型。在这种情况下，连接期间会自动将数字转换为字符串。但是，对 Python 来说情况有所不同，如果你尝试运行下列命令，会发生错误。

```
>>> "abc" + 23
Traceback (most recent call last):
  File "<stdin>", line 1, in <module>
TypeError: Can't convert 'int' object to str implicitly
```

在连接它们之前，你需要将待连接的各个部分都转换为字符串，具体如下所示。

```
>>> "abc" + str(23)
'abc23'
>>>
```

5.10.4　提示与建议

至于利用 str 函数将数字转换为字符串的具体方法，参考 5.11 节。

5.11　将数字转换为字符串

5.11.1　面临的问题

你想把一个数字转换为一个字符串。

5.11.2　解决方案

你可以使用 Python 提供的 str 函数，具体如下所示。

```
>>> str(123)
'123'
>>>
```

5.11.3　进一步探讨

之所以要把数字转换为字符串，通常是因为只有如此你才能够将它与别的字符串合并到一起（见 5.10 节）。

5.11.4 提示与建议

关于将字符串转换为数字的运算，参考 5.12 节。

5.12 将字符串转换为数字

5.12.1 面临的问题

你想把一个字符串转换为一个数字。

5.12.2 解决方案

你可以使用 Python 提供的 int 或者 float 函数。

举例来说，为了将字符串-123 变成一个数字，可以使用下列代码。

```
>>> int("-123")
-123
>>>
```

这个函数可以处理所有整数，无论符号是正还是负。

要想把一个字符串转换为一个浮点数，就不能使用 int 函数了，而应该使用 float 函数。

```
>>> float("00123.45")
123.45
>>>
```

5.12.3 进一步探讨

无论是 int 函数，还是 float 函数，它们不仅都能正确处理数字前面部分的前导零，而且能容忍数字前后多余的空格符以及其他空白字符。

此外，int 函数还可以将表示非十进制数的字符串转换为数字，为此，只需将基数作为第二个参数传递给这个函数即可。

在下面的例子中，会将表示二进制数 1001 的字符串转换为十进制数。

```
>>> int("1001", 2)
9
>>>
```

在下面的示例中，会将十六进制数 AFF0 转换为十进制数。

```
>>> int("AFF0", 16)
45040
>>>
```

5.12.4 提示与建议

关于将数字转换为字符串的运算，参考 5.11 节。

5.13 确定字符串的长度

5.13.1 面临的问题

你想知道字符串中包含多少个字符。

5.13.2 解决方案

你可以使用 Python 提供的 len 函数。

5.13.3 进一步探讨

举例来说，为了确定字符串 abcdef 的长度，你可以使用下列代码。

```
>>> len("abcdef")
6
>>>
```

5.13.4 提示与建议

此外，len 命令还可以用于列表（见 6.3 节）。

5.14 确定某字符串在另一个字符串中的位置

5.14.1 面临的问题

你需要获得一个字符串在另一个字符串中的位置。

5.14.2 解决方案

你可以使用 Python 提供的 find 函数。

举例来说，为了确定字符串 def 在字符串 abcdefghi 中的位置，你可以使用下列代码。

```
>>> s = "abcdefghi"
>>> s.find("def")
3
>>>
```

请注意，字符串的位置是从 0（而不是 1）开始计数的，也就是说，位置 3 表示的是字符串中的第 4 个字符。

5.14.3 进一步探讨

如果待查找的字符串实际上并不存在于正在搜索的字符串中，那么 find 函数的返回值为-1。

5.14.4 提示与建议

replace 函数可以用来查找并替换字符串中所有的匹配项（见 5.16 节）。

5.15 截取部分字符串

5.15.1 面临的问题

你想截取特定字符之间的部分字符串。

5.15.2 解决方案

你可以使用 Python 的[:]表达式。

举例来说，如果你想截取字符串 abcdefghi 中第 2～5 个字符的部分，可以使用下列代码。

```
>>> s = "abcdefghi"
>>> s[1:5]
'bcde'
>>>
```

需要注意的是字符的位置是从 0（而非 1）开始计数的，所以，位置 1 表示字符串中的第 2 个字符，位置 5 表示字符串中的第 6 个字符，不过，由于位置的范围并不包含最右边的数字，所以这里并不包括字母 f。

5.15.3 进一步探讨

实际上，[:]是非常强大的，其中的两个参数，任何一个都可以忽略掉，这时字符串的开始和结束位置会视情况而定。示例如下。

```
>>> s = "abcdefghi"
>>> s[:5]
'abcde'
>>>
```

同时：

```
>>> s = "abcdefghi"
>>> s[3:]
'defghi'
>>>
```

你还可以使用负数来表示从字符串末尾开始反向计数。这种表示方法在某些情况下是非常有用的，比如当你想要获取某个文件名后面 3 个字母组成的扩展名的时候，具体如下所示。

```
>>> "myfile.txt"[-3:]
'txt'
```

5.15.4 提示与建议

与本节介绍的分割字符串不同，在 5.10 节中，我们介绍了将字符串合并到一起的方法。

在 6.10 节中也会用到同样的方法，不过它不是针对字符串的，而是针对列表的。

此外，还有许多用于处理字符串的好方法，具体见 7.23 节。

5.16 使用字符串替换另一个字符串中的内容

5.16.1 面临的问题

你想利用一个字符串替换另一个字符串中的所有匹配项。

5.16.2 解决方案

你可以使用 replace 函数。

举例来说，要用 times 替换所有的 X，可以使用如下所示的代码。

```
>>> s = "It was the best of X. It was the worst of X"
>>> s.replace("X", "times")
'It was the best of times. It was the worst of times'
>>>
```

5.16.3 进一步探讨

待查找的字符串必须是严格匹配的，也就是说，不仅对大小写敏感，还要考虑空格。

5.16.4 提示与建议

如果只需查找字符串，而无须进行替换，参考 5.14 节。

此外，还有许多用于处理字符串的好方法，具体见 7.23 节。

5.17 字符串的大小写转换

5.17.1 面临的问题

你想把字符串中的所有字母全部转换成大写字母或小写字母。

5.17.2 解决方案

你可以根据情况使用 upper 函数或者 lower 函数。

举例来说，为了将 aBcDe 均转换为大写字母，可以使用如下所示的代码。

```
>>> "aBcDe".upper()
'ABCDE'
>>>
```

为了将这个字符串中的字母均转换为小写字母，你可以使用下列代码。

```
>>> "aBcDe".lower()
'abcde'
>>>
```

请注意，尽管 upper 和 lower 不要求任何参数，但是，它们必须以()结尾。

5.17.3 进一步探讨

就像大部分处理字符串的函数所做的那样，upper 和 lower 函数也不会实际修改字符串，而是返回一个修改后的字符串副本。

举例来说，下面的示例代码将会返回字符串 s 的副本，需要注意的是，原始字符串本身并没有发生任何变化。

```
>>> s = "aBcDe"
>>> s.upper()
'ABCDE'
>>> s
'aBcDe'
>>>
```

如果你想把 s 的值全部转换为大写字母，可以使用如下所示的代码。

```
>>> s = "aBcDe"
>>> s = s.upper()
>>> s
'ABCDE'
>>>
```

5.17.4 提示与建议

关于替换字符串中的文本的方法，参考 5.16 节。

5.18 根据条件运行命令

5.18.1 面临的问题

你希望只有当某些条件成立时才运行某些 Python 命令。

5.18.2 解决方案

你可以使用 Python 的关键字 if。

在下面的例子中，只有当 x 取值大于 100 的时候，才会输出 x is big。

```
>>> x = 101
>>> if x > 100:
...     print("x is big")
...
x is big
```

5.18.3 进一步探讨

关键字 if 后面是一个条件表达式。这个条件表达式通常无非是比较两个值，并返回 True 或者 False。如果返回值为 True，那么后面缩进的各行代码就会被执行。

通常，人们都希望在条件为 True 的情况下执行某些操作，而在条件为 False 的情况下执行另外一些操作。如果遇到这种情况，可以将 else 与 if 联合起来使用，具体如下所示。

```
x = 101
if x > 100:
    print("x is big")
else:
    print("x is small")

print("This will always print")
```

你还可以利用一长串的 elif 语句将一组条件连接到一起。只要其中任何一个条件得到满足，就会执行对应的代码块，并且不再判断后续的条件分支。示例如下。

```
x = 90
if x > 100:
    print("x is big")
elif x < 10:
    print("x is small")
else:
    print("x is medium")
```

这段代码的输出结果是 x is medium。

5.18.4　提示与建议

关于不同类型比较操作的详细信息，参考 5.19 节。

5.19　值的比较

5.19.1　面临的问题

你想对值进行比较。

5.19.2　解决方案

你可以使用下列比较运算符：<、>、<=、>=、==或者!=。

5.19.3　进一步探讨

在 5.18 节中，已经用过<（小于）和>（大于）运算符了。下面，我们将列出所有的比较运算符。

```
<  小于
>  大于
<= 小于或等于
>= 大于或等于
== 等于
!= 不等于
```

虽然有些人更喜欢使用<>，而非!=，但是两者的作用是完全一样的。

你可以在 Python 控制台（见 5.3 节）测试以下命令。

```
>>> 1 != 2
True
>>> 1 != 1
False
>>> 10 >= 10
True
>>> 10 >= 11
False
>>> 10 == 10
True
>>>
```

在进行比较运算时，一个常见的错误是使用=（赋值），而非==（双等号）。这个错误通常比较隐蔽，因为如果比较运算的一边是一个变量，那么这是完全合法并且会被正确执行的，但是无法得到预期的结果。

就如同比较数字一样，你也可以使用这些操作符来比较字符串，具体用法如下所示。

```
>>> 'aa' < 'ab'
True
>>> 'aaa' < 'aa'
False
```

对字符串进行比较是按照字典进行的，即按照它们在字典中出现的顺序进行比较。

当然，这种方式并不完美，因为对每个字母来说，通常认为大写字母小于小写字母。每个字母都有一个值，即它的 ASCII，并且，大写字母对应的数字小于小写字母对应的数字。

5.19.4　提示与建议

本节的学习需同时参考 5.18 节和 5.20 节的内容。

此外，还有许多用于处理字符串的好方法，具体见 7.23 节。

5.20　逻辑运算符

5.20.1　面临的问题

你需要使用 if 语句描述一个复杂的条件。

5.20.2　解决方案

使用下列逻辑运算符：and、or 和 not。

5.20.3　进一步探讨

举例来说，你想要检查变量 x 的值是否为 10～20。为此，你可以使用 and 运算符。

```
>>> x = 17
>>> if x >= 10 and x <= 20:
...     print('x is in the middle')
...
x is in the middle
```

如果需要，你可以将任意多个 and 和 or 语句组合起来使用，同时，你可以利用括号对复杂的表达式进行分组。

5.20.4 提示与建议

本节的学习需同时参考 5.18 节和 5.19 节。

5.21 将指令重复执行特定次数

5.21.1 面临的问题

你需要将某些程序代码重复执行特定的次数。

5.21.2 解决方案

你可以使用 Python 的 for 语句，并指定迭代次数。

举例来说，如果要将一个命令重复执行 10 次，可以使用如下所示的代码。

```
>>> for i in range(1, 11):
...     print(i)
...
1
2
3
4
5
6
7
8
9
10
>>>
```

5.21.3 进一步探讨

这里，range 函数的第二个参数并不包含在其范围之内，也就是说，如果想计算到 10，该参数的值必须指定为 11。

5.21.4 提示与建议

对于终止循环的条件远比重复执行特定次数更为复杂的情况，参考 5.22 节。

如果你想对列表或字典逐元素执行某些命令，可以分别参考 6.7 节或 6.15 节。

5.22 重复执行指令直到特定条件改变为止

5.22.1 面临的问题

你需要重复执行某些程序代码，直到某些条件发生变化为止。

5.22.2 解决方案

你可以使用 Python 的 while 语句。该语句会重复执行嵌套在其内部的语句，直到它的条件不再成立为止。在下面的例子中，while 语句内嵌的代码会一直循环执行下去，直到用户输入 X 后才会退出循环。

```
>>> answer = ''
>>> while answer != 'X':
...     answer = input('Enter command:')
...
Enter command:A
Enter command:B
Enter command:X
>>>
```

5.22.3 进一步探讨

需要注意的是前面的示例中所用的 input 函数只适用于 Python 3。如果要在 Python 2 中运行该代码，可以使用 raw_input 函数替换掉 input 函数。

5.22.4 提示与建议

如果你只是想让某些命令执行特定的次数，可以参考 5.21 节。

如果你想对列表或字典逐元素执行某些命令，那么需分别参考 6.7 节或 6.15 节。

5.23 跳出循环语句

5.23.1 面临的问题

在执行循环语句的时候，如果遇到某些情况，你将需要退出循环。

5.23.2 解决方案

你可以使用 Python 的 break 语句来退出 while 循环或 for 循环。

下面例子中的代码的功能与 5.22 节中的完全一致。

```
>>> while True:
...     answer = input('Enter command:')
...     if answer == 'X':
```

```
...            break
...
Enter command:A
Enter command:B
Enter command:X
>>>
```

5.23.3　进一步探讨

需要注意的是，这个示例中所用的 input 函数只适用于 Python 3。如果要在 Python 2 中运行该代码，可以使用 raw_input 函数替换掉 input 函数。这个示例代码的功能与 5.22节中的代码完全一致。不过，就本例而言，while 循环的条件为 True，所以该循环将一直进行下去，直到用户输入 X 后，才会通过 break 语句退出循环。

5.23.4　提示与建议

此外，你还可以通过 while 语句本身的条件来退出循环，具体参考 5.18 节。

5.24　定义 Python 函数

5.24.1　面临的问题

你想避免在程序中一遍又一遍地重复编写同样的代码。

5.24.2　解决方案

创建一个函数，将多行代码组织在一起，以便可以从多个不同的地方来调用它。

下面的示例代码展示了如何在 Python 中创建和调用函数。

```python
def count_to_10():
    for i in range(1, 11):
        print(i)

count_to_10()
```

在这个例子中，我们利用 def 命令定义了一个函数，每当调用该函数时，它会输出 1～10 的数字。

```python
count_to_10()
```

5.24.3　进一步探讨

函数的命名惯例与变量完全一致，具体参考 5.5 节。也就是说，函数名应该以小写字母开头，如果其名称由多个单词组成，可以利用下画线来分隔单词。

上面的示例函数不是太灵活，因为它只能计算到 10。如果想要提高该函数的灵活性以便可以计算到任意数字，可以在函数中添加一个参数来表示最大值，具体如下所示。

```
def count_to_n(n):
    for i in range(1, n + 1):
        print(i)

count_to_n(5)
```

参数 n 需要放到圆括号中，之后，range 函数会用到这个参数，但不是直接使用它，而是要加 1。

使用一个参数来表示想要计数到的数字的时候，如果通常要计数到 10，而有时候又要计数到其他数字，那么你不得不每次都规定一个数字。实际上，你可以为参数指定一个默认值，这样就能够两者兼顾了，具体如下所示。

```
def count_to_n(n=10):
    for i in range(1, n + 1):
        print(i)

count_to_n()
```

这样，每次调用该函数时，这个参数的值都是 10，除非指定了其他数字。

如果你的函数需要多个参数，比如需要计算两个数字之间的数字个数，那么可以使用逗号来分隔参数。

```
def count(from_num=1, to_num=10):
    for i in range(from_num, to_num + 1):
            print(i)

count()
count(5)
count(5, 10)
```

上面这些示例代码中的所有函数都没有返回任何值，它们只是进行了某些计算。如果你想让函数返回值，则需要使用 return 命令。

下列函数以字符串作为其参数，并在该字符串后面追加单词 please。

```
def make_polite(sentence):
    return sentence + " please"

print(make_polite("Pass the cheese"))
```

当函数返回值时，你可以将结果赋值给一个变量，或者像本例中那样，直接输出结果。

5.24.4 提示与建议

如果想要从一个函数中返回多个值，可以参阅 7.3 节。

## 第 6 章

Python 中的列表与字典

6.0 引言

通过第 5 章的学习，我们已经了解了 Python 的基本知识。在这一章中，我们将学习两种关键的 Python 数据结构：列表和字典。

6.1 创建列表

6.1.1 面临的问题

你想利用一个变量来存放一系列的值，而非单个值。

6.1.2 解决方案

你可以使用列表。在 Python 中，列表是按顺序存放的一组值的集合，你可以通过位置来访问这些值。

你可以使用[和]来创建列表，两个方括号之间可以放入该列表的初始值。

```
>>> a = [34, 'Fred', 12, False, 72.3]
>>>
```

C 语言等编程语言对数组的定义非常严格，而 Python 在声明列表的时候，根本无须指定列表的长度。只要你喜欢，可以随时改变列表中元素的数量。

6.1.3 进一步探讨

就像你在上面的例子中看到的那样，不要求列表中的元素的类型完全一致，当然，在大部分情况下它们都是同类型的。

如果你想创建一个空列表，以便在将来需要时添加元素，你可以使用下列方式。

```
>>> a = []
>>>
```

6.1.4　提示与建议

6.1～6.11 节中的示例都会涉及列表的应用。

6.2　访问列表元素

6.2.1　面临的问题

你需要找到列表中的特定元素，或者修改它们。

6.2.2　解决方案

你可以使用[]表达式，通过指定元素在列表中的位置来访问它们，示例如下。

```
>>> a = [34, 'Fred', 12, False, 72.3]
>>> a[1]
'Fred'
```

6.2.3　进一步探讨

列表中的位置（索引）是从 0 开始计数的，即第一个元素的索引为 0（而不是 1）。

就像使用[]表达式从列表中读取元素值那样，你也可以使用它来修改指定位置的元素的值，示例如下。

```
>>> a = [34, 'Fred', 12, False, 72.3]
>>> a[1] = 777
>>> a
[34, 777, 12, False, 72.3]
```

如果你试图利用一个很大的索引值来修改（或就这里来说，读取）一个元素，就会收到一个 "…index out of range" 错误消息。

```
>>> a[50] = 777
Traceback (most recent call last):
  File "<stdin>", line 1, in <module>
IndexError: list assignment index out of range
>>>
```

6.2.4　提示与建议

6.1～6.11 节中的示例都会涉及列表的应用。

6.3　确定列表长度

6.3.1　面临的问题

你需要知道列表中含有多少个元素。

6.3.2　解决方案

你可以使用 Python 提供的 len 函数，具体如下所示。

```
>>> a = [34, 'Fred', 12, False, 72.3]
>>> len(a)
5
```

对 Python 来说，它从 Python 1 开始就支持 len 函数，发展到 Python 2 和 Python 3 时，Python
变得更倾向于面向对象，或者说是基于类的语言。因此，对后两者来说，上面的示例
代码应改写为：

```
>>> a = [34, 'Fred', 12, False, 72.3]
>>> a.length() # This example won't work
```

但是，该代码实际上无法正常运行——Python 就是这样。

6.3.3　进一步探讨

此外，len 函数还可用于字符串（见 5.13 节）。

6.3.4　提示与建议

6.1～6.11 节中的示例都会涉及列表的应用。

6.4　为列表添加元素

6.4.1　面临的问题

你希望为列表添加元素。

6.4.2　解决方案

为此，你可以使用 Python 提供的 append、insert 或者 extend 函数。

要想在列表末尾添加单个元素，你可以使用 append 函数，具体如下所示。

```
>>> a = [34, 'Fred', 12, False, 72.3]
>>> a.append("new")
>>> a
[34, 'Fred', 12, False, 72.3, 'new']
```

6.4.3　进一步探讨

有时候，你想要做的并非是在列表尾部添加新元素，而是把新元素添加到指定的位置。
为此，你可以使用 insert 函数。该函数的第一个参数是希望插入的位置的索引，第二个
参数是希望插入的元素，具体如下所示。

```
>>> a.insert(2, "new2")
>>> a
[34, 'Fred', 'new2', 12, False, 72.3]
```

需要注意的是，插入元素之后，其后面元素的索引会依次加 1。

append 和 insert 函数每次只能向列表中添加一个元素，而 extend 函数可以将一个列表中的所有元素一次性添加到另一个列表的末尾。

```
>>> a = [34, 'Fred', 12, False, 72.3]
>>> b = [74, 75]
>>> a.extend(b)
>>> a
[34, 'Fred', 12, False, 72.3, 74, 75]
```

6.4.4　提示与建议

6.1～6.11 节中的示例都会涉及列表的应用。

6.5　删除列表元素

6.5.1　面临的问题

你需要从列表中删除元素。

6.5.2　解决方案

你可以使用 Python 提供的 pop 函数。

当使用 pop 函数时，如果没有参数，它会删除列表中的最后一个元素。

```
>>> a = [34, 'Fred', 12, False, 72.3]
>>> a.pop()
72.3
>>> a
[34, 'Fred', 12, False]
```

6.5.3　进一步探讨

请注意，pop 函数会返回从列表中删除的元素的值。

要想删除列表中指定位置的元素，而非最后一个元素，可以给 pop 函数指定待删除元素的位置，具体如下所示。

```
>>> a = [34, 'Fred', 12, False, 72.3]
>>> a.pop(0)
34
```

如果你使用了一个列表尾部之外的位置索引，将会收到一个 "…index out of range" 错误消息。

6.5.4　提示与建议

6.1～6.11 节中的示例都会涉及列表的应用。

6.6 通过解析字符串创建列表

6.6.1 面临的问题

你需要将一个包含由特定字符间隔开的单词的字符串转换成一个字符串数组，并且让该数组中的每个字符串都是一个单词。

6.6.2 解决方案

你可以使用 Python 提供的字符串函数 split。

在使用 split 函数的时候，如果不带参数，它会把字符串中的单词分割为数组的单个元素，具体如下所示。

```
>>> "abc def ghi".split()
['abc', 'def', 'ghi']
```

你可以使用含参数的 split 函数来拆分字符串，使用其参数作为分割器，具体如下所示。

```
>>> "abc--de--ghi".split('--')
['abc', 'de', 'ghi']
```

6.6.3 进一步探讨

当你需要从文件导入数据的时候，split 函数是非常有用的。同时，该函数还有一个可选参数，这个参数通常是一个字符串，用来指定分割字符串时所用的分隔符。如果你想使用逗号作为分隔符，可以像下面的代码这样来分割字符串。

```
>>> "abc,def,ghi".split(',')
['abc', 'def', 'ghi']
```

6.6.4 提示与建议

6.1～6.11 节中的示例都会涉及列表的应用。

此外，还有许多用于处理字符串的好方法，具体见 7.23 节。

6.7 遍历列表

6.7.1 面临的问题

你需要逐个对列表中的所有元素执行某些操作。

6.7.2 解决方案

你可以使用 Python 提供的 for 语句，具体如下所示。

```
>>> a = [34, 'Fred', 12, False, 72.3]
>>> for x in a:
```

```
...     print(x)
...
34
Fred
12
False
72.3
>>>
```

6.7.3　进一步探讨

在关键字 for 之后，需要紧跟一个变量名（本例为 x）。这个变量称为循环变量，它的取值将遍历关键字 in 之后的列表中的每一个元素。

for 语句下面的缩进行将会对列表中的每个元素都执行一次。

每循环一次，x 的值就会被设置为对应位置的元素的值。实际上，你可以使用 x 输出相应的值，具体见上例。

6.7.4　提示与建议

6.1～6.11 节中的示例都会涉及列表的应用。

6.8　枚举列表

6.8.1　面临的问题

你需要对列表中的每个元素逐次执行某些代码，还需要知道各个元素的位置索引。

6.8.2　解决方案

你可以使用 Python 提供的 for 语句与 enumerate 函数。

```
>>> a = [34, 'Fred', 12, False, 72.3]
>>> for (i, x) in enumerate(a):
...     print(i, x)
...
(0, 34)
(1, 'Fred')
(2, 12)
(3, False)
(4, 72.3)
>>>
```

6.8.3　进一步探讨

在枚举每个值的时候，通常都需要知道它们在列表中相应的位置。一个替代方法是简单使用一个索引变量进行计数，然后通过[]来访问相应的值，如下所示。

```
>>> a = [34, 'Fred', 12, False, 72.3]
>>> for i in range(len(a)):
```

```
...     print(i, a[i])
...
(0, 34)
(1, 'Fred')
(2, 12)
(3, False)
(4, 72.3)
>>>
```

6.8.4　提示与建议

6.1～6.11 节中的示例都会涉及列表的应用。

要想在不知道每个元素的索引位置的情况下来遍历列表，请阅读 6.7 节。

6.9　列表排序

6.9.1　面临的问题

你需要对列表中的元素进行排序。

6.9.2　解决方案

你可以使用 Python 提供的 sort 命令。

```
>>> a = ["it", "was", "the", "best", "of", "times"]
>>> a.sort()
>>> a
['best', 'it', 'of', 'the', 'times', 'was']
```

6.9.3　进一步探讨

当对一个列表进行排序的时候，你实际上是对列表本身进行相应的修改，而非返回原列表排序之后的一个副本。这就是说，如果你还需要原始列表，那么在对其进行排序之前，需要先用标准程序库中的 copy 函数生成原始列表的副本。

```
>>> from copy import copy
>>> a = ["it", "was", "the", "best", "of", "times"]
>>> b = copy(a)
>>> b.sort()
>>> a
['it', 'was', 'the', 'best', 'of', 'times']
>>> b
['best', 'it', 'of', 'the', 'times', 'was']
>>>
```

在复制对象的时候，需要用到 copy 模块。关于 Python 模块的更多介绍，参考 7.11 节。

6.9.4　提示与建议

6.1～6.11 节中的示例都会涉及列表的应用。

6.10 分割列表

6.10.1 面临的问题

你需要利用原列表的部分内容来生成一个子列表。

6.10.2 解决方案

为此，你可以使用 Python 的[:]结构。下面的例子将返回一个列表，其内容由原来列表中索引位置 1 到索引位置 2（位于冒号:之后的数字将会被排除在外）之间的元素所组成。

```
>>> l = ["a", "b", "c", "d"]
>>> l[1:3]
['b', 'c']
```

需要注意的是，字符的位置是从 0（而不是 1）开始计数的，所以，位置 1 表示字符串中的第 2 个字符，位置 3 表示字符串中的第 4 个字符，不过，由于位置的范围并不包含最右边的数字，所以这里的输出结果并不包括字母 d。

6.10.3 进一步探讨

实际上，[:]是非常强大的，其中的两个参数，任何一个都可以忽略掉，这时列表的开始位置和结束位置会视情况而定。示例如下。

```
>>> l = ["a", "b", "c", "d"]
>>> l[:3]
['a', 'b', 'c']
>>> l[3:]
['d']
>>>
```

此外，你还可以使用负数来表示从字符串的末尾开始反向计数。下面的例子将会返回列表中最后两个元素。

```
>>> l[-2:]
['c', 'd']
```

在上面的例子中，l[:-2]将返回['a','b']。

6.10.4 提示与建议

6.1～6.11 节中的示例都会涉及列表的应用。

你还可以参考 5.15 节，其中的语法同样适用于字符串。

6.11 将函数应用于列表

6.11.1 面临的问题

你需要对列表中的每个元素都应用某个函数，并收集相应的结果。

6.11.2　解决方案

你可以使用 Python 的一个特性，该特性名为推导式（comprehensions）。

下面的例子会将列表的每个字符串元素转换为大写形式，并返回长度与原来相同的一个新列表，只是所有字符串元素都已经变成大写形式了。

```
>>> l = ["abc", "def", "ghi", "jkl"]
>>> [x.upper() for x in l]
['ABC', 'DEF', 'GHI', 'JKL']
```

尽管这种方法有些乱，但你仍然没有理由拒绝使用 for…in…语句将一个推导式嵌入另一个语句中。

6.11.3　进一步探讨

这是使用推导式的一种非常简洁的方法。整个表达式都要求放入方括号（[]）之中。推导式的第一个元素是需要施加于列表各元素的代码。推导式的其余部分看上去更像是一个列表遍历命令（见 6.7 节）。循环变量紧跟在关键字 for 后面，关键字 in 之后是需要用到的列表。

6.11.4　提示与建议

6.1～6.11 节中的示例都会涉及列表的应用。

6.12　创建字典

6.12.1　面临的问题

你需要创建一个查找表，其中的值和键已经关联在一起。

6.12.2　解决方案

你可以使用 Python 的字典。

当你需要按照顺序访问一组元素，或者总是知道想要使用的元素的索引时，列表是你的不二之选。字典可以代替列表来存放一组数据，不过两者之间的组织方式区别较大，字典的组织方式如图 6-1 所示。

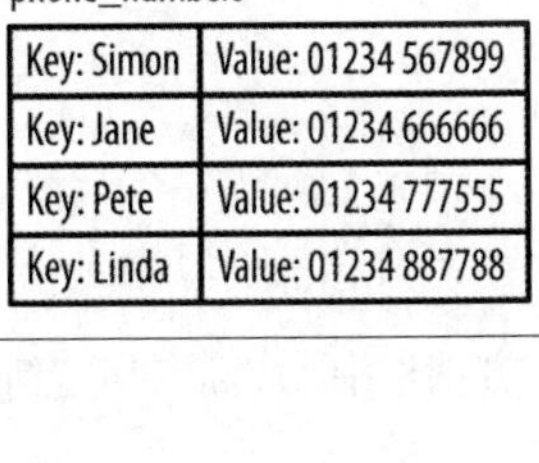

图 6-1　字典的组织方式

图 6-1 所示的字典使用的是键/值对的形式，也就是说你可以使用键来高效地访问值，而不必遍历整个字典。

要创建一个字典，可以使用{}表达式。

```
>>> phone_numbers = {'Simon':'01234 567899', 'Jane':'01234 666666'}
```

6.12.3　进一步探讨

在上面的例子中，字典的键都是字符串，但是这不是硬性要求。这些键也可以是数字，事实上任何数据类型都是允许的，不过字符串是最常用的一种形式。

字典的值也可以是任何类型的数据，包括其他字典或者列表。在下面的例子中，我们创建了一个字典（a），并且随后将其作为第二个字典（b）的值。

```
>>> a = {'key1':'value1', 'key2':2}
>>> a
{'key2': 2, 'key1': 'value1'}
>>> b = {'b_key1':a}
>>> b
{'b_key1': {'key2': 2, 'key1': 'value1'}}
```

当你显示字典的内容时，你可能会发现，字典中的各个元素的顺序与当初创建并利用某些内容来初始化该字典时的顺序并不一定一致。

```
>>> phone_numbers = {'Simon':'01234 567899', 'Jane':'01234 666666'}
>>> phone_numbers
{'Jane': '01234 666666', 'Simon': '01234 567899'}
```

与列表不同的是字典并没有按顺序存放元素的要求。正是由于这种内在的表示方式，导致字典元素的顺序无论怎么看都是随机的。

导致顺序随机的原因在于这种基本数据结构实际上是一种哈希表。哈希表利用哈希函数来决定将值存放到哪里，哈希函数能够为任意对象产生对应的数字。

6.12.4　提示与建议

6.12~6.15 节的所有示例代码都涉及字典的应用。

字典与 7.21 节中描述的 JSON 数据结构有很多共同之处。

6.13　访问字典

6.13.1　面临的问题

你需要查找和修改字典元素。

6.13.2　解决方案

你可以使用 Python 的[]表达式。在方括号中，你需要指定待访问的元素的键，具体如下所示。

```
>>> phone_numbers = {'Simon':'01234 567899', 'Jane':'01234 666666'}
>>> phone_numbers['Simon']
'01234 567899'
>>> phone_numbers['Jane']
'01234 666666'
```

6.13.3　进一步探讨

这个查找只能在单方向上进行，即从键到值。

如果你使用的键并不存在于该字典中，就会收到一个 KeyError，具体如下所示。

```
>>> phone_numbers = {'Simon':'01234 567899', 'Jane':'01234 666666'}
>>> phone_numbers['Phil']
Traceback (most recent call last):
  File "<stdin>", line 1, in <module>
KeyError: 'Phil'
>>>
```

就像使用[]表达式从字典中读取值一样，你还可以使用它来添加新的值，或者覆盖现有的值。

下面的例子展示了如何向字典中新加一个元素，该元素的键和值分别为 Pete 和 01234 777555。

```
>>> phone_numbers = {'Simon':'01234 567899', 'Jane':'01234 666666'}
>>> phone_numbers['Pete'] = '01234 777555'
>>> phone_numbers['Pete']
'01234 777555'
```

如果该键尚未被这个字典所用，就会自动添加一个新元素。如果该键已经存在，那么无论之前该键对应的值是什么，都会被新值覆盖掉。

这一点与从字典中读取值有所不同，在读取值的情况下，使用未知的键会出错。

6.13.4　提示与建议

6.12～6.15 节的所有示例代码都涉及字典的应用。

关于异常处理的详细情况，参考 7.10 节。

6.14　删除字典元素

6.14.1　面临的问题

你需要从字典中删除元素。

6.14.2　解决方案

你可以使用 pop 函数，同时指定要删除的元素的键。

```
>>> phone_numbers = {'Simon':'01234 567899', 'Jane':'01234 666666'}
>>> phone_numbers.pop('Jane')
```

```
'01234 666666'
>>> phone_numbers
{'Simon': '01234 567899'}
```

6.14.3　进一步探讨

pop 函数将会返回从字典中删除的元素的值。

6.14.4　提示与建议

6.12～6.15 节的所有示例代码都涉及字典的应用。

6.15　遍历字典

6.15.1　面临的问题

你想对字典中的所有元素依次执行某种操作。

6.15.2　解决方案

你可以使用 for 语句来遍历字典的键。

```
>>> phone_numbers = {'Simon':'01234 567899', 'Jane':'01234 666666'}
>>> for name in phone_numbers:
...     print(name)
...
Jane
Simon
```

请注意键值的输出顺序与键值的创建顺序是不一样的。这是字典的一个特点，也就是说，字典的元素是没有顺序的。

6.15.3　进一步探讨

还有其他几种方法可以用来遍历字典。

如果你需要同时访问键和值，下面的方法将非常有用。

```
>>> phone_numbers = {'Simon':'01234 567899', 'Jane':'01234 666666'}
>>> for name, num in phone_numbers.items():
...     print(name + " " + num)
...
Jane 01234 666666
Simon 01234 567899
```

6.15.4　提示与建议

6.12～6.15 节的所有示例代码都涉及字典的应用。

涉及 for 语句用法的还包括 5.21 节、6.7 节和 6.11 节。

第 7 章

Python 高级特性

7.0 引言

在本章中，我们将介绍 Python 语言的一些高级概念，特别是面向对象的 Python、文件的读写、异常处理、使用模块和因特网编程。

7.1 格式化数字

7.1.1 面临的问题

你想把数字格式化为指定的小数位数。

7.1.2 解决方案

你可以对数字应用格式串，具体如下所示。

```
>>> x = 1.2345678
>>> "x={:.2f}".format(x)
'x=1.23'
>>>
```

format 函数返回的结果是一个字符串，当我们在交互模式下工作时，这个字符串通常会显示到终端中。然而，当在程序中使用 format 函数时，返回的结果通常用于输出语句中，具体如下所示。

```
x = 1.2345678
print("x={:.2f}".format(x))
```

7.1.3 进一步探讨

用于格式化的字符串可以由常规文本和标志组成，并且需要用{和}进行分隔。函数 format 的参数（可以有任意多个）会根据格式说明符来取代标志。

在前面的示例中，格式说明符为:.2f，表示数字被指定保留小数点后两位，同时其类型为浮点数。

如果你想把数字格式化为总长度为 7 位（不够的用空格补齐），就需要在小数点前面再加上一个数字，具体如下所示。

```
>>> "x={:7.2f}".format(x)
'x=   1.23'
>>>
```

就本例而言，由于该数字长度只有 4 位，所以会在 1 之前填充 3 个空格。如果你想使用前导零的方式进行补齐，可以使用下列代码。

```
>>> "x={:07.2f}".format(x)
'x=0001.23'
>>>
```

下面是一个稍微复杂一些的例子，这里要使用摄氏度数和华氏度数来表示温度，具体代码如下所示。

```
>>> c = 20.5
>>> "Temperature {:5.2f} deg C, {:5.2f} deg F.".format(c, c * 9 / 5 + 32)
'Temperature 20.50 deg C, 68.90 deg F.'
>>>
```

当然，你也可以使用 format 函数来显示十六进制和二进制的数字，示例如下。

```
>>> "{:X}".format(42)
'2A'
>>> "{:b}".format(42)
'101010'
```

7.1.4　提示与建议

Python 中的格式化技术有一套完整的格式化语言。

7.2　格式化时间和日期

7.2.1　面临的问题

你想把一个日期转化为字符串，并且按照特定的方式进行格式化。

7.2.2　解决方案

你可以将格式串应用到日期对象上面。

举例如下。

```
>>> from datetime import datetime
>>> d = datetime.now()
>>> "{:%Y-%m-%d %H:%M:%S}".format(d)
'2015-12-09 16:00:45'
>>>
```

format 函数返回的结果是一个字符串，当我们在交互模式下工作时，这个字符串通常会显示到终端中。然而，当在程序中使用 format 函数时，返回的结果通常用于输出语句中，具体如下所示。

```
from datetime import datetime
d = datetime.now()
print("{:%Y-%m-%d %H:%M:%S}".format(d))
```

7.2.3　进一步探讨

Python 格式化语言为格式化日期提供了许多特殊符号。%y（表示两位数的年份，即忽略表示世纪的前两位数字，不足两位的用零填充）、%m 和%d 分别对应年、月和日。

其他常用于格式化日期的符号还有%B 和%Y，前者对应月份的全称，后者对应 4 位数字表示的年份，具体如下所示。

```
>>> "{:%d %B %Y}".format(d)
'09 December 2015'
```

7.2.4　提示与建议

Python 中的格式化技术，涉及一套完整的格式化语言。关于数字格式化的内容，参考 7.1 节。

7.3　返回多个值

7.3.1　面临的问题

你想编写一个返回多个值的函数。

7.3.2　解决方案

你可以让函数返回 Python 元组，并使用多变量赋值语法。元组是一种 Python 数据结构，与列表比较相似，只不过元组是用圆括号而非方括号括起来的。此外，两者的大小都是固定的。

例如，你可以建立一个函数来将热力学温度转换为华氏温度和摄氏温度。你可以让这个函数同时返回两种温度，为此可以使用逗号将多个返回值隔开，具体如下所示。

```
>>> def calculate_temperatures(kelvin):
...     celsius = kelvin - 273
...     fahrenheit = celsius * 9 / 5 + 32
...     return celsius, fahrenheit
...
>>> c, f = calculate_temperatures(340)
>>>
>>> print(c)
67
>>> print(f)
152.6
```

调用该函数时，你只需在=前面提供跟返回值数量一致的变量即可，每个返回值都会按照同样的位置赋给相应的变量。

7.3.3　进一步探讨

当需要返回的值较少时，上面介绍的这种返回多个值的方式是比较合适的。但是，如果数据非常复杂，那么你会发现，使用 Python 面向对象特性来定义一个存放数据的类将是更加优雅的一种解决方案。这样，你可以返回一个类的实例，而非元组。

7.3.4　提示与建议

至于类的定义方法，参考 7.4 节。

7.4　定义类

7.4.1　面临的问题

你需要将相关数据和函数整合到一个类中。

7.4.2　解决方案

你可以定义一个类，并根据需要提供相应的成员变量。

下面的代码定义了一个类，用来表示联系人记录。

```
class Person:
    '''This class represents a person object'''

    def __init__(self, name, tel):
        self.name = name
        self.tel = tel
```

上面的类定义中使用了三引号来指明这是一个文档性质的字符串。这个字符串通常是用来介绍该类的用途的。当然，这个字符串不是必需的，但是为类添加文档字符串之后，可以帮助人们了解这个类是做什么的。尤其是当定义的类是供别人使用的时候，这个字符串将格外有用。

与普通注释字符串不同的是，尽管文档字符串本身不是有效代码，但是与类紧密关联，所以，无论何时，你都可以通过下列命令来读取类的文档字符串。

```
Person.__doc__
```

在类定义的内部是构造函数，每当为该类新建一个实例的时候，都会自动调用这个函数。类与模板比较类似，因此在定义名为 Person 的类的时候，我们并没有创建任何实际的 Person 对象，直到像下面这样生成实例时为止。

```
def __init__(self, name, tel):
    self.name = name
    self.tel = tel
```

构造函数的命名，必须像上例那样，在单词 init 前后分别加上双下画线。

7.4.3 进一步探讨

Python 与大部分面向对象编程语言的一个不同之处在于，在类内部定义的所有方法都必须包含特殊变量 self 来作为其参数。在这种情况下，特殊变量 self 就是对新建实例的引用。

从概念上讲，特殊变量 self 与 Java 等其他编程语言中的特殊变量 this 是等价的。

这个方法中的代码会将提供给它的参数传递给成员变量。成员变量无须提前声明，但是，必须带有前缀 self.。

下面的代码：

```
self.name = name
```

将会生成一个名为 name 的变量，它可以供类 Person 的所有成员访问。同时，该变量的初始化过程如下所示。

```
p = Person("Simon", "1234567")
```

这样，我们就可以利用下面的代码来查看新建的 Person 对象 p 的名称是否为 "Simon" 了。

```
>>> p.name
Simon
```

对复杂的程序来说，可以将每个类单独放到一个文件中，并且以该类的名称给文件命名，这是一种非常好的做法。此外，这种做法也使得将类转换为模块更加容易（见 7.11 节）。

7.4.4 提示与建议

关于定义方法的内容，参考 7.5 节。

7.5 定义方法

7.5.1 面临的问题

你需要为类添加一些代码。

7.5.2 解决方案

与特定的类关联在一起的函数，叫作方法。下面的示例代码展示了如何在类的定义中包含一个方法。

```
class Person:
    '''This class represents a person object'''

    def __init__(self, first_name, surname, tel):
        self.first_name = first_name
        self.surname = surname
        self.tel = tel
    def full_name(self):
        return self.first_name + " " + self.surname
```

方法 full_name 的作用是把一个人的属性即姓和名连起来,并以空格分隔。

7.5.3 进一步探讨

实际上,你可以把方法看作绑定到特定类上的函数,它们既可以使用这个类的成员变量,也可以不使用这个类的成员变量。所以,正如函数那样,你不仅可以在方法内部写入任何所需代码,也可以从一个方法中调用其他方法。

7.5.4 提示与建议

关于定义类的内容,参考 7.4 节。

7.6 继承

7.6.1 面临的问题

你需要为一个现有的类制作一个特殊版本。

7.6.2 解决方案

你可以利用继承为现有的类创建一个子类,并为其添加新的成员变量和方法。

在默认的情况下,你新建的所有类都是 object 的子类。要想改变这种情况,在定义类的时候,可以在类名称之后的括号中加入想要使用的超类。下面的示例代码定义了一个 Person 的子类(Employee),并添加了一个新的成员变量(salary)和另外一个方法(give_raise)。

```
class Employee(Person):

    def __init__(self, first_name, surname, tel, salary):
        super().__init__(first_name, surname, tel)
        self.salary = salary

    def give_raise(self, amount):
        self.salary = self.salary + amount
```

需要注意的是,上面的示例代码适用于 Python 3。对 Python 2 来说,不允许这样使用 super 函数,而应该采用下列所示的方式。

```
class Employee(Person):

    def __init__(self, first_name, surname, tel, salary):
        Person.__init__(self, first_name, surname, tel)
        self.salary = salary

    def give_raise(self, amount):
        self.salary = self.salary + amount
```

7.6.3　进一步探讨

在上面的两个示例中，子类的初始化方法都是首先调用父类（超类）的初始化方法，然后才添加成员变量。这样做的好处在于无须在新的子类中重复初始化代码。

7.6.4　提示与建议

关于定义类的内容，参考 7.4 节。

Python 的继承机制实际上非常强大，并且支持多重继承，也就是说一个子类可以继承多个超类。要想了解继承的更多内容，可以参考 Python 的官方文档。

7.7　向文件中写入内容

7.7.1　面临的问题

你想向一个文件写入某些内容。

7.7.2　解决方案

你可以分别使用 open、write 和 close 方法来打开一个文件，并向其中写入某些数据，然后关闭该文件。

```
>>> f = open('test.txt', 'w')
>>> f.write('This file is not empty')
>>> f.close()
```

7.7.3　进一步探讨

文件一旦打开，在其被关闭之前，你可以随意向其中写入内容，次数不限。需要注意的是，使用 close 函数关闭文件是非常重要的。因为虽然每次写操作都会即时更新文件，但是写入的内容也可能被缓存在内存中，所以这些数据还是有可能会丢失的。此外，如果不关闭文件，会导致该文件被锁住，其他程序无法打开该文件。

方法 open 需要两个参数，第一个参数是需要进行写操作的文件的所在路径。这个路径既可以是基于当前工作目录的相对路径，也可以是从根目录开始的绝对路径。

第二个（可选的）参数是文件的打开模式。如果省略该参数，将默认为只读（r）模式。如果要覆写现有的文件，或者在文件不存在时按照指定的文件名创建文件，可以使用参数 w。表 7-1 给出了文件模式字符的完整列表。你可以利用+来组合各种模式字符。所以，如果要以二进制读的模式来打开一个文件，你可以使用下列代码。

```
>>> f = open('test.txt', 'r+b')
```

表 7-1 文件模式

模式	说明
r	读
w	写
a	追加——将内容追加到现有文件末尾，而非覆盖现有文件
b	二进制模式
t	文本模式（默认）
+	r+w 组合模式的缩写

二进制模式允许你对二进制数据流进行读写操作。二进制数据流包括图像等数据，但是不包括文本。

7.7.4 提示与建议

若要读取文件的内容，可以参考 7.8 节。若想进一步了解异常处理，可以参考 7.10 节。

7.8 读文件

7.8.1 面临的问题

你想把文件的内容读入一个字符串变量中。

7.8.2 解决方案

为了读取文件的内容，你需要使用与文件操作有关的 open、read 和 close 方法。下面的示例代码会把文件的所有内容读取到变量 s 中。

```
f = open('test.txt')
s = f.read()
f.close()
```

7.8.3 进一步探讨

此外，对文本文件来说，你还可以使用 readline 方法以每次一行的方式来读取文件。

对上例来说，如果文件不存在，或由于某种原因而处于不可读状态，系统就会抛出一个异常。为了处理这种情况，你可以在代码中加入 try/except 结构来处理异常，具体如下所示。

```
try:
    f = open('test.txt')
    s = f.read()
    f.close()
except IOError:
    print("Cannot open the file")
```

7.8.4　提示与建议

关于文件写操作以及文件的各种打开模式，参考 7.7 节。

关于 JSON 数据的解析方法，参考 7.21 节。

关于异常处理的详细介绍，参考 7.10 节。

7.9　序列化

7.9.1　面临的问题

你想把一个数据结构的所有内容保存到一个文件中，以便在程序下次运行时可以将其读取出来。

7.9.2　解决方案

你可以使用 Python 的序列化功能，按照某种格式将数据结构转存到文件中，并且，这种格式能在今后自动将转存的内容以原来的形式恢复到内存中。

在下面的示例代码中，我们将会把一个复杂的列表结构保存到一个文件中，具体如下所示。

```
>>> import pickle
>>> mylist = ['some text', 123, [4, 5, True]]
>>> f = open('mylist.pickle', 'wb')
>>> pickle.dump(mylist, f)
>>> f.close()
```

为了将一个文件的内容反序列化到一个新的列表中，可以使用下列代码。

```
>>> f = open('mylist.pickle', 'rb')
>>> other_array = pickle.load(f)
>>> f.close()
>>> other_array
['some text', 123, [4, 5, True]]
```

7.9.3　进一步探讨

序列化技术几乎能够完美适用于任何你能够想到的数据结构，而非仅限于列表。

被序列化的内容通常都会以二进制格式保存在文件中，因此是很难直接阅读的。如果需要向该文件写入内容，那么在打开文件时必须使用 wb（二进制写）选项；而读取序列化文件时，必须使用 rb（二进制读）选项。

7.9.4　提示与建议

关于文件写操作以及文件的各种打开模式，参考 7.7 节。

7.10　异常处理

7.10.1　面临的问题

如果程序运行期间出现某些错误，你不仅希望能够捕获这些错误，并且希望这些错误信息能够以对用户更加友好的方式来显示。

7.10.2　解决方案

你可以使用 Python 提供的 try/except 结构。

下面的示例代码取自 7.8 节，它能够捕获文件打开期间的所有问题。

```
try:
    f = open('test.txt')
    s = f.read()
    f.close()
except IOError:
    print("Cannot open the file")
```

由于你把可能出错的命令都封装到了 try/except 结构中，因此在发生任何错误时，你能够在任何错误信息显示之前就提前捕获它们，这样，你就有机会利用自己的方式来处理它们了。就本例来说，你可以利用更加友好的消息 "Cannot open the file" 来通知出错情况。

7.10.3　进一步探讨

一个常见的运行时异常的情况（文件访问期间除外）是，当你访问列表时索引越界。例如，一个列表只有 3 个元素，当你试图访问第 5 个元素（其索引为 4）的时候，就会出现以下情形。

```
>>> list = [1, 2, 3]
>>> list[4]
Traceback (most recent call last):
  File "<stdin>", line 1, in <module>
IndexError: list index out of range
```

错误和异常是以层级结构的形式来组织的，并且你可以根据需要来捕获特殊或一般的异常。

Exception 类非常接近层次树的顶部（即更具一般性），并且几乎可以用来捕获所有的异常。此外，你还可以使用单独的 except 段来捕获不同类型的异常，并使用不同的方式来进行处理。如果你不规定具体的异常类型，就会捕获所有类型的异常。

另外，Python 还允许在异常处理中使用 else 子句和 finally 子句。

```
list = [1, 2, 3]
try:
    list[8]
except:
    print("out of range")
else:
```

```
    print("in range")
finally:
    print("always do this")
```

如果没有发生异常，else 子句就会被执行。但是无论是否发生异常，finally 子句都是要被执行的。

每当发生异常时，你都可以通过 Exception 对象获取有关的详细情况，需要注意的是——只有使用了 as 关键字之后才能如此，具体如下所示。

```
>>> list = [1, 2, 3]
>>> try:
...     list[8]
... except Exception as e:
...     print("out of range")
...     print(e)
...
out of range
list index out of range
>>>
```

这不仅允许你利用自己的方式来处理错误，同时还保留了原始的错误消息。

7.10.4　提示与建议

关于 Python 异常类层次结构的详细内容，你可以参考 Python 的相关文档。

7.11　使用模块

7.11.1　面临的问题

你希望在自己的程序中使用 Python 的模块。

7.11.2　解决方案

你可以使用 import 命令。

```
import random
```

7.11.3　进一步探讨

Python 有非常多的模块（有时候称为"库"）可供选用。并且，大部分的模块都作为标准程序库的一部分包含在 Python 中，至于剩下的其他模块，你仍然可以通过下载来安装到 Python 中。

标准 Python 库中的模块提供了随机数、数据库访问、各种互联网协议以及对象序列化等功能。

模块如此之多的一个后果是有可能发生冲突，例如，两个模块可能会包含同名的函数等。为了避免这些冲突，当导入模块时，你可以规定模块的哪些部分是可以供外部访问的。

例如，如果你只是使用如下所示的命令。

```
import random
```

这样是不会出现任何冲突的，因为你只有在被访问的任何函数或变量前面加上前缀
"random."（如 random.randint）才能够访问它们。

反之，如果你使用了下列命令，那么无须使用任何前缀，就可以访问模块内的所有内容。
除非你对所用模块内的所有函数了然于胸，否则产生冲突的可能性会非常大。

```
from random import *
```

在这两种极端情况之间，你还可以显式规定自己程序所需的模块中的组件，这样在无
须使用前缀的情况下也可以访问它们。

示例如下。

```
>>> from random import randint
>>> print(randint(1,6))
2
>>>
```

第三种选择是通过关键字 as 为模块提供一个更简洁或更有意义的名称，然后利用这个
名称来引用相应模块。

```
>>> import random as R
>>> R.randint(1, 6)
```

7.11.4　提示与建议

关于 Python 所提供模块的权威清单，参考 Python 官方文档。

7.12　随机数

7.12.1　面临的问题

你需要在指定范围内生成一个随机数。

7.12.2　解决方案

你可以使用 random 库。

```
>>> import random
>>> random.randint(1, 6)
2
>>> random.randint(1, 6)
6
>>> random.randint(1, 6)
5
```

生成的随机数的大小会介于两个参数之间（其中包括这两个参数）——就本例来说，我
们是在模拟掷骰子。

7.12.3　进一步探讨

这里生成的数字并非真正意义上的随机数，而是大家所熟悉的伪随机数序列。也就是说，它们是一个很长的数列，当长度足够的时候，如果从中取数字，就会表现出统计意义上的随机分布。对游戏来说，这种特性已经足够好了，但是如果你想生成彩票号码，则需要求助于专门的定制化硬件了。计算机不擅于随机，因为随机的确不是计算机的"天性"。

随机数通常用于从列表中随机选择元素。为此，你可以先生成一个位置索引，然后使用这个索引访问元素。此外，random 模块专门为此提供了一个函数。你可以尝试下列代码。

```
>>> import random
>>> random.choice(['a', 'b', 'c'])
'a'
>>> random.choice(['a', 'b', 'c'])
'b'
>>> random.choice(['a', 'b', 'c'])
'a'
```

在进行这样的随机选择时，通常要避免重复选择。例如，如果你已经随机选择了"a"，之后就不应该再选择它。

为了防止重复性的选择，一种方法是先复制列表，然后每次从列表中选择一个元素后，就将其删除，这样它就不会再被选中了。下面的小程序就是用于完成上述任务的。你可以从本书附带的代码存储库（见 3.22 节）中找到它，该程序名为 ch_07_random.py。

```
import random
from copy import copy

list = ['a', 'b', 'c']

working_list = copy(list)
while len(working_list) > 0 :
    x = random.choice(working_list)
    print(x)
    working_list.remove(x)
```

运行该程序，会随机显示列表中的元素，并且这些元素只会显示一次。

```
$ python3 ch_07_random.py
b
c
a
```

当然，每次运行程序时，结果可能会有所不同。

7.12.4　提示与建议

若要进一步了解 random 包，请访问其官方文档。

7.13 利用 Python 发送 Web 请求

7.13.1 面临的问题

你需要使用 Python 将网页内容读取到一个字符串中。

7.13.2 解决方案

Python 提供了一个扩展库，可以用来发送 HTTP 请求。

下面的 Python 3 代码会将 Google 主页内容读取到字符串变量 contents 中。

```python
import urllib.request
contents = urllib.request.urlopen("https://www.google.com/").read()
print(contents)
```

7.13.3 进一步探讨

在读取 HTML 内容之后，你很可能需要进行搜索，并提取感兴趣的文本部分。为此，你可以借助于字符串操作函数（见 5.14 节和 5.15 节）。

7.13.4 提示与建议

更多关于通过 Python 与互联网进行交互的例子，参考第 16 章。

当 Web 请求返回 JSON 数据时，你可以使用 7.21 节介绍的方法对其进行解析。

7.14 Python 的命令行参数

7.14.1 面临的问题

你想从命令行运行一个 Python 程序，并向其传递某些参数。

7.14.2 解决方案

你可以导入 sys 模块，并使用其 argv 属性，具体如下例所示。这样会返回一个数组，数组的第一个元素就是程序的名称。该数组的其他元素，则是命令行中在程序名之后输入的所有参数（需要用空格分隔）。需要注意的是，本示例的源代码，以及本书中其他示例的源代码，都可以从本书的代码存储库中下载，具体介绍参考 3.22 节。这里的示例程序名为 ch_07_cmdline.py。

```python
import sys

for (i, value) in enumerate(sys.argv):
    print("arg: %d %s " % (i, value))
```

从命令行运行该程序，并在后面带上某些参数，结果如下所示。

```
$ python3 ch_07_cmdline.py a b c
arg: 0 cmd_line.py
arg: 1 a
arg: 2 b
arg: 3 c
```

7.14.3　进一步探讨

在命令行中指定参数的能力对在开机期间（见 3.23 节）或在指定时间（见 3.25 节）自动运行 Python 程序来说是非常有用的。

7.14.4　提示与建议

关于从命令行运行 Python 的基本知识，参考 5.4 节。

如果想输出 argv，可以使用列表枚举（见 6.8 节）。

7.15　从 Python 运行 Linux 命令

7.15.1　面临的问题

你想从自己的 Python 程序中运行一个 Linux 命令或程序。

7.15.2　解决方案

你可以使用 system 命令。

举例来说，如果想要删除一个名为 myfile.txt 的文件（该文件位于 Python 的启动目录中），可以使用下列代码。

```
import os
os.system("rm myfile.txt")
```

7.15.3　进一步探讨

有时，你不仅要像上例那样"摸黑"执行命令，而且得捕获命令的响应。比如，假设你想使用 hostname 命令来查看树莓派的 IP 地址（见 2.2 节）。在这种情况下，你可以利用 subprocess 库中的 check_output 函数。

```
import subprocess
ip = subprocess.check_output(['hostname', '-I'])
```

这里，变量 ip 将用来存放树莓派的 IP 地址。与 system 不同的是，check_output 要求将命令本身及其所有参数都作为数组的单独元素来提供。

7.15.4　提示与建议

读者可以进一步查询相关资料，了解关于 OS 库的相关文档以及有关 subprocess 库的详细信息。

在 14.4 节中，你将会看到利用 subprocess 库在液晶屏幕上显示树莓派的 IP 地址、主机名和时间的示例代码。

7.16 从 Python 发送电子邮件

7.16.1 面临的问题

你想用一个 Python 程序发送电子邮件。

7.16.2 解决方案

Python 提供了一个支持简单邮件传送协议（Simple Mail Transfer Protocol，SMTP）的库，你可以利用它来发送电子邮件。

```python
import smtplib

GMAIL_USER = 'your_name@gmail.com'
GMAIL_PASS = 'your_password'
SMTP_SERVER = 'smtp.gmail.com'
SMTP_PORT = 587

def send_email(recipient, subject, text):
    smtpserver = smtplib.SMTP(SMTP_SERVER, SMTP_PORT)
    smtpserver.ehlo()
    smtpserver.starttls()
    smtpserver.ehlo
    smtpserver.login(GMAIL_USER, GMAIL_PASS)
    header = 'To:' + recipient + '\n' + 'From: ' + GMAIL_USER
    header = header + '\n' + 'Subject:' + subject + '\n'
    msg = header + '\n' + text + ' \n\n'
    smtpserver.sendmail(GMAIL_USER, recipient, msg)
    smtpserver.close()

send_email('destination_email_address', 'sub', 'this is text')
```

要想使用上面的代码向指定的地址发送电子邮件，首先要根据自己的电子邮箱登录凭证来修改 GMAIL_USER 和 GMAIL_PASS。如果使用的不是 Gmail，那么你需要修改 SMTP_SERVER 的值，同时 SMTP_PORT 的值也可能需要修改。

此外，你还需要修改最后一行中电子邮件的目的地。

7.16.3 进一步探讨

send_email 将 smtplib 库的用法简化为单个函数，以便于使用者在自己的项目中重复使用。

从 Python 发送电子邮件的能力为各种项目开启了机会之门。例如，你可以使用 PIR 之类的传感器，以便在检测到移动发生时发送电子邮件。

7.16.4 提示与建议

关于使用 IFTTT Web 服务发送电子邮件的示例代码，参考 16.4 节。

关于利用树莓派发送 HTTP 请求的内容，参考 7.13 节。

更多与互联网有关的示例代码，参考第 16 章。

7.17　利用 Python 编写简单 Web 服务器

7.17.1　面临的问题

你需要创建一个简单的 Python Web 服务器，又不想运行完整的 Web 服务器栈。

7.17.2　解决方案

你可以使用 Python 库 bottle 运行一个纯 Python 的 Web 服务器来响应 HTTP 请求。

可以使用下列命令安装 bottle。

```
$ sudo apt-get install python-bottle
```

下面的 Python 程序（名为 bottle_test）提供了显示树莓派时间的简单功能。本书中的所有示例代码都可以直接从本书的代码存储库中下载，具体见 3.22 节。

```python
from bottle import route, run, template
from datetime import datetime

@route('/')
def index(name='time'):
    dt = datetime.now()
    time = "{:%Y-%m-%d %H:%M:%S}".format(dt)
    return template('<b>Pi thinks the date/time is: {{t}}</b>', t=time)

run(host='0.0.0.0', port=80)
```

运行该程序，你需要具有超级用户权限，还得使用 Python2（而非 Python 3）。

```
$ sudo python bottle_test.py
```

图 7-1 显示了在网络上任何地方通过浏览器连接到树莓派时所看到的页面。

图 7-1　浏览 Python bottle Web 服务器

还需要对这个示例代码做进一步的解释。

在 import 命令后，命令@route 会把 URL 路径通过/与其后的处理函数关联起来。

该处理函数将格式化日期与时间，然后返回供浏览器渲染的 HTML 字符串。就本例来说，它使用了一个模板，该模板随后会被相应的值替换掉。

最后面的 run 所在行的代码才是启动该 Web 服务进程的实际代码。由于 80 端口是 Web 服务的默认端口，所以，如果你希望使用其他端口，就需要在服务器地址之后通过:添加相应的端口号。

7.17.3　进一步探讨

只要你喜欢，你可以在程序中定义任意数量的路由和处理程序。

对小而简单的 Web 服务器项目来说，bottle 是理想之选。由于它是用 Python 编写的，所以非常易于编写处理函数来控制硬件，使其通过浏览器页面作为接口来响应用户的请求。在第 16 章中，你还会看到其他利用 bottle 的示例代码。

实际上，树莓派（尤其是树莓派 4）完全可以运行一个完整的 Web 服务器栈（Web 服务器、Web 框架以及数据库），流行的例子便是 Apache、PHP 和 MySQL。当然，其性能无法与配备了相应硬件的服务器相媲美，但作为一个用于了解其运行机制的试验平台来说，已经足够了。

7.17.4　提示与建议

如果希望进一步了解 bottle，可以参考该项目的相关文档。

关于利用 Python 格式化日期和时间的详细内容，参考 7.2 节。

更多与互联网有关的示例代码，参考第 16 章。

7.18　让 Python 无所事事

7.18.1　面临的问题

你希望让 Python 消磨一点时间。比如，当向终端发送消息的这段延迟时间内，你可能会想让 Python 消磨一点时间。

7.18.2　解决方案

你可以使用 time 库中的 sleep 函数，具体如下面的示例代码所示。对于本示例中的代码，以及其中涉及的另一个示例代码，都可以从本书的代码存储库下载，具体见 3.22 节。

```
import time

x = 0
while True:
    print(x)
    time.sleep(1)
    x += 1
```

在输出下一个数字之前，该程序的主循环会延迟几秒。

7.18.3　进一步探讨

函数 time.sleep 的参数以秒为单位，如果你想减少延迟时间，可以使用小数。例如推迟 1ms，你可以使用 time.sleep(0.001)。

对任何持续时间不确定或者只持续零点几秒的循环来说，为其设置一个较小的延迟是个不错的主意，因为当 sleep 被调用的时候，处理器就会被释放出来供其他进程使用。

7.18.4　提示与建议

如果你想进一步了解如何用 time.sleep 降低 Python 程序的 CPU 负载机制，可查询相关资料。

7.19　同时进行多件事情

7.19.1　面临的问题

当 Python 程序忙于处理某件事情的时候，你希望它还能同时处理其他事情。

7.19.2　解决方案

你可以使用 Python 的 threading 库。

使用下面的代码（ch_07_thread_test.py）建立一个线程，并且该线程运行时将中断主线程。就像本书中的所有示例代码一样，下面的代码也可以直接从本书的代码存储库中下载，详情见 3.22 节。

```
import threading, time, random
def annoy(message):
    while True:
        time.sleep(random.randint(1, 3))
        print(message)

t = threading.Thread(target=annoy, args=('BOO !!',))
t.start()

x = 0
while True:
    print(x)
    x += 1
    time.sleep(1)
```

控制台将输出类似于下面的内容。

```
$ python3 ch_07_thread_test.py
0
1
BOO !!
2
BOO !!
```

```
3
4
5
BOO !!
6
7
8
```

当你使用 Python 的 threading 库让一个新线程运行起来时，必须指定让哪个（目标）函数作为该线程来运行。在本例中，这个函数名为 annoy，它包含一个循环语句，在一个 1～3 s 的随机时间间隔之后输出一则消息，并且该循环将一直进行下去。需要注意的是，参数 args 用于向函数 annoy 传递一个字符串。

为了启动该线程，需要调用 Thread 类的 start 方法。这个方法需要用到两个参数：第一个参数是需要运行的函数的名称（本例为 annoy），第二个参数是一个元组，存放传递给该函数的所有参数（本例为'BOO !!'）。

你会发现，当主线程正在忙着计数的时候，每隔几秒就会被作为 annoy 函数运行的线程所打断。

7.19.3　进一步探讨

像上面这些线程，有时候也被称为轻量级进程，因为从效果上看，类似于同时运行多个程序或进程。不过，对线程来说，其优点在于在同一个程序中运行的多个线程可以访问相同的变量，并且当程序的主线程退出时，在其中启动的任何线程也照样如此。

7.19.4　提示与建议

读者可以阅读一些关于 Python 线程入门的图书。

7.20　将 Python 应用于树莓派版 Minecraft

7.20.1　面临的问题

你已经对 Python 有了深入了解，现在，你想将其应用于 Minecraft。

7.20.2　解决方案

利用树莓派版 Minecraft 提供的 Python 接口，你可以在该服务器运行期间通过 Python 与其进行交互。

虽然可以在 LXTerminal 会话和 Minecraft 游戏之间来回切换，但是每次窗口失去焦点时游戏都会暂停，因此最好从另一台计算机上使用 SSH 连接树莓派（见 2.7 节）。这种做法的额外好处是你可以在游戏中实时观察 Python 脚本的运行情况。

就像本书中的所有示例代码一样，你也可以从本书的代码存储库中下载下面的程序，具体方法参见 3.22 节。就本例来说，相应的文件名为 ch_07_minecraft_stairs.py。使用下面的示例代码可以在当前位置创建楼梯（见图 7-2）。

```
from mcpi import minecraft, block
mc = minecraft.Minecraft.create()

mc.postToChat("Lets Build a Staircase!")

x, y, z = mc.player.getPos()

for xy in range(1, 50):
    mc.setBlock(x + xy, y + xy, z, block.STONE)
```

上面的 Python 库是 Raspbian 预安装的，如果你的系统中没有该库，可以更新自己的系统（见 3.40 节）。

导入该库之后，变量 mc 将被赋予一个 Minecraft 类的新实例。

方法 postToChat 会向玩家的屏幕发送一则消息，告诉玩家即将建造一个楼梯。

变量 x、y 和 z 将绑定到玩家的位置上，随后，for 循环每次将 x 和 y（y 是高度）的值增加 1 的时候，都会调用 setBlock 方法来创建一级楼梯（见图 7-2）。

图 7-2　利用 Python 在树莓派版 Minecraft 中建造楼梯

7.20.3　进一步探讨

mcpi 库不仅可以用来进行聊天、发现其他玩家的位置和摆放建筑零件，还提供了许多其他方法，以便让你可以：

- 发现指定坐标处的建筑组件的 ID；
- 找出谁在玩和瞬移它们；
- 确定玩家面向的方向。

7.20.4　提示与建议

要想了解树莓派版 Minecraft 的更多信息，参考 4.5 节。

7.21 解析 JSON

7.21.1 面临的问题

你想解析 JSON 格式的数据。

7.21.2 解决方案

使用 json 程序包,下面举例说明。

```python
import json

s = '{"books" : [
        {"title" : "Programming Arduino", "price" : 10.95},
        {"title" : "Pi Cookbook", "price" : 19.95}
    ]}'

j = json.loads(s)
print(j['books'][1]['title'])
```

就像本书中的所有示例代码一样,该程序也可以从本书的代码存储库中下载(见 3.22 节),相应的文件叫作 ch_07_parse_json.py。

在上面的示例代码中,我将 JSON 字符串分割成了多行,以便于查看数据的结构。

其中,loads 函数的作用是加载一个字符串,并将其解析成一个存储在变量 j 中的数据结构,这样,你就可以像访问 Python 列表和表格的组合一样访问该结构的内容了。在本例中,列表 books 中索引为 1 的元素的 title 数据将被输出,即 Pi Cookbook。

7.21.3 进一步探讨

如果你想解析一个包含 JSON 数据的文件的内容,可以根据 7.8 节中介绍的方法,先把文件读取到一个字符串中,然后应用刚才所示的方法。然而,直接针对文件应用 json.load(注意是 load,而不是 loads)将会更加高效,对大文件来说尤其如此。

例如,你可以创建一个名为 ch_07_example_file.json 的文件,其中包含以下 JSON 数据。

```json
{"books" : [
    {"title" : "Programming Arduino", "price" : 10.95},
    {"title" : "Pi Cookbook", "price" : 19.95}
]}
```

使用下面的代码读取文件并对其进行解析,生成与本节第一个例子相同的结果,但该代码是从一个文件中获取 JSON 的(你可以在 ch_07_parse_json_file.py 文件中找到这个示例代码)。

```python
import json

file_name = 'ch_07_example_file.json'
json_file = open(file_name)
```

```
j = json.load(json_file)
json_file.close()
```

print(j['books'][1]['title'])

本小节的最后一个示例用于处理和解析 Web 请求中的数据。大多数 Web 服务 API 都有 JSON 接口，以下示例使用 apixu 网站的数据。

```
import json
import urllib.request

key = 'paste_your_key_here'

response = urllib.request.urlopen('http://api.apixu.com/v1/current.json?key='
                                  + key + '&q=Paris')
j = json.load(response)
```

print(j['current']['condition']['text'])

运行该程序（ch_07_parse_json_url.py）后，将看到类似下面的输出内容。

```
$ python3 ch_07_parse_json_url.py
Partly cloudy
```

实际上，这个 API 返回的数据是非常多的。如果你稍微修改一下该程序，即在最后面加上一句 print(j)，就能够看到所有的数据。然后，你就可以通过改变浏览数据的方式来获得所需的信息。

7.21.4　提示与建议

关于读写文件的详细介绍，参见 7.8 节和 7.7 节。

7.22　创建用户界面

7.22.1　面临的问题

你想轻轻松松地给 Python 应用程序创建一个图形用户界面（Graphical User Interface，GUI）。

7.22.2　解决方案

guizero——树莓派基金会的 Laura Sach 和 Martin O'Hanlon 创建的一个 Python 库，它使得为项目设计 GUI 变得超级简单。

实际上，虽然 guizero 库最初是为树莓派设计的，但在大多数运行 Python 的环境中也非常好用，也就是说它不仅适用于树莓派，也适用于普通计算机。要安装 guizero 库，只要在终端运行如下所示的命令即可。

```
$ sudo pip3 install guizero
```

安装完成后，你就可以下载本书代码存储库中的 ch_07_guizero.py 来试用 guizero 库了，具体下载方法见 3.22 节。

```
from guizero import *

def say_hello():
    info("An Alert", "Please don't press this button again")

app = App(title="Pi Cookbook Example", height=200)
button = PushButton(app, text="Don't Press Me", command=say_hello)

app.display()
```

使用以下命令运行程序时，屏幕上将显示一个带有按钮的窗口。单击该按钮，将出现一条警告消息（见图 7-3）。

```
$ python3 ch_07_guizero.py
```

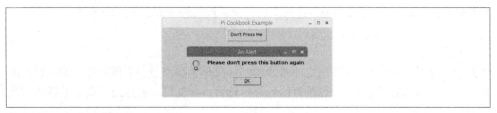

图 7-3　guizero 示例程序

这个例子展示了将 Python 函数绑定到按钮上是多么简单——这样，当按钮被单击时，相应函数就会运行。

当然，首先要在程序组定义相应的函数（say_hello）。然后，定义一个新变量 app，将其初始化为类 App 的实例，并通过参数指定显示在窗口顶部的标题和窗口的高度（以像素为单位）。

当然，这两个参数都是可选的，guizero 的文档中还定义了许多其他可用的选项。

然后，这个 app 变量将作为第一个参数提供给下一行创建的 PushButton。该按钮将使用命令参数来指定单击按钮时要运行的函数。注意，当你指定要运行的函数时，不要在函数名后面加上圆括号，因为这里是引用（而非调用）函数。

7.22.3　进一步探讨

这是一个介绍性的 guizero 示例，只是为了让你入门。这个库绝不仅限于屏幕上的按钮，它的主要目标是让你用最少的编程工作来创建简单的用户界面。当你想把界面做得更漂亮时，你可以深入研究在窗口中布局小部件（按钮、复选框、滑块等）的各种方法，并改变字体大小和颜色。然而，和以往一样，从最简单的地方下手是我们一贯的风格。

7.22.4　提示与建议

有关 guizero 的完整信息，参阅 guizero GitHub 站点上的优秀文档。

此外，guizero 库还将用于 10.8 节、10.9 节和 10.10 节。

7.23　使用正则表达式在文本中搜索

7.23.1　面临的问题

你想进行一些复杂的搜索，以便在一段文本中寻找一些东西。

7.23.2　解决方案

使用 Python 的正则表达式特性。正则表达式在计算机科学的早期就已经出现了，当时计算机科学只是数学的一个分支，因此，该特性体现了数学家严谨的作风。

正则表达式是描述出现在某些文本中的模式的一种方式，就像大家在 5.14 节中所看到的那样。但是，使用正则表达式的时候，还可以利用更加灵活的通配符来匹配要找的内容，示例如下。

```
import re

text = "looking forward to finding the word for"
x = re.search("(^|\s)for($|\s)", text)

print(x.span())
```

就像本书中的所有示例代码一样，该程序也可以从本书的代码存储库中下载（见 3.22 节），如果你运行这个程序（其名为 ch_07_regex_find.py），将得到以下输出。

```
$ python3 ch_07_regex_find.py
(35, 39)
```

这表明在字符串的第 35 个字符处（实际上是 for 之前的空格）找到了 for 这个单词，第二个值是结束位置索引。让我们来看看这段代码是如何工作的。注意，该程序忽略了 forward 一词。

首先，我们需要导入 re 模块。接下来，我们添加变量 text，其中包含我们要在其中进行搜索的测试字符串。

然后，我们使用 search 函数在字符串中查找想要的内容。第一个参数是正则表达式，第二个参数是要搜索的字符串。在本例中，正则表达式就是下面的字符串。

```
"(^|\s)for($|\s)"
```

正则表达式的中间是单词 for。这是意料之中的，因为我们要找的就是这个单词。它两侧括号里的是表达式。

首先，我们来看看单词 for 前面表达式的含义：

```
(^|\s)
```

这里含有 3 组神奇的符号，^表示字符串的开始；|表示逻辑或；\s 表示空白字符（空格或制表符）。因此，你可以将这部分理解为尝试匹配 for 之前的内容，即匹配字符串的开始或一些空白字符。这确保了正则表达式不会匹配以 for 结尾的单词。也就是说，for 必须位于字符串的开头，或者前面有空格、其他空白字符。

在 for 后面还有一个类似的表达式，并且必须匹配。

```
($|\s)
```

在这里，出现了一个新的特殊符号$，它表示字符串的结尾。换句话说，在字母 for 之后，只有处于字符串的末尾，或有空格、其他空白字符时，才会匹配。

表 7-2 给出了一些常见的正则表达式符号。

表 7-2　常见的正则表达式符号

符号	含义
.	匹配任意一个字符
^	匹配字符串的开头
$	匹配字符串的结尾
\d	匹配任意一个数字
\s	匹配空白字符
\w	匹配字母数字（数字、大写和小写字母）
*	匹配其后面的表达式零次或多次。例如，*/d 将匹配零个或多个数字
+	匹配其后面的表达式一次或多次
[]	匹配方括号中的任意字符。你也可以用破折号指定一个范围，比如[a-d]将匹配 a 到 d 范围内的任意字符

熟悉正则表达式的最佳途径就是拿在线正则表达式工具练手。

7.23.3　进一步探讨

调整正则表达式，并使其正确地工作，是一件非常棘手的事情。不过，通过图 7-4 所示的在线正则表达式工具，可以学习如何正确构建和测试正则表达式，这对新手来说大有裨益。

通常，在线正则表达式工具都会提供一个输入正则表达式的文本框，还会提供一个测试字符串文本框，用于输入供正则表达式搜索的文本。输入上述内容后，该工具会高亮显示已经匹配的内容。在图 7-4 中，该工具正确地高亮显示了单词 for。

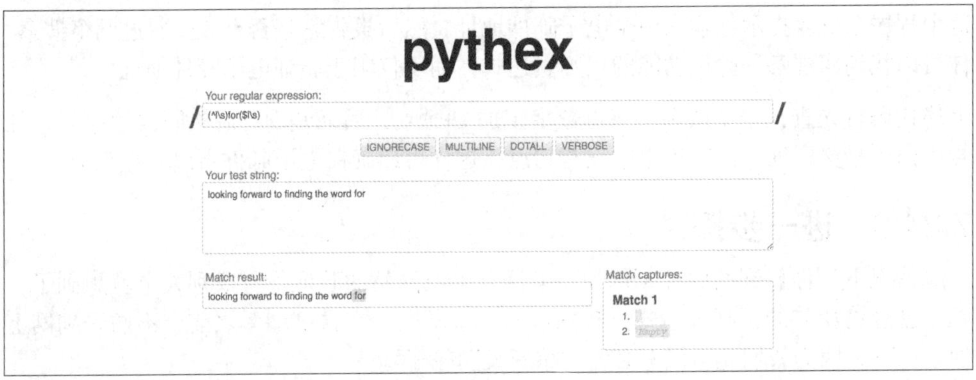

图 7-4　pythex 的在线正则表达式测试页面

7.23.4　提示与建议

关于替换所匹配的文本的方法，参见 7.24 节。

关于 Python 中正则表达式的更多细节，参见其他相关资料。

7.24　使用正则表达式来验证数据输入

7.24.1　面临的问题

你有一些文本需要进行验证，例如，你想确保相应文本为电子邮件地址。

7.24.2　解决方案

使用正则表达式（见 7.23 节）。

正则表达式主要用于验证用户输入的信息。例如，你可能填写过这样的在线表格——其中包括你的电子邮件地址，如果你输入的内容看起来不像是电子邮件地址，那么相关的正则表达式验证代码就会返回一则消息，指出输入的地址格式有问题。

你可以尝试运行文件 ch_07_regex_email.py 中的代码（本书中的所有程序示例均可从网上下载，详见 3.22 节）。

```python
import re

regex = '^[\w_\.+-]+@[\w_\.-]+\.[\w_-]+$'
while True:
    text = input("Enter an email address: ")
    if re.search(regex, text):
        print("valid")
    else:
        print("invalid")
```

这个程序会反复提示你输入一个电子邮件地址，然后报告它是否有效。通过网络搜索，你可以找到实现各种验证功能的正则表达式，而不仅限于验证电子邮件地址。

上述代码首先查找一个或多个字母数字（加_.+或-），后面是@，后接同样的序列，加号后面还是该序列，但字符串中没有句点，这样可以确保电子邮件不以句点结束。

7.24.3 进一步探讨

一般情况下，你想到的验证（例如，电话号码或网站的验证）方式别人早就想到了，并且已经将相应的正则表达式公布到了网上。所以，在自己动手之前，不妨先到网上搜索一下，因为我们完全没有必要"重新发明轮子"。

7.24.4 提示与建议

关于正则表达式的基础知识，参见 7.23 节。

7.25   使用正则表达式抓取网页

7.25.1 面临的问题

你想写一个 Python 程序，从网页中自动获取（即抓取）信息。

7.25.2 解决方案

使用正则表达式来匹配页面 HTML 代码中的文本。

正则表达式对网页抓取来说是非常有用的。所谓抓取网页，就是从网页的 HTML 代码中自动读取相关内容。例如，我想让一个 Python 程序自动读取本书在亚马逊网站的当前排名，则需要从亚马逊销售排名中抓取相应的数字（见图 7-5 中圈出的部分）。

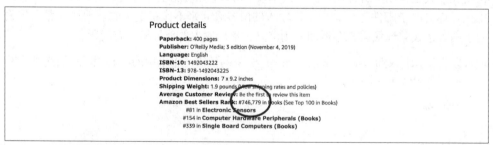

图 7-5   从亚马逊网站抓取数据

如果我在浏览器中单击 View Source，然后搜索"Sales Rank"，就可以找到相关的一段 HTML 代码，具体如下所示。

```
<li id="SalesRank">
<b>Amazon Best Sellers Rank:</b>
#746,779 in Books (<a href="https://www.amazon.com/best-sellers-books-Amazon/zgbs/
books/ref=pd_dp_ts_books_1">See Top 100 in Books</a>)
```

我可以将上述内容用作在线正则表达式工具的测试文本，从而研究出一个可以提取亚马逊排名的表达式。我们可以假设相应排名就是介于#和 Books 之间的所有内容。

下面给出从亚马逊网站抓取本书当前排名的具体代码。当然，你也可以从本书的代码存储库中下载（对应的文件名为 ch_07_regex_scraping.py），详见 3.22 节。

```
import re
import urllib.request

regex = '#([\d,]+) in Books'
url = 'https://www.amazon.com/Raspberry-Pi-Cookbook-Software-Solutions/dp/1492043222/'

print("The Amazon rank is.....")
text = urllib.request.urlopen(url).read().decode('utf-8')
print(re.search(regex, text).group())
```

运行上述代码后，将看到如下所示的输出。

```
$ python3 test.py
The Amazon rank is.....
#746,779 in Books
```

上面的代码首先会读取网页内容。不过，在使用正则表达式模块 re 之前，必须将网页内容转换为 UTF-8 格式（仅限拉丁字母）。

7.25.3　进一步探讨

实际上，许多网站都提供了相应的 API（见 7.21 节）。如果你想抓取的信息可以通过 API 得到，那么，使用 API 将是一种更好的方法——因为网络抓取技术高度依赖于页面的外观和文字，这意味着如果网站改版，则很可能需要使用一个新的正则表达式。

7.25.4　提示与建议

如果需要读取网页的内容，参见 7.13 节。

关于正则表达式的基础知识，参见 7.23 节。

第 8 章

机器视觉

8.0 引言

机器视觉（Computer Vision，CV）可以让树莓派"睁眼看世界"。从实用的角度看，这意味着你的树莓派不仅能分析图像，甚至可以识别面部和文本。

如果你连接一台照相机来提供图像，以上这一切都将成为可能。

8.1 安装 SimpleCV

8.1.1 面临的问题

你想在树莓派上面安装机器视觉软件 SimpleCV。

8.1.2 解决方案

为了安装 SimpleCV，首先要使用下列命令来安装必需的软件包。

```
$ sudo apt-get update
$ sudo apt-get install ipython python-opencv python-scipy
$ sudo apt-get install python-numpy python-setuptools python-pip
$ sudo pip install svgwrite
```

然后，利用下列命令来安装 SimpleCV 本身。

```
$ sudo pip install https://github.com/sightmachine/SimpleCV/zipball/master
  --no-cache-dir
$ pip install 'IPython==4' --force-reinstall
```

安装完成后，可以通过运行以下命令来检查一切是否正常。

```
$ simplecv
+----------------------------------------------------------+
  SimpleCV 1.3.0 [interactive shell] - http://simplecv.org
```

176

```
+-------------------------------------------------------------+
Commands:
    "exit()" or press "Ctrl+ D" to exit the shell
    "clear()" to clear the shell screen
    "tutorial()" to begin the SimpleCV interactive tutorial
    "example()" gives a list of examples you can run
    "forums()" will launch a web browser for the help forums
    "walkthrough()" will launch a web browser with a walkthrough
```

这将打开 SimpleCV 控制台。它实际上是一个 Python 控制台，只是为 SimpleCV 提供了额外的功能而已。要退出该控制台，只需要运行命令 exit()即可。

8.1.3 进一步探讨

SimpleCV 是机器视觉软件 OpenCV 的 Python 封装。SimpleCV，顾名思义，就是 OpenCV 的简化应用。如果你想全面了解 OpenCV，请访问其官网。

机器视觉需要消耗大量的处理器和内存资源，因此，尽管 SimpleCV 和 OpenCV 可以在老版的树莓派上面运行，但是对树莓派 2 之前的版本来说，其运行速度将会慢得让人无法忍受。

8.1.4 提示与建议

关于 OpenCV 的详细介绍，参考 OpenCV 官网。

关于 SimpleCV 项目的主页，请访问 SimpleCV 官网。

在本章中，直到 8.4 节才首次应用 SimpleCV，你可以阅读该节以获取 SimpleCV 入门的详细知识。

8.2 为机器视觉配置 USB 摄像头

8.2.1 面临的问题

你想设置一个 USB 摄像头以供机器视觉项目之用。

8.2.2 解决方案

你可以使用一个与树莓派兼容的 USB 摄像头。请选择一款优质的摄像头，如果你的项目要求摄像头靠近物体，请选择可以手动调焦的摄像头。为了能够真正近距离拍摄物体，廉价的 USB 内窥镜将会派上大用场。

有时候你可能希望为自己的 CV 项目建立一个照明良好的区域，当然，是否需要应根据自己 CV 项目的具体情况而定。图 8-1 展示了一个由半透明的塑料储物箱做成的简单灯箱，并且是同时从侧面和顶部均匀给光的。摄像头固定在灯箱顶部，这种布局将会在 8.4 节中用到。

图 8-1 利用自制"摄影灯箱"提供均匀照明

此外，你还可以购买专门用于摄影的商品化摄影灯箱，它们通常更加好用。

为了使得照明系统的光明亮而均匀，你可能需要费些时间来反复试验。此外，阴影也是一个棘手的问题。

8.2.3 进一步探讨

你可以通过 SimpleCV 控制台来测试自己的 USB 摄像头。启动 SimpleCV，然后输入下面粗体显示的命令。

```
SimpleCV:1> c = Camera()
VIDIOC_QUERYMENU: Invalid argument
VIDIOC_QUERYMENU: Invalid argument
VIDIOC_QUERYMENU: Invalid argument
VIDIOC_QUERYMENU: Invalid argument
VIDIOC_QUERYMENU: Invalid argument
VIDIOC_QUERYMENU: Invalid argument
VIDIOC_QUERYMENU: Invalid argument

SimpleCV:2> i = c.getImage()
SimpleCV:3> i
SimpleCV:3: <SimpleCV.Image Object size:(640, 480), filename: (None),
at memory location: (0x2381af8)>
SimpleCV:4> i.show()
```

你不用理会无效的参数消息。

当你执行i.show()命令时，会打开另外一个窗口，并且其中会显示摄像头刚才捕获的图像。

当出现 SimpleCV 找不到连接到计算机的摄像头方面的错误消息时，最有可能的原因是 USB 摄像头与 Raspbian 操作系统不兼容，或者正在运行 4.3 节中介绍的 motion 软件。若要停止运行 motion 软件，可以使用以下命令。

```
$ sudo /etc/init.d/motion stop
```

虽然树莓派的摄像头模块（见 8.3 节）可以与 SimpleCV 联合使用，但是该模块到树莓派的导线太短了，最好使用一款高品质的摄像头。

8.2.4 提示与建议

要想联合使用树莓派的摄像头模块和SimpleCV，参考 8.3 节。

8.3　将树莓派的摄像头模块用于机器视觉

8.3.1　面临的问题

你希望将直接连接到树莓派上的摄像头模块与 SimpleCV 联合使用。

8.3.2　解决方案

树莓派的摄像头模块无法自动显示为摄像设备。为了解决这个问题，可以按照 1.17 节介绍的方法安装 camera 模块。

8.3.3　进一步探讨

请注意，在 Raspbian 的早期版本中，你必须安装一个驱动程序才能使 camera 模块供 SimpleCV 正常使用。如果 SimpleCV 没有检测到 camera 模块，请尝试将你的 Raspbian 更新到最新版本（见 3.40 节）。

8.3.4　提示与建议

有关安装树莓派摄像头模块的介绍，参见 1.17 节。

关于 Python 的 picamera 模块的详细信息，参见 picamera 网站。

关于通过 SimpleCV 使用 USB 摄像头的内容，参见 8.2 节。

8.4　数硬币

8.4.1　面临的问题

你想要利用机器视觉来统计摄像头下面硬币的数目。

8.4.2　解决方案

利用 SimpleCV 及其 findCircle 函数，可以实时计算摄像头下面的硬币的数目。

对这个机器视觉应用来说，你需要提供良好的灯光照明，以及位置固定的摄像头。我使用的配置如图 8-1 所示。

在开始编写可以计算树莓派看到的硬币数量的程序之前，你得先通过 SimpleCV 控制台来进行必要的实验，从而获得正确识别圆形所需的参数。为此，先利用命令 simplecv 来启动 SimpleCV，并通过下面给出的命令来启动摄像头、捕获图像，然后使图像在单独的窗口中显示出来。

```
SimpleCV:1> c = Camera()
SimpleCV:2> i = c.getImage()
SimpleCV:3> i.show()
```

上面的代码将会显示硬币的图像，具体如图 8-2 所示。

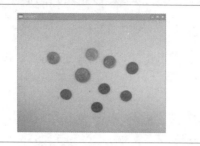

图 8-2　一些硬币的基本图像

圆形检测要求对图像进行反转处理，或者使用黑色背景。

你可以通过下面所示的命令来实现图像的反转，并显示结果。

```
SimpleCV:4> i2 = i.invert()
SimpleCV:5> i2.show()
```

使用上面的命令将建立 i 反转后的副本，具体如图 8-3 所示。

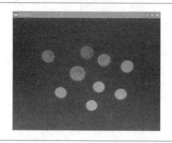

图 8-3　反转后的图像

到目前为止，图像已经准备好了，接下来要做的是让 SimpleCV 通过 findCircle 命令在图像中寻找圆形。这个命令需要 3 个参数，并且为了防止出现错误辨识的情况，你需要对这些参数进行相应的调整，这些参数分别如下所示。

canny

这是边缘检测的阈值。按照机器视觉的术语来讲，边缘就是图像像素颜色发生重大变化处的分隔线。这个参数的默认值是 100，当降低这个值的时候，会检测到更多的边缘。当然，这不会导致检测到更多的圆形，因为这些额外的边缘存在，有可能会破坏本来很圆的形状。就硬币来说，这些边缘既可能是硬币的文字方面的，也可能是图像方面的。

thresh

找到边缘之后，圆形检测需要确定边缘的长度。当降低这个值的时候，会检测到更多的圆形。

distance

这个参数用来设置相邻圆形之间的间隔距离（以像素为单位）。

为了寻找圆形，可以使用下列所示的命令。

```
SimpleCV:6> coins = i2.findCircle(canny=100, thresh=70, distance=15)
SimpleCV:7> coins
 SimpleCV.Features.Detection.Circle at (237,297),
 SimpleCV.Features.Detection.Circle at (307,323),
 SimpleCV.Features.Detection.Circle at (373,305),
 SimpleCV.Features.Detection.Circle at (305,261),
 SimpleCV.Features.Detection.Circle at (385,253),
 SimpleCV.Features.Detection.Circle at (243,231),
 SimpleCV.Features.Detection.Circle at (307,383),
 SimpleCV.Features.Detection.Circle at (407,371),
 SimpleCV.Features.Detection.Circle at (235,373)]
```

如果一个硬币也没找到，可以尝试降低参数 canny 和 thresh 的值。如果要找的硬币过多，可以增加 thresh 的值。你可以通过下列命令将硬币外圈叠加到原始图像上，从而检查 SimpleCV 是否真正找到了这些硬币。

```
SimpleCV:8> coins.draw(width=4)
SimpleCV:9> coins.show()
```

这将显示叠加在实际硬币上的圆圈（见图 8-4）。

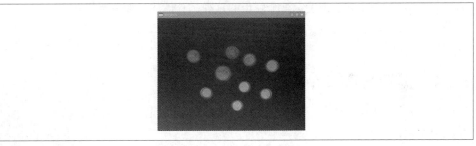

图 8-4　发现硬币

你可以到处移动硬币，或者加减硬币数量，然后重新拍照，重复上述过程，以便确认识别过程的可靠性。此外，你还可以调整各个参数，直到得到令人满意的效果为止。

我们可以把上面在 SimpleCV 控制台中使用的命令打包到一个 Python 程序中，让它（以树莓派最快的速度）输出检测到的硬币数量。就像本书中的其他示例程序一样，这个程序也可以从本书相关资源中（见 3.22 节）获取，相应的文件名为 ch_08_coin_count.py。需要注意的是，这是一个 Python 2 程序，所以运行它时，需要使用的命令为 python，而非 python3。

```
from SimpleCV import *

c = Camera()

while True:
```

```
i = c.getImage().invert()
coins = i.findCircle(canny=100, thresh=70, distance=1)
print(len(coins))
```

就像你看到的那样，在导入 SimpleCV 库后，程序中的命令跟在控制台中输入的命令完全一样。唯一的区别在于它不是显示硬币，而是通过 len 函数显示硬币数量。

```
$ sudo python ch_08_coin_count.py
9
9
9
10
10
```

你可以通过四处移动硬币，或通过添加硬币来检查该项目的完成情况是否良好。

8.4.3　进一步探讨

当我使用 B+型树莓派的时候，在库加载和相机设置而导致最初的延迟之后，每秒大约会出现"计数"两次。如果使用的是树莓派 2，计数的次数会增加到每秒 5 次左右。如果使用树莓派 4，速度还能快 2 倍，甚至更多。

虽然我们没有将这里的东西应用到自动售货机的打算，但是进一步利用硬币的直径来确定币值并加总桌面上的硬币币值本身就是一个非常有趣的项目。

你可以使用 diameter 方法来确定某个硬币的直径，具体代码如下所示。

```
SimpleCV:10> coins[0].diameter()
SimpleCV:11> 60
```

8.4.4　提示与建议

关于 SimpleCV 的安装信息，参考 8.1 节。

关于配置摄像头的相关内容，参考 8.2 节。

8.5　人脸检测

8.5.1　面临的问题

你希望找出人脸在照片或摄像头图像中的坐标位置。

8.5.2　解决方案

你可以使用 SimpleCV 中的 Haar-like 特征检测功能来分析图像，并识别其中的人脸。HAAR 实际上代表"High Altitude Aerial Reconnaissance"（高空航空勘测），我们将利用其中的某些技术来实现人脸识别。

如果你还没有做过这类实验，请先安装 SimpleCV（见 8.1 节）。首先，你需要打开 SimpleCV 控制台，并加载一幅含有人脸的图像。实际上，你可以从本书的下载资源中（见 3.22 节）找到合适的人脸图像文件，该文件名为 faces.jpg。

然后，运行下列命令。

```
SimpleCV:1> i=Image("faces.jpg")
SimpleCV:2> faces = i.findHaarFeatures('face.xml', min_neighbors=5)
SimpleCV:3> faces.draw(width=4)
SimpleCV:4> i.show()
```

注意，faces.jpg 文件（或你使用的其他图像文件）必须与启动 SimpleCV 的目录位于同一目录中。这样就会打开一个图像浏览窗口，其中的人脸已经使用矩形做了标注，如图 8-5 所示。

图 8-5　检测人脸

8.5.3　进一步探讨

像使用摄像头进行交互一样，你还可以将现成的文件加载到 SimpleCV 中。在上面的例子中，图像 i 是从文件 faces.jpg 中载入的。方法 findHaarFeatures 有一个强制性的文件，它描述待搜索的特征的类型。这些特征被称作 haar 特征，并且由一个 XML 文件给出具体的描述。

这些文件是由 SimpleCV 来预加载的，不过你可以通过在互联网搜索来了解与 haar 有关的内容。

本例用到的第二个参数（min_neighbors）的作用是调节 haar 函数，随着 min_neighbors 数值降低，假阳性的检测结果会增多。如果观察假阳性结果，会发现图片上通常都有正面的面部器官（嘴巴、鼻子和眼睛等）。

另外还有许多内置的 haar 特征，你可以通过下列命令列出它们。

```
SimpleCV:3> i.listHaarFeature()
SimpleCV:4> 'fullbody.xml', 'face4.xml', 'face.xml',
'upper_body.xml', 'right_ear.xml', 'eye.xml', 'lower_body.xml',
'two_eyes_small.xml', 'nose.xml', 'face2.xml', 'left_eye.xml',
'right_eye.xml', 'two_eyes_big.xml', 'face3.xml', 'mouth.xml',
'glasses.xml', 'profile.xml', 'left_ear.xml', 'left_eye2.xml',
'upper_body2.xml', 'right_eye2.xml', 'face_cv2.xml'
```

就像你所看到的，它们都是与身体部位有关的。

检测 haar 特征的时候，通常需要几秒，即使在树莓派 4 上也是如此。

8.5.4　提示与建议

关于 SimpleCV 的安装信息，参考 8.1 节。

关于配置摄像头的相关内容，参考 8.2 节。

8.6　运动检测

8.6.1　面临的问题

你想利用连接到树莓派上的摄像头检测其视野内的移动物体。

8.6.2　解决方案

你可以使用 SimpleCV 来检测源自摄像头的连续帧之间的变化情况。

下面的程序代码会将每次捕获到的图像与之前的图像进行比较。然后，它会检查差值图像中的所有斑块（颜色相近的区域），如果找到大于 MIN_BLOB_SIZE 的斑块，就会输出一则消息，声明检测到移动现象。

本节中的示例代码可以从本书的相关资源中获取，具体见 3.22 节。需要注意的是，由于这是一个 Python 2 程序，所以运行它时，需要使用的命令为 python，而非 python3。

```
from SimpleCV import *

MIN_BLOB_SIZE = 1000

c = Camera()

old_image = c.getImage()

while True:
    new_image = c.getImage()
    diff = new_image - old_image
    blobs = diff.findBlobs(minsize=MIN_BLOB_SIZE)
    if blobs :
        print("Movement detected")
    old_image = new_image
```

8.6.3　进一步探讨

图像的连续帧大致如图 8-6 和图 8-7 所示。当第二幅图像减去第一幅图像之后，将得到类似于图 8-8 所示的图像。然后，对其进行斑块检测（blob detection），将得到图 8-9 所示的由轮廓线勾勒出的斑块图。如果使用的是树莓派 4，这个运动检测程序每秒能够处理

10 帧左右。

图 8-6　运动检测帧 1

图 8-7　运动检测帧 2

图 8-8　运动检测，差值图像

图 8-9　斑块图

8.6.4　提示与建议

关于 SimpleCV 的安装方法，参考 8.1 节。关于配置摄像头的相关内容，参考 8.2 节。

检测运动的另一种方法是使用被动红外（PIR）传感器，具体参考 12.9 节。

8.7 光学字符识别

8.7.1 面临的问题

你想把包含文字的图像转换为真正的文本。

8.7.2 解决方案

你可以使用光学字符阅读器（Optical Character Reader，OCR）软件 tesseract 从图像中提取文本。

要想安装 tesseract，可以使用如下所示的命令（下面的命令可以从本书资源的 long_commands.txt 文件中复制以获取，具体下载方法见 3.22 节）。

```
$ sudo apt install tesseract-ocr
$ sudo apt install libtesseract-dev
```

为了试用 tesseract 软件，你需要提供一张含有文字的图像文件。为此，你可以从本书提供的资源中下载一个名为 ocr_test.tiff 的文件。相关资源的介绍见 3.22 节。

要想把图像转换成文本，可以使用如下所示的代码。

```
$ cd /home/pi/raspberrypi_cookbook_ed3
$ tesseract ocr_test.tiff stdout
Page 1
This is an image

of some text.
```

如果你仔细查看图像文件 ocr_test.tiff，就会发现该图片中的确含有上述文字。

8.7.3 进一步探讨

虽然这里使用的是 TIFF 格式的图片，但是，tesseract 库实际上适用于大部分的图像类型文件，包括 PDF 文件、PNG 文件和 JPG 文件。

8.7.4 提示与建议

若要进一步了解 tesseract 库，需要参考其他资料。

第 9 章

硬件基础

9.0 引言

本章将为大家介绍树莓派 GPIO 接口基本的配置和使用方法。借助 GPIO 接口，你可以把各种需要的电子设备连接到自己的树莓派上。

9.1 GPIO 连接器使用说明

9.1.1 面临的问题

你需要将电子设备连接到 GPIO 接口上，但是，在此之前需要先了解各个引脚的作用。

9.1.2 解决方案

实际上，树莓派的 GPIO 连接器已有 3 个版本，其中原始树莓派的两个版本有 26 个引脚，用于"+"型树莓派的后续版本则有 40 个引脚。

图 9-1 展示了具有 40 个引脚的树莓派（包括树莓派 4）的 GPIO 引脚布局情况。

由于顶部的 26 个引脚的布局与第二次修订后的 B 型原始树莓派的完全一致，这使得带有 40 个引脚的树莓派能够与之前为 26 个引脚树莓派设计的硬件和软件完全兼容，只不过多了 3 个接地和 9 个 GPIO 引脚而已。引脚 ID_SD 和 ID_SC 用于跟特定的串行存储器芯片进行通信，它们可以放在兼容 HAT（the Hardware At Top）标准的接口板上，从而使树莓派能够识别相应电路板（详见下文）。

顶部提供 3.3V 和 5V 电源接口，但是 GPIO 的所有输入和输出都使用 3.3V。所有标注了数字的引脚都可以用作 GPIO。在数字之后标注了其他名称的引脚，说明它们还具有其他特殊的用途，例如，14 TXD 和 15 RXD 分别是串口的发送和接收引脚，2 SDA 和

3 SCL 引脚用于 I2C 接口，而 10 MOSI、9 MISO 和 11 SCKL 则用于 SPI。

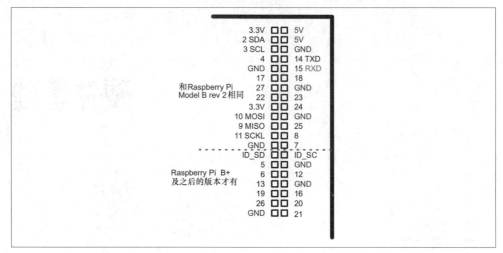

图 9-1　GPIO 引脚布局（40 个引脚）

9.1.3　进一步探讨

即使你知道哪个引脚在树莓派的哪个位置，在通过计数的方式进行定位的时候，仍然很容易出错。一种更好的引脚定位方法是使用 GPIO 模板，例如图 9-2 所示的 Raspberry Leaf 模板。

图 9-2　Raspberry Leaf 出品的 GPIO 模板

有了这种纸质模板，我们对 GPIO 各个引脚的位置就一目了然了。其他的 GPIO 模板还有 Pi GPIO Reference Board 等。

HAT 标准是树莓派 4、3、2、B+、A+和 Zero 的一种接口标准。虽然这个标准并不反对直接使用 GPIO 引脚，但是，符合 HAT 标准的接口板可以声称自己为 HAT，它们与常规树莓派的接口板的不同之处在于，HAT 接口板必须带有用以识别 HAT 身份的电擦除可编程只读存储器（Electrically-Erasable Programmable Read-Only Memory，EEPROM）芯片，从而使树莓派可以自动安装必要的软件。在本书的写作过程中，HAT 还没有达到这种高级的水平，但是这个想法确实不错。引脚 ID_SD 和 ID_SC 被用来跟 HAT 的 EEPROM 进行通信。

9.1.4 提示与建议

树莓派的 GPIO 接口仅提供了数字输入和输出引脚，这一点与其他类似的卡片机不同，因为它们通常提供模拟输入。不过，你可以使用一个单独的 ADC 芯片（见 13.6 节）或采用电阻式传感器（见 13.1 节）来弥补这一不足之处。

关于 HAT 方面的例子，参考 9.16 节中 Sense HAT 的相关内容。

9.2 使用 GPIO 接口时树莓派的安全保护

9.2.1 面临的问题

你希望在树莓派上连接电子设备，但不希望因意外情况而使树莓派受损。

9.2.2 解决方案

为了降低 GPIO 接口给树莓派带来的风险，请遵循以下简单的规则。

- 树莓派加电后，不要使用诸如螺丝刀之类的金属物体触碰 GPIO 接口。

- 树莓派的电源不得高于 5V。

- 接入电子设备时，一定要将其 GND 引脚与树莓派的 GND 引脚相连。

- 施加在用作输入的 GPIO 引脚上的电压都不要超过 3.3V。

- 每个输出上的电流不要超过 16mA。对于早期的 26 引脚树莓派，其总输出电流必须低于 50mA；对于 40 引脚的树莓派，其总输出电流必须低于 100mA。

- 使用 LED 时，3mA 的电流足以点亮一个正确串联了 470Ω 电阻器的红色 LED。

- 不要从 5V 的供电引脚输出总额超过 250mA 的电流。

9.2.3 进一步探讨

毫无疑问，在外接电子设备时，树莓派很容易受损。虽然新型的树莓派的健壮性有所提高，但是其脆弱性仍然很显著。在树莓派通电前，务必谨慎并进行必要的检查，否则一不小心树莓派就可能"报销"了。

9.2.4 提示与建议

建议读者阅读关于树莓派 GPIO 输出能力的文章。

9.3 配置 I2C

9.3.1 面临的问题

你希望让一台 I2C 设备与树莓派一起被使用，但是不知道具体该怎么做。

9.3.2 解决方案

对最新版的 Raspbian 来说，只要在 Preferences 下面的主菜单中找到 Raspberry Pi Configuration 工具，就能轻松启用 I2C 设备了，具体如图 9-3 所示。在 Interfaces 选项卡中，你只需单击 I2C 相应的 Enabled 单选按钮，然后单击 OK 按钮就行了。这时，系统会提示你重新启动树莓派。

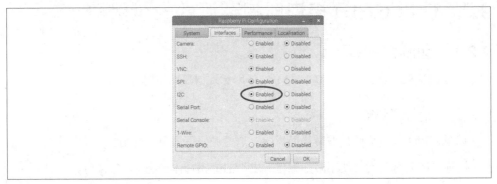

图 9-3　利用树莓派配置工具启用 I2C

在较旧版本的 Raspbian 操作系统中，或者你习惯于使用命令行的话，可以利用 raspi-config 工具完成上述工作。

打开 raspi-config 工具的命令如下所示。

```
$ sudo raspi-config
```

然后，从出现的菜单中选择 Interfacing 选项，并向下滚动到 I2C 项并按 Enter 键，如图 9-4 所示。

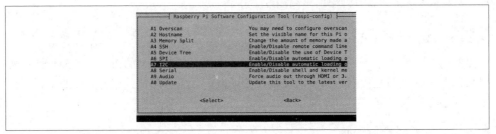

图 9-4　利用工具 raspi-config 启用 I2C

这时，它会询问"Would you like the ARM I2C interface to be enabled？"，选择"Yes"。

然后，它再次询问是否希望在启动时加载 I2C 模块，继续选择"Yes"。

此时，你或许还想安装 Python 的 I2C 库，为此运行下列命令即可。

```
$ sudo apt-get install python-smbus
```

为了使这些修改生效，你需要重新引导树莓派。

9.3.3　进一步探讨

实际上，在与树莓派交互的方式中，I2C 模块确实是上上之选。该方式不仅可以减少连接所需线缆的数量（只有 4 根），而且有许多非常简洁的 I2C 模块可供选择。

但是，不要忘了统计 I2C 模块所需电流，并确保包括该电流在内的总电流不得超过 9.2 节中所规定的上限。

图 9-5 展示了 Adafruit 出品的 I2C 模块。当然，其他的供应商（例如 SparkFun 等）也提供 I2C 设备。在该图中，从左到右的设备分别是 LED 矩阵显示器、四位七段 LED 管显示器、16 通道 PWM/伺服控制器，以及实时时钟模块。

图 9-5　I2C 模块

其他 I2C 模块包括 FM 无线电发射模块、超声波测距模块、OLED 显示模块以及各种类型的传感器。

9.3.4　提示与建议

在本书中，涉及 I2C 的还包括 11.3 节、14.1 节、14.2 节和 14.4 节。

9.4　使用 I2C 工具

9.4.1　面临的问题

你为树莓派连接了一个 I2C 设备，然后，你希望知道该设备是否连接妥当并获得其 I2C 地址。

9.4.2　解决方案

安装并使用 i2c-tools。

注意：在较新版本的发行包中，你会发现 i2c-tools 已经安装好了。

在树莓派的终端窗口中运行下列命令，便可获取并安装 i2c-tools。

```
$ sudo apt-get install i2c-tools
```

先将 I2C 设备连接到树莓派上，然后运行下列命令。

```
$ sudo i2cdetect -y 1
```

请注意，如果你的树莓派是较旧的修订版 1，需要把上述命令中的 1 改为 0。

如果 I2C 处于可用状态，那么会显示图 9-6 所示的结果。这表明使用了两个 I2C 地址，即 0x68 和 0x70。

十六进制

十六进制（hexadecimal，或简写为 hex）是一种表示数字的方法，它使用的数字基数是 16，而不是我们日常生活中使用的数字基数 10。

在十六进制中，每个数位上的数字可以取 16 个可能值中的一个。在这些可能的取值中，除了大家熟悉的数字 0 到 9 之外，十六进制还使用字母 A 到 F。字母 A 代表十进制数 10，字母 F 代表十进制数 15。

在通常情况下，十进制用起来还是比较顺手的，但是有一种情况除外：需要将一个数字转换为二进制数时，使用十六进制比使用十进制要容易得多。

为了区别数字的十进制表示形式与十六进制表示形式，通常在十六进制数字前面加上前缀 0x。在前面的示例中，十六进制数 0x68 如果用十进制表示，就是 $6 \times 16+8=104$，十六进制数 0x70 的十进制表示为 $7 \times 16=112$。

图 9-6　i2c-tools 工具

9.4.3　进一步探讨

I2cDetect 是一个常用的诊断工具，尤其是在初次使用 I2C 设备的时候会用到 I2cDetect。

9.4.4　提示与建议

在本书中，涉及 I2C 的还包括 11.3 节、14.1 节、14.2 节和 14.4 节。

关于利用 apt-get 安装软件的详细介绍，参考 3.17 节。

9.5 配置 SPI

9.5.1 面临的问题

你的树莓派需要用到一个串行外设接口（Serial Peripheral Interface，SPI）总线。

9.5.2 解决方案

在默认情况下，Raspbian 的配置并未启用树莓派的 SPI。若要启用该接口，具体步骤与 9.3 节中介绍的基本相似。首先，选择主菜单下 Preferences 菜单项中的 Raspberry Pi Configuration 工具（见图 9-7），然后进入 Interfaces 选项卡，单击 SPI 对应的 Enabled 单选按钮，最后单击 OK 按钮即可。

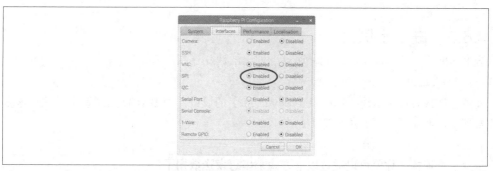

图 9-7　利用 Raspberry Pi Configuration 工具启用 SPI

对于较旧版本的 Raspbian，或者你更喜欢使用命令行的话，则可以使用 raspi-config 命令，具体如下所示。

```
$ sudo raspi-config
```

然后，依次选择 Interfacing Options 和 SPI，并且在选择 Yes 之后，树莓派就会重新启动。重启之后，就可以使用 SPI 了。

9.5.3 进一步探讨

启用了 SPI，树莓派便可以与模数转换器（Analog-to-Digital Converter，ADC）及端口扩展芯片等外围设备进行串行数据传输了。

你可能会遇到这样一些情况，即虽然连接到 SPI 设备，却并未使用 SPI，而是使用 bit banging 技术，在这种情况下，通常使用 RPi.GPIO 库来跟用于 SPI 的 4 个 GPIO 引脚进行交互。如果需要检查 SPI 是否运行正常，可以使用如下所示的命令。

```
$ ls /dev/*spi*
/dev/spidev0.0 /dev/spidev0.1
```

如果没有显示 spidev0.0 和 spidev0.1，或者什么都没有显示，说明 SPI 没有启用。

9.5.4 提示与建议
我们在 13.6 节中将会用到 SPI 模数转换芯片。

9.6 安装 PySerial 以便通过 Python 访问串口

9.6.1 面临的问题
你希望在树莓派上通过 Python 使用串行端口（RXD 和 TXD 引脚）。

9.6.2 解决方案
首先，你需要按照 2.6 节中介绍的方法启用串行端口，并安装 PySerial 库。

```
$ sudo apt-get install python-serial
```

9.6.3 进一步探讨
这个库的用法非常简单。首先，通过下列语法建立连接。

```
ser = serial.Serial(DEVICE, BAUD)
```

其中，DEVICE 表示连接到串口（/dev/ttyS0）的设备，而 BAUD 为波特率，注意这里是数字，而非字符串。示例如下。

```
ser = serial.Serial('/dev/ttyS0', 9600)
```

一旦建立连接，你就可以通过以下方式来串行发送数据了。

```
ser.write('some text')
```

通常，响应的监听是由读取和输出构成的循环语句来完成的，示例如下。

```
while True:
    print(ser.read())
```

9.6.4 提示与建议
在 12.10 节中，你会用到这里介绍的技术将硬件连接到串口。

9.7 安装 Minicom 以检测串口

9.7.1 面临的问题
你希望从终端会话中发送和接收串行命令。

9.7.2 解决方案
安装 Minicom 的命令如下。

```
$ sudo apt-get install minicom
```

安装好 Minicom 之后，你只要运行下列命令，就可以与连接到 GPIO 接口的 RXD 和 TXD 引脚上的串行设备进行串行通信了。

```
$ minicom -b 9600 -o -D /dev/ttyS0
```

-b 之后的参数是波特率，-D 后面的参数是串口。请记住，这里的波特率要与通信设备的波特率保持一致。

该命令将开启一个 Minicom 会话。不过，你首先要启用 local Echo 功能，因为这样才能看到输入的命令。为此，按下 Ctrl+A 组合键，然后按 Z 键，将显示图 9-8 所示的命令列表，按 E 键启用 local Echo 功能。

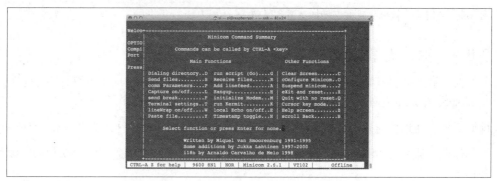

图 9-8　Minicom 命令列表

此后，你输入的所有内容都会发送到串行设备，同时，任何来自该设备的内容都将显示出来。

9.7.3　进一步探讨

Minicom 是一款非常棒的工具，特别适用于检查来自串行设备的消息，从而确保其运行正常。

9.7.4　提示与建议

如果你希望编写处理串行通信的 Python 程序，不妨参考 9.6 节中相应的 Python 串口库 PySerial。

9.8　使用带有跳线的面包板

9.8.1　面临的问题

你希望使用树莓派和免焊面包板制作电子设备原型。

9.8.2　解决方案

使用公头转母头跳线和类似 Raspberry Leaf 这样的 GPIO 引脚标签模板（见图 9-9）。

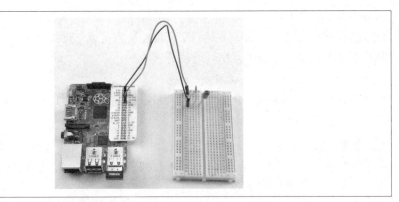

图 9-9 使用公头转母头跳线连接树莓派和面包板

9.8.3 进一步探讨

有时候，我们直接在树莓派电路板上识别各个引脚比较费劲，为此，可以打印一个类似 Raspberry Leaf 这样的模板套在引脚上，这样识别起来就轻松多了。

除此之外，在选择连接面包板不同部分的公头转公头跳线时，这种方法也非常奏效。

当其他元件都不需要使用面包板时，可以直接使用母头转母头跳线将带有公头引脚的模块连到树莓派上。

一个获取面包板、Raspberry Leaf 和跳线的好办法，就是购买以面包板为主的入门级套件，例如 MonkMakes 的树莓派电子入门套件（见附录 A）。

9.8.4 提示与建议

关于连接 LED 的详细示例，参见 10.1 节。

9.9 使用树莓派的排线连接面包板

9.9.1 面临的问题

你希望使用树莓派和免焊面包板制作一些电子设备原型。

9.9.2 解决方案

使用 Adafruit 树莓派的排线，这是一种由小型印制电路板（Printed Circuit Board，PCB）和可以安装到免焊的面包板上与双列直插（DIL）芯片相似的引脚组成的设备。该 PCB 的所有引脚都提供了标签，同时提供了一个插槽。提供的带状电缆的作用是连接排线和树莓派（见图 9-10）。

图 9-10　利用排线连接树莓派和面包板

图 9-10 所示的树莓派的排线是该产品的 26 引脚版本。此外，还有为新型树莓派设计的 40 引脚版本，但是它给其他部件留下的空间较小，所以，如果 GPIO 连接器顶部的 26 个引脚就足够你的项目使用，即使存在具有 40 个引脚的树莓派供选择，有时还是使用 26 引脚的树莓派排线为好。

9.9.3　进一步探讨

排线的一大优势是可以先将元件在面包板上组配妥当之后再插入带状电缆。

要确保排线的红色边缘面向树莓派 SD 存储卡的边缘，只有这样，才能将电缆插入树莓派的插槽中。

一旦建好面包板原型，就可以着手建立该原型的焊接版本了，这时，使用 Adafruit Perma-Proto 板是一个不错的选择，具体如图 9-11 所示。

图 9-11　Adafruit Perma-Proto 板

这些电路板都是一些现成的印制电路板，其连线和板孔的布局与面包板的完全一致，这样你无须做任何改动就能够把你的面包板设计迁移到 Perma-Proto 板上了。这些电路板带有完善的插座，不仅可以插入电缆，还可以插入树莓派的排线。

9.9.4　提示与建议

如果你想制作直接插入树莓派的电路板，可以参考 9.19 节和 9.20 节。

9.10 使用树莓派 Squid

9.10.1 面临的问题

你想将 RGB LED 连接到树莓派上，而不必在面包板上建立任何东西。

9.10.2 解决方案

使用 Raspberry Squid（见图 9-12）。

图 9-12　Raspberry Squid

Raspberry Squid 是一种内置了串联电阻器和母头引线的 RGB LED，因此，可以直接插到树莓派的 GPIO 引脚上。Squid 的引线都是通过颜色来进行编码的。黑色导线连接 GPIO 的 GND 引脚，红、绿、蓝导线连接用于红、绿、蓝颜色通道的相关 GPIO 引脚。红、绿、蓝输出设备既可以是简单的数字输出设备，也可以是 PWM 输出设备（见 10.3 节），以便混合成不同的颜色。

你可以打造属于自己的 Squid，此外，你也可以直接从网上购买现成的 Squid。

就像本书中的其他示例代码一样，本节中的示例代码也可以从本书的相关资源中获取，具体见 3.22 节。其中有一个文件名为 test_led.py，使用 Raspberry Squid 所需了解的东西几乎都可以从中找到。

```python
from gpiozero import RGBLED
from time import sleep
from colorzero import Color

led = RGBLED(18, 23, 24)
led.color = Color('red')
sleep(2)
led.color = Color('green')
sleep(2)
led.color = Color('blue')
sleep(2)
led.color = Color('white')
sleep(2)
```

导入所需的各种库之后，你可以新建一个 Squid 对象来提供 3 个用于红、绿、蓝通道的引脚，就本例而言，它们是 18、23 和 24。之后，你可以通过 led.color = 来设置颜色，为此，我们需要指定一种颜色。

颜色是通过 colorzero 模块的 Color 类提供的。这允许你通过名称来指定颜色，就像上例所做的那样（该方式适用于大部分情况），或者通过指定单独的红、绿、蓝颜色值来指定相应的颜色。例如，以下代码将把 LED 设置为红色。

```
led.color = Color(255, 0, 0)
```

在设置好颜色之后，sleep(2) 的作用是规定两秒之后再变化颜色。

9.10.3　进一步探讨

Squid 的 3 个颜色通道未必都会用到，当你希望将对应的引脚连接到其他电子设备时，只需要看看对应 GPIO 引脚的开关状态即可。

9.10.4　提示与建议

关于 Squid 按钮的详细介绍，参考 9.11 节。

在 10.10 节中，将介绍一个控制 RGB LED（基于 Squid 或者面包板）的示例项目。

9.11　使用 Raspberry Squid 按钮

9.11.1　面临的问题

你希望不借助面包板就能够为树莓派连接一个按钮开关。

9.11.2　解决方案

使用 Squid 按钮。

Squid 按钮（见图 9-13）是一种带有母头导线的按钮开关，可以直接插到树莓派的 GPIO 连接器上使用。此外，Squid 按钮还带有一个低阻值电阻器，以备在该按钮被不小心连接到数字输出而非数字输入上时限制电流之用。

图 9-13　Squid 按钮

Squid 按钮也可以直接通过 gpiozero 库来使用，具体代码如下所示。就像本书中的其他示例代码一样，本节中的代码也可以从本书的相关资源中获取，具体见 3.22 节。这里的代码对应的文件为 ch_09_button_test.py。

```
from gpiozero import Button
import time

button = Button(7)

while True:
    if button.is_pressed:
        print(time.time())
```

上面代码中的数字（7）表示该按钮所连 GPIO 引脚的编号。另一个引脚被连接到 GND。

当该按钮被按下时，就会输出以秒为单位的时间戳。

9.11.3 进一步探讨

Squid 按钮在使用数字输入的测试性项目中非常有用。另外，由于该按钮适于板上装配，所以它还可以用于其他各种永久性项目中。

9.11.4 提示与建议

关于各种开关的详细信息，参考 12.1 节、12.2 节、12.3 节、12.4 节、12.5 节和 12.6 节。

关于 Squid RGB LED 的详细介绍，参考 9.10 节。

9.12 利用两个电阻器将 5V 信号转换为 3.3V

9.12.1 面临的问题

树莓派的工作电压为 3.3V，但是你想在不损坏树莓派的情况下将某模块的 5V 输出连接到树莓派的 GPIO 引脚上。

9.12.2 解决方案

将一对电阻器用作分压器来降低输出电压。图 9-14 展示了如何将 5V 的 Arduino 串行连接到树莓派。

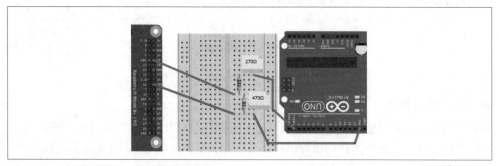

图 9-14　利用电阻器将 5V 信号转换为 3.3V

为了完成这个实验，你需要用到：

- 270Ω 电阻器（附录 A 中的"电阻器和电容器"部分）；

- 470Ω 电阻器（附录 A 中的"电阻器和电容器"部分）。

树莓派的 TXD 信号的输出电压为 3.3V，它可以直接连接到 Arduino 的 5V 输入上，这不会有任何问题。Arduino 模块会把所有高于 2.5V 的电压作为高压看待。

但是，当你需要把 Arduino 模块的 5V 输出连接到树莓派的 RXD 引脚的时候，问题就来了。该输出肯定不能直接连到 RXD 输入上，因为 5V 信号会损坏树莓派。这时，我们可以像图 9-14 所示那样借助于两个电阻器来降低电压。

9.12.3　进一步探讨

这里使用的电阻器将会消耗掉 6mA 的电流。与树莓派所使用的高达 500mA 的电流相比，这点儿电流的消耗影响不大。

如果你想将分压器消耗的电流最小化，那么可以使用更大的电阻器，按比例缩放，例如 27kΩ 和 47kΩ，这样的话，就只会消耗 60μA 的电流。

9.12.4　提示与建议

有关连接树莓派和 Arduino 的详细介绍，参考第 18 章。

如果你有多个信号需要在 3.3V 和 5V 之间转换，那么最佳选择可能是使用多通道电平转换模块，具体参考 9.13 节。

9.13　利用电平转换模块将 5V 信号转换为 3.3V

9.13.1　面临的问题

树莓派工作电压是 3.3V，但是你想在不损坏树莓派的情况下将多个 5V 数字引脚连接到树莓派的 GPIO 引脚上。

9.13.2　解决方案

使用图 9-15 所示的双向电平转换模块。

这些模块非常便于使用。模块的一边有一个特定电压的电源，以及许多工作在此电压下的输入输出通道。模块的另一边有许多引脚，其中一个是具有另外一个电压的电源引脚，并且一边的输入输出都会自动转换为另一边的电压。

图 9-15 双向电平转换模块

9.13.3 进一步探讨

这类电平转换器包括数量不同的通道，图 9-15 所示的模块分别有 4 个和 8 个通道。

你可以从附录 A 中找到这些电平转换器的来源。

9.13.4 提示与建议

参考 9.12 节，尤其是只有一两个电平需要转换时。

通常，5V 的逻辑输入接收 3.3V 的输出是不会有问题的，但是在某些情况下，例如采用 LED 灯条（见 14.6 节）时就不行了，在这种情况下，需要使用一个晶体管或上述的某个模块来提高逻辑电平。

9.14 利用电池为树莓派供电

9.14.1 面临的问题

你想要将树莓派连到机器人上，并且使用碱性电池为其供电。

9.14.2 解决方案

对于使用树莓派的项目，通常都要求使用 5V 电压、最大 600mA 的电流（见 1.4 节）。这里，对于 5V 电压的要求是非常严格的，你不应该使用电压低于或高于 5V 的电池为树莓派供电。现实中，如果想要用高于 5V（例如 9V）的电池给树莓派供电，你必须使用调压器将其降低到 5V。

由于树莓派的供电要求相对较高，所以小型的 9V 电池都不适合用来给它供电。相反，由 6 节 AA 电池与一个调压器组成的电池组则非常适合用于为其供电。

图 9-16 展示了使用调压器（在这个例子中，使用的是 7805 调压器）和电池组通过 GPIO 连接器上的 5V 引脚为树莓派供电的装置。请注意，9V 电池也可以用高容量 9V 电池组（如 6 节 AA 电池串联）来代替。

7805 调压器容易发热，如果它过热，其热熔断路器将会发挥作用，致使电压下降，从而可能导致树莓派重启。在集成电路板上面附加一个散热器可以帮助解决这个问题。

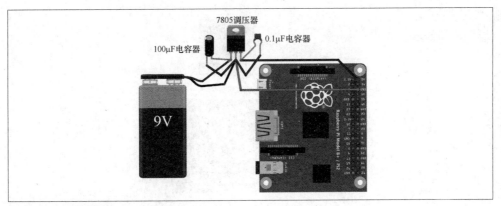

图 9-16　利用调压器和 9V 电池为树莓派供电

9.14.3　进一步探讨

7805 调压器要求的输入电压至少要比 5V 高 2V。你也可以购买一个低压差（LDO）的稳压器，例如 LM2940。LM2940 的输出引脚与 7805 调压器的相同，但是输入电压只要求比输出的 5V 高 0.5V 即可。但是不要忘了，号称 1.5V 的 AA 电池实际上过不了多久就会变成 1.2V 了。所以，由 4 节电池组成的套件撑不了多长时间就会电压不足，最好使用 6 节电池。上面的例子中使用的是一个 9V 的电池，但是如果你想把树莓派安装到 12V 供电的汽车或房车，这个方案仍然有效。同时，你还需要一个使用直流（Direct Current，DC）电的小显示器。这种设备很容易找到，因为它们经常用于闭路监视系统。

9.14.4　提示与建议

另一种利用电池组给树莓派供电的方法是使用一个 USB 电池组。同时，要确保这个电池组能够提供 1A 及更高的电流。

9.15 节展示了如何使用锂电池为树莓派供电。

此外，你还可以使用 RasPiRobot Board 给树莓派提供电源，详情参考 9.18 节。

9.15　利用锂电池为树莓派供电

9.15.1　面临的问题

你想将树莓派与机器人连接，并使用一个 3.7V 锂电池为其供电。

9.15.2　解决方案

使用升压型稳压器模块（见图 9-17）。下面展示的模块取自 SparkFun，不过类似设计的产品如果从电商平台购买会更加便宜。

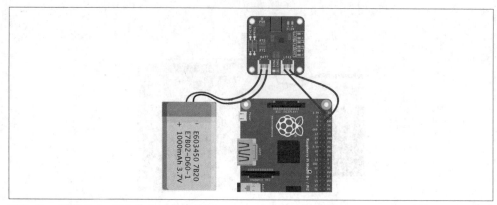

图 9-17 利用 3.7V 锂电池为树莓派供电

但是，只要是从电商平台低价采购的物件，通常需要进行全面、深入的测试之后才可以投入使用，这个模块也不例外。因为它们未必总是像广告中宣称的那样，并且质量不一。

这类模块的好处是，一方面可以用作给树莓派提供 5V 电压的稳压器，另一方面还提供了一个能够为其充电电路供电的 USB 接口。所以，如果你将树莓派的电源适配器插到该模块的插座中，在给树莓派供电的同时还能为电池充电，这样你拔下 USB 电源时，只要电池的电量充足，就能继续为树莓派供电。

一块 1300mA 的锂电池大约能够使用 2～3 小时。

9.15.3 进一步探讨

如果你不打算使用电池给树莓派供电，可以直接使用一个升压转换模块，其虽然没有充电功能，但是更便宜。

9.15.4 提示与建议

你还可以去找一些现成的 USB 锂电池组，它们通常带有高容量的锂电池，可为树莓派供电长达若干小时。

9.16 Sense HAT 入门指南

9.16.1 面临的问题

你想了解树莓派 Sense HAT 的使用方法。

9.16.2 解决方案

对树莓派而言，Sense HAT（见图 9-18）是一个非常有用的接口板，只不过其名称多少有点儿让人摸不着头脑。是的，它的确含有传感器，不仅能测量温度，还能测量湿度和气压（见13.11 节）。此外，它还为导航类的项目提供了加速度计、陀螺仪（见 13.15 节）和磁力仪（见

13.14 节)。不仅如此，它还有一个 8×8 全彩 LED 矩阵显示器（见 14.3 节)。

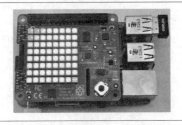

图 9-18　树莓派 Sense HAT

Sense HAT 要求树莓派配备具有 40 个引脚的 GPIO 接口，因此，接口只有 26 个引脚的旧版树莓派无法使用 Sense HAT。

将 Sense HAT 安装到树莓派之后，就可以启动树莓派了。

Raspbian 已经包含了 Sense HAT 所需的所有软件。不过，由于 Sense HAT 需要使用 I2C，所以，你需要事先配置好 I2C（见 9.3 节)。

9.16.3　进一步探讨

在这本书中，还会有许多地方要用到 Sense HAT，不过就目前来说，只需通过打开一个 Python 控制台来检查它是否工作正常就可以了，具体命令如下所示。

```
$ sudo python3
```

然后，在 Python 控制台中运行下列命令。

```
>>> from sense_hat import SenseHat
>>> hat = SenseHat()
>>> hat.show_message('Raspberry Pi Cookbook')
```

这时，全彩 LED 矩阵显示器应当显示上述文本消息，即 "Raspberry Pi Cookbook"，并在屏幕上滚动。

9.16.4　提示与建议

建议读者自行学习 Sense HAT 编程方面的资料。

关于测量温度、湿度和气压的方法，参考 13.11 节。

关于 Sense HAT 的加速度计和陀螺仪的使用方法，参考 13.15 节。

关于利用磁力仪检测方向和磁场的方法，分别参考 13.14 节和 13.17 节。

9.17　Explorer HAT Pro 入门指南

9.17.1　面临的问题

你想了解 Pimoroni Explorer HAT Pro 的入门知识。

9.17.2　解决方案

将 HAT 插到树莓派上，并安装 Python 库 explorerhat。

图 9-19 显示了 B+型树莓派上面的一个 Pimoroni Explorer HAT Pro。需要注意的是，这个 HAT 只能用于配备了 40 个引脚的 GPIO 接口的树莓派。

图 9-19　Pimoroni Explorer HAT Pro

Explorer HAT Pro 提供了一些常用的输入输出选件，以及一个可以连接小型面包板的地方，包括：

- 4 个 LED；
- 4 个缓冲输入；
- 4 个缓冲输出（最大电流为 500mA）；
- 4 个模拟输入；
- 2 个低功率马达（最大电流为 200mA）；
- 4 个电容性触垫；
- 4 个电容性鳄鱼夹垫。

Explorer HAT Pro 所需的 Python 库已经包含在 Raspbian 操作系统中。下面，我们来做一个小实验，让自带的红色 LED 闪烁。为此，只需打开一个编辑器，并复制、粘贴下列代码。

```python
import explorerhat, time

while True:
    explorerhat.light.red.on()
    time.sleep(0.5)
    explorerhat.light.red.off()
    time.sleep(0.5)
```

就像本书中的其他示例代码一样，本节中的示例代码也可以从本书的相关资源中获取，具体见 3.22 节。本节中的代码位于一个名为 ch_09_explorer_hat_blink.py 的文件中。

9.17.3 进一步探讨

Explorer HAT Pro 提供了 4 个缓冲输入与输出——也就是说，这些输入与输出并非与树莓派直接相连，而是连接到 Explorer HAT Pro 的芯片。这就意味着如果在连接的时候意外出错，损坏的将是 Explorer HAT Pro，而非树莓派。

9.17.4 提示与建议

你可以将 Explorer HAT Pro 用于电容式触摸传感技术（见 13.20 节）。

9.18 RasPiRobot Board 入门指南

9.18.1 面临的问题

你想了解如何使用 RasPiRobot Board。

9.18.2 解决方案

图 9-20 展示的是第 4 版的 RasPiRobot Board。这个电路板带有一个双电机控制器，可用于两个直流电机或一个步进电机。同时，它还可以通过内置的开关式稳压器为树莓派提供 5V 电源。

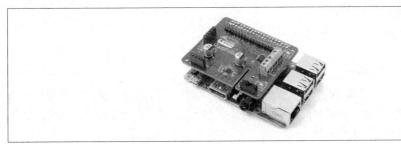

图 9-20　第 4 版的 RasPiRobot Board

此外，这个电路板还提供了两个开关输入，并且能够轻松连接 HC-SR04 测距仪和树莓派的 I2C 接口。

第 3 版的 RasPiRobot Board 有自己的 Python 库，你可以通过下列命令来下载并安装该 Python 库。

```
$ git clone https://github.com/simonmonk/rrb4.git
$ cd rrb4/python
$ sudo python3 setup.py install
```

9.18.3 进一步探讨

将 RasPiRobot Board v4 安装到树莓派上，然后给树莓派加电。

在尝试与 RasPiRobot Board 有关的命令的时候，只需使用 Python 控制台即可，无须连接外部电源或 RasPiRobot Board 电机。

```
$ sudo python3
```

在第一次加电时，你会发现 RasPiRobot Board 上面的两个 LED 都会变亮。接下来，你可以运行下列命令，当这个程序库初始化之后，两个 LED 就会熄灭。

```
>>> from raspirobotboard import *
>>> rr = RRB4()
```

LED 的打开和关闭可以通过下列命令来完成。

```
>>> rr.set_led1(1)
>>> rr.set_led1(0)
```

此外，它还提供了许多电机控制命令，包括 forward、reverse、left、right 和 stop。

9.18.4 提示与建议

关于使用这块电路板来制作机器人小车的方法，参考 11.10 节。若要使用 RasPiRobot Board 控制双极步进电机，可以参见 11.9 节。

9.19 使用 Pi Plate 原型板

9.19.1 面临的问题

你希望了解如何使用 Pi Plate 原型板。

9.19.2 解决方案

Pi Plate（见图 9-21）与 RasPiRobot Board（见 9.18 节）不同，前者是一种原型板，后者属于接口板。换句话说，Pi Plate 没有提供任何电子元件，因为它的设计初衷是让你在原型区域焊接自己的电子元件。

图 9-21 Pi Plate

这个电路板提供了一个区域，可供具有 16 个引脚的表面贴装芯片使用，还有 4 个排成一行的板孔，因为间距更大，所以即使焊接螺旋式接线端子也能容得下。

这块电路板的两端提供已经连接到所有 GPIO 引脚的螺旋式接线端子。你可以忽略整个原型区域，只使用螺旋式接线端子来将导线连接到 GPIO 引脚上。

9.19.3　进一步探讨

该电路板提供了间距为标准 0.1in 的板孔网格，这个间距适用于绝大部分穿孔组件，包括 DIL IC。你可以通过将穿孔组件的引线顶上端插入孔中，然后在底端焊接的方式来连接各种组件。

连接板孔的线路在该电路板上清晰可见，同时可以看到这个电路板被分成多个区域，其中包括预留给 DIL IC 的带有中央电源总线的区域、通用原型区域和为表面贴装芯片及额外螺旋式接线端子准备的区域。

将各个元件焊接好之后，你还需要额外的导线来连接它们。无论如何，最好在焊接之前就规划好各个器件之间的布局。

在下文中，你将根据图 9-22 所示的布局，将一个 RGB LED 安装到 Pi Plate 上。这里是 10.10 节的一个"翻版"，唯一的不同在于 10.10 节的设计是建立在免焊的面包板的基础之上的。

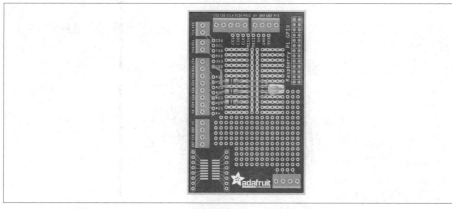

图 9-22　Pi Plate 上的 RGB LED 的版面布局

首先，我们要焊接电阻器。将引线弯好，然后插入电路板适当的板孔中。然后，把电路板翻过来，用电铬铁压住引线露出的板孔之外的部分，停留一会儿，直到焊锡淌满导线周围为止（见图 9-23）。

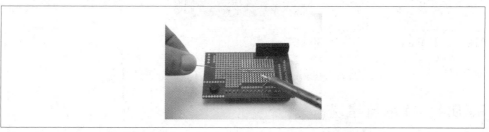

图 9-23　为 Pi Plate 焊接电阻器

焊接好电阻器两端之后，剪去多余导线，然后继续以同样的方法焊接另外两个电阻器（见图 9-24）。

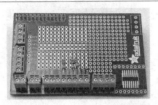

图 9-24　已焊接到 Pi Plate 上的电阻器

接下来，要焊接的是 LED，请务必使用正确的焊接方法。最长的导线是公用的阴极，同时，它也是 LED 上唯一无须连接任何电阻器就可以直连到板孔中的引线。有时候，你会看到 LED 的长引线并非正极引线，但是这种情况非常少见。这通常发生在红外线 LED 上。所以，如果你拿不准，请参考 LED 的数据表，或访问供应商的信息页面。

你还需要像图 9-25 所示那样，在 Pi Plate 上将一段较短的导线从相应行焊接到 GND 上，得到图 9-26 所示的效果。

图 9-25　焊接 Pi Plate 的导线

图 9-26　Pi Plate 上焊接好的 RGB LED

你可以利用 10.10 节提供的 Python 程序来试一试该 LED 是否能正常工作。

9.19.4　提示与建议

对于这个产品，Adafruit 网站上有更加详细的介绍。

9.20 制作树莓派扩展板

9.20.1 面临的问题

你想要制作一款符合 HAT 标准的树莓派接口板原型。

9.20.2 解决方案

使用 Perma-Proto Pi HAT（见图 9-27）。

图 9-27 Perma-Proto Pi HAT

随着提供了具有 40 个引脚的 GPIO 接口的树莓派的到来，新标准应运而生，该标准名为 HAT（Hardware At Top）。

当然，你不必死板地遵守这个标准，尤其是在制作一次性产品的时候。但是，如果你想设计一款用于销售的产品，那么你最好遵守 HAT 标准。

HAT 标准不仅定义了 PCB 的大小和形状，还要求 PCB 焊接 EEPROM 芯片。这个芯片被连接到 GPIO 接口的 ID_SD 和 ID_SC 引脚，并且将允许该芯片未来对树莓派进行某些配置，甚至在利用附加的 HAT 启动树莓派的时候自动加载软件。

该板的原型区域由分布在板子两侧的电源轨和两排插孔组成，其中这些插孔的布局与面包板类似，每 5 个孔为一组。

如果你不打算对 EEPROM 进行编程，那么你可以到此为止。但是，如果你想为 HAT 的 EEPROM 添加自定义的信息，那么请继续阅读下面的进一步探讨部分。

9.20.3 进一步探讨

虽然 HAT 是一个意义深远的标准，不过，直到写作本书时，Raspbian 仍未使用任何已写入 HAT 的 EEPROM 中的信息。这种情况将来会有所改变，届时将发生激动人心的事情，即 HAT 可以自动处理很多事情，比如只要检测到树莓派就启用 I2C 并根据硬件安装合适的 Python 库。

要想把数据写入 EEPROM，你首先得启用处于隐匿状态的 I2C 接口，这就要用到 ID_SD

和 ID_SC 引脚，这两个引脚可以用来读写 EEPROM。为此，你需要编辑/boot/conifg.txt 文件，加入下面这行内容。如果该文件中早已存在该行内容，但是被注释起来了，只要解除注释即可。

```
dtparam=i2c_vc=on
```

完成上述任务之后，重启树莓派，这时就能够通过相应的 i2c-tools 工具（见 9.4 节）检测连接到 I2C 总线上的 I2C EEPROM 了。

```
$ i2cdetect -y 0
     0  1  2  3  4  5  6  7  8  9  a  b  c  d  e  f
00:          -- -- -- -- -- -- -- -- -- -- -- --
10: -- -- -- -- -- -- -- -- -- -- -- -- -- -- -- --
20: -- -- -- -- -- -- -- -- -- -- -- -- -- -- -- --
30: -- -- -- -- -- -- -- -- -- -- -- -- -- -- -- --
40: -- -- -- -- -- -- -- -- -- -- -- -- -- -- -- --
50: 50 -- -- -- -- -- -- -- -- -- -- -- -- -- -- --
60: -- -- -- -- -- -- -- -- -- -- -- -- -- -- -- --
70: -- -- -- -- -- -- -- --
```

从 i2cdetect 命令结果中可以看到该 EEPROM 的 I2C 地址为 50。注意，这里使用的选项是-y 0，而不是-y 1，因为引脚 2 和 3 上面的不是常规 I2C 总线，而是该 HAT EEPROM 特有的 I2C 总线。为了读写该 EEPROM，你需要下载相应的工具，具体命令如下所示。

```
$ git clone https://github.com/raspberrypi/hats.git
$ cd hats/eepromutils
$ make
```

写 EEPROM 需要 3 个步骤。首先，你必须编辑 eeprom_settings.txt 文件。至少需要把 product_id、product_version、vendor 和 product 字段改为你自己公司的名称和产品名称。注意，这个文件中还有许多其他的选项，它们自身都带有很清晰的注释说明。这些选项的功能包括指定后备电源、所使用的 GPIO 引脚等。

编辑该文件后，通过下面的命令将这个文件从文本格式转换为适合写入 EEPROM（rom_file.eep）的格式。

```
$ ./eepmake eeprom_settings.txt rom_file.eep
Opening file eeprom_settings.txt for read
UUID=7aa8b587-9c11-4177-bf14-00e601c5025e
Done reading
Writing out...
Done.
```

最后，把 rom_file.eep 复制到 EEPROM 上，具体命令如下所示。

```
sudo ./eepflash.sh -w -f=rom_file.eep -t=24c32
This will disable the camera so you will need to REBOOT after this...
This will attempt to write to i2c address 0x50. Make sure there is...
This script comes with ABSOLUTELY no warranty. Continue only if you...
Do you wish to continue? (yes/no): yes
Writing...
0+1 records in
0+1 records out
```

```
127 bytes (127 B) copied, 2.52071 s, 0.1 kB/s
Done.
pi@raspberrypi ~/hats/eepromutils $
```

一旦写入完成，你就可以使用下面的命令读取 ROM。

```
$ sudo ./eepflash.sh -r -f=read_back.eep -t=24c32
$ ./eepdump read_back.eep read_back.txt
$ more read_back.txt
```

9.20.4　提示与建议

你可以从 GitHub 上找到树莓派 HAT 的设计指南。

目前，市场上已经有许多现成的 HAT，其中包括步进电机（见 11.8 节）、电容式触摸传感器（见 13.20 节）和来自 Adafruit 的 16 通道 PWM HAT（见 11.1 节），以及 Pimoroni Explorer HAT Pro（见 9.17 节）。

9.21　树莓派 Zero 与 W 型树莓派 Zero

9.21.1　面临的问题

你想了解更多关于树莓派 Zero 和 W 型树莓派 Zero 的知识，以及将其应用于各种电子项目的方式。

9.21.2　解决方案

由于树莓派 Zero 非常小巧，并且价格极低，因此它非常适合嵌入各种电子项目之中。W 型树莓派 Zero 则可以看成添加了 Wi-Fi 和蓝牙功能的树莓派 Zero，这使得它格外适用于物联网项目。图 9-28 为我们展示了一款树莓派 Zero 开发板。

图 9-28　树莓派 Zero 开发板

由于树莓派 Zero 和 W 型树莓派 Zero 没有提供接口引脚，所以你的首要任务就是给它焊上引脚。相应的引脚可以从树莓派 Zero 的各种入门套件中找到，例如 Pi Hut。

此外，你可以购买预焊了接口引脚的 W 型树莓派 Zero，但是它比 DIY 版本要贵一些。

此外，你还可以找到所谓的锤头引脚（hammer pin），它们是些密封的接口，无须焊接。

9.21.3　进一步探讨

由于树莓派 Zero 只有一个 USB 接口和一个 micro-USB OTG（On The Go）接口，所以要想对树莓派 Zero 进行配置，你还需要一个 USB 适配器和 USB 集线器，因为只有这样才能插入无线 USB 适配器、键盘和鼠标。

对这些小巧的树莓派来说，非常适合通过 PiBakery（见 1.8 节）配置为 headless 模式的设备（见 1.9 节）。

此外，你可以使用 2.6 节介绍的控制台线，通过编辑 2.5 节介绍的/etc/network/interfaces 来配置 Wi-Fi。一旦配置好 Wi-Fi，你就可以通过 SSH（见 2.7 节）让树莓派 Zero 无线联网了。

9.21.4　提示与建议

对于各种树莓派之间的比较，参考 1.1 节。

第 10 章

控制硬件

10.0　引言

在本章中，你将学习如何通过树莓派的 GPIO 接口来控制电子设备。

本章的大部分示例都会用到免焊面包板以及公头转母头和公头转公头跳线（见 9.8 节）。为了与老版的 26 引脚的树莓派保持兼容，这里所有的面包板示例都仅仅使用了其顶部的 26 个引脚，因为这些引脚可以通用于两种 GPIO 布局（见 9.1 节）。

10.1　连接 LED

10.1.1　面临的问题

你希望了解将 LED 连接到树莓派的方法。

10.1.2　解决方案

你可以将 LED 连接到一个 GPIO 引脚上，不过需要利用一个 470Ω 或 1kΩ 的串联电阻器来限制电流。为了进行这项实验，你需要：

- 面包板和跳线（见附录 A）；
- 470Ω 电阻器（见附录 A）；
- LED（见附录 A）。

图 10-1 展示了利用免焊面包板和公头转母头跳线给 LED 布线的方法。

连接好 LED 之后，我们需要从 Python 发送命令来控制其开关状态。

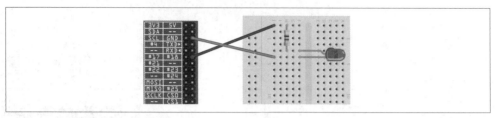

图 10-1　将 LED 连接到树莓派上

为此，你需要以超级用户身份登录 Python 控制台，并运行下列命令。

```
$ sudo python3
>>> from gpiozero import LED
>>> led = LED(18)
>>> led.on()
>>> led.off()
>>>
```

其中，led.on()和 led.off()分别用来打开和关闭 LED。

10.1.3　进一步探讨

LED 是一种常用、廉价和高效的光源，但是需要格外注意其使用方式。如果你将其直接连接到高于 1.7V 电压的电源（如 GPIO 输出）上，会有一个非常大的电流通过它。这个电流通常大到足以损毁 LED，甚至供电设备——如果供电设备是树莓派，情况就更不妙了。

通常，你应该始终为 LED 配备一个串联电阻器，因为介于 LED 和电源之间的串联电阻器能够将流经该 LED 的电流限制在特定的数值上，从而对 LED 和为其供电的 GPIO 引脚提供保护。

树莓派的 GPIO 引脚只能提供 3mA 或 16mA 左右的电流（取决于电路板及使用的引脚的数量），具体参考 9.2 节。对 LED 来说，通常只要电流大于 1mA 就足以驱动它们发光，只不过电流越大，亮度越高。当你根据 LED 的类型来选择串联电阻器的时候，可以参考表 10-1，同时，该表也给出了从 GPIO 引脚流出的电流的近似值。

表 10-1　为 LED 和 3.3V 的 GPIO 引脚选择串联电阻器

LED 类型	电阻器阻值/Ω	电流/mA
红色	470	2.5
红色	1000	1.5
橘色、黄色和绿色	470	2
橘色、黄色和绿色	1000	1
蓝色、白色	100	3
蓝色、白色	270	1

如你所见，在任何情况下，使用 470Ω 的电阻器都是安全的。如果你使用的是蓝色或白

色 LED，即使阻值大为降低，也不会危及树莓派的安全。

如果你想把利用 Python 控制台进行的实验进一步扩展为通过程序代码令 LED 闪烁，可以把下面的代码复制到编辑器中。就像本书中的其他示例代码一样，本节中的示例代码（对应的文件名为 ch_10_led_blink.py）也可以从本书的相关资源中获取，具体见 3.22 节。

```
from gpiozero import LED
from time import sleep

led = LED(18)

while True:
    led.on()
    sleep(0.5)
    led.off()
    sleep(0.5)
```

运行该程序时，执行下列命令即可。

```
$ python3 ch_10_led_blink.py
```

从打开 LED 到关闭 LED 之间有 0.5s 的休眠时间，这使得 LED 每秒闪烁一次。

实际上，LED 类也提供了一个内置的方法来实现闪烁功能，下面我们举例说明。

```
from gpiozero import LED

led = LED(18)
led.blink(0.5, 0.5, background=False)
```

如上所示，方法 blink 的前两个参数分别表示开启时间和关闭时间，而 background 是一个可选的参数，该参数非常有趣，因为如果你将其设置为 True，则当 LED 闪烁时，你的程序还能够在后台继续执行其他命令。

当你不想让 LED 继续闪烁时，只需使用 led.off() 即可。这种技术可以极大地简化你的程序，这一点可以从文件 ch_10_led_blink_2.py 的示例代码中看出来。

```
from gpiozero import LED

led = LED(18)
led.blink(0.5, 0.5, background=True)
print("Notice that control has moved away - hit Enter to continue")
input()
print("Control is now back")
led.off()
input()
```

程序启动后，将以后台运行的方式让 LED 保持闪烁，这样程序可以继续执行下一条命令，即输出"Notice that control has moved away - hit Enter to continue"。然后，在执行 input() 时，程序将暂停并等待用户输入（你可以直接按 Enter 键）。但是请注意，在按 Enter 键之前，即使程序还在等待输入，LED 仍会不停闪烁。

当再次按 Enter 键时，led.off() 将让 LED 停止闪烁。

10.1.4　提示与建议

关于在树莓派上使用面包板和跳线的详细介绍，参考 9.8 节。

此外，gpiozero 官方还提供了一份 LED 方面的相关文档。

10.2　让 GPIO 引脚进入安全状态

10.2.1　面临的问题

你希望每当程序退出后，所有 GPIO 引脚都被设置为输入端，以便降低由于 GPIO 接口短路而损坏树莓派的风险。

10.2.2　解决方案

每当退出程序时，都通过 gpiozero 自动将所有 GPIO 引脚都设为安全的输入状态。

10.2.3　进一步探讨

对于之前访问 GPIO 引脚的方法，比如使用 RPi.GPIO 库等，都不会自动将 GPIO 引脚设为安全的输入状态。相反，对这些方法来说，在退出程序之前必须调用 cleanup 方法。如果没有调用这个方法或没有重新启动树莓派，当程序结束运行之后，被设置为输出端的引脚仍然会保持输出状态。当你为新项目连接导线的时候，如果没有注意到这个问题，可能会将一个 GPIO 输出连接到一个不恰当的电源或 GPIO 引脚而造成意外短路。

发生这种短路的典型情况是：当你连接按钮开关的时候，将已经配置为输出端的一个 GPIO 引脚和 HIGH 引脚连接到了 GND 引脚上。

幸运的是，现在 gpiozero 库可以替我们完成这些安全设置。

10.2.4　提示与建议

关于 Python 的异常处理内容，参考 7.10 节。

10.3　控制 LED 的亮度

10.3.1　面临的问题

你希望利用 Python 程序来调节 LED 的亮度。

10.3.2　解决方案

gpiozero 库提供了一个脉冲宽度调制（PWM）功能，可用来控制 LED 的功率和亮度。

要想使用该功能，需要按照 10.1 节中的说明连接 LED，然后运行下面的测试程序（ch_10_led_brightness.py）。

```
from gpiozero import PWMLED

led = PWMLED(18)

while True:
    brightness_s = input("Enter Brightness (0.0 to 1.0):")
    brightness = float(brightness_s)
    led.value = brightness
```

上面的示例代码也可以从本书的相关资源中获取，具体见 3.22 节。

通过运行这个 Python 程序，你可以输入一个介于 0（关闭）和 100（最亮）之间的数字来改变亮度。

```
$ python ch_10_led_brightness.py
Enter Brightness (0.0 to 1.0):0.5
Enter Brightness (0.0 to 1.0):1
Enter Brightness (0.0 to 1.0):0
```

要退出该程序，使用 Ctrl+C 组合键即可。Ctrl+C 是一个停止当前工作的组合键命令，在许多情况下，它用于停止一个程序的运行。

需要注意的是，当你通过这种方式调节 LED 的亮度时，必须将 LED 定义为 PWMLED，而不是 LED。

10.3.3 进一步探讨

PWM 是一种非常高明的技术，它使你可以在保持每秒总体脉冲数（以 Hz 为单位）不变的情况下改变脉冲的长度。图 10-2 展示了 PWM 的基本原理。

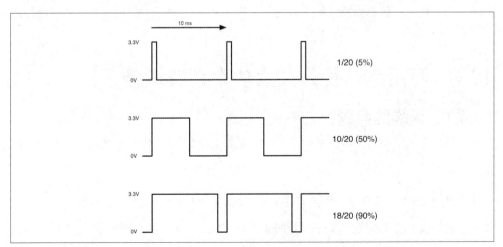

图 10-2　PWM 的基本原理

在默认的情况下，PWM 的频率为 100Hz，也就是说，LED 每秒会闪烁 100 次。当然，你也可以在定义 PWMLED 时通过提供一个可选参数来改变 PWM 的频率。

```
led = PWMLED(18, frequency=1000)
```

由于上面的数值是以 Hz 为单位的，所以就本例而言，其频率为 1000Hz（1 kHz）。

表 10-2 将通过该参数规定的频率与利用示波器在引脚上实测的频率进行了相应的比较。

表 10-2　要求的频率与实际的频率

要求的频率	测量到的频率
50 Hz	50 Hz
100 Hz	98.7 Hz
200 Hz	195 Hz
500 Hz	470 Hz
1 kHz	880 Hz
10 kHz	4.2 kHz

此外，我还发现随着频率的上升，其稳定性会逐渐降低。这就意味着这个 PWM 功能无法适用于音频，但是对控制 LED 亮度或电机转速来说已经足够了。如果你想亲自测量一下，也可以从本书的相关资源中获取这个程序，相应的文件名为 ch_10_pwm_f_test.py。

10.3.4　提示与建议

如果想要进一步了解 PWM，可以参考其他资料。

在 10.10 节中，我们会使用 PWM 来改变 RGB LED 的颜色；而在 11.4 节中，我们会利用 PWM 来控制直流电机的速度。

在树莓派上使用面包板和跳线的更多内容，参考 9.8 节。此外，你也可以通过滑块控件来控制 LED 的亮度，具体见 10.9 节。

10.4　利用晶体管开关大功率直流设备

10.4.1　面临的问题

你想控制一个大功率、低电压的直流设备（例如 12V LED 模块）的电源。

10.4.2　解决方案

这些大功率 LED 如果直接连接到 GPIO 引脚上，点亮时会消耗大量的电流。

此外，它们要求使用的是 12V 电压，而非 3.3V 电压。为了控制这种大功率负载，你需要使用晶体管。

在本例中，你用到的大功率晶体管名为 MOSFET（Metal Oxide Semiconductor Field-Effect Transistor，金属-氧化物-半导体场效应晶体管），虽然它们价格低廉，但是可以承载高达 30A 的电流，这已经是大功率 LED 所需电流的许多倍了。这里使用的 MOSFET 型号为 FQP30N06L（详见附录 A）。

图 10-3 展示了 MOSFET 在面包板上的连接方式。请务必正确区分 LED 模块电源线的正负极。

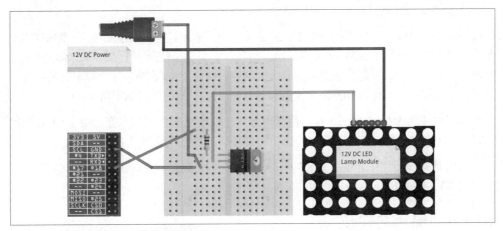

图 10-3 利用 MOSFET 控制大电流

为了进行这项实验，你需要：

- 面包板和跳线；

- 1kΩ 电阻器；

- FQP30N06L N-Channel MOSFET 或者 TIP120 达林顿晶体管；

- 12V 电源适配器；

- 12V 直流 LED 模块。

控制 LED 面板开关的 Python 代码与控制单个低功率 LED 的代码（见 10.1 节）完全一致，虽然后者没有使用 MOSFET。

此外，你也可以使用 PWM 与 MOSFET 控制 LED 模块的亮度（见 10.3 节）。

10.4.3 进一步探讨

只要你需要使用 GPIO 接口为大功率设备供电，就得使用电池或者外接电源适配器，因为 GPIO 接口只能提供相对较低的电流（见 9.2 节）。就本例来说，你可以使用一个 12V 直流电源适配器来给 LED 面板供电。挑选电源适配器的时候，请选择对功率具有足够承受能力的。因此，如果 LED 模块的功率是 5W，那么至少需要一个 12V 5W 的电源（当然，

6W 的会更好）。如果电源标识的是最大电流而非功率，那么可以通过最大电流乘电压来计算它的功率。所以，一个 500mA 12V 的电源能够提供的功率为 6W。

为了防止 MOSFET 的开关切换引起的电流峰值导致 GPIO 引脚过载，必须使用一个电阻器。由于 MOSFET 控制 LED 面板的负极，所以电源正极可以直接连接到 LED 面板的正极，并且将 LED 的负极连接到 MOSFET 的漏极。MOSFET 的源极连接 GND，MOSFET 的栅极控制从漏极到栅极的电流。当栅极的电压超过 2V，MOSFET 将会开启，从而使电流通过其自身及 LED 模块。

这里使用的 MOSFET 是 FQP30N06L，最后的字母 L 表示这是一个逻辑电平 MOSFET，即其栅阈值电压适用于 3.3V 的数字输出。当然，如果这里使用非 L 版本的 MOSFET，也可能工作得很好，但是，它们无法确保栅阈值电压位于 2V 到 4V 这个规定范围之内。所以，如果你运气不佳，MOSFET 正好位于 4V 端，它就无法正常切换开关了。

如果你不想使用 MOSFET，还有一种替代方案，即使用达林顿晶体管，如 TIP120。由于它提供了与 FQP30N06L 一致的输出引脚，所以之前的面包板布局无须改动。

这里的电路同样适用于控制其他低电压直流设备的电源，但是电机和继电器除外，因为它们需要某些特殊处理（见 10.5 节）。

10.4.4　提示与建议

读者可以进一步了解 MOSFET 的参数。

如果你希望创建一个图形用户界面来控制 LED 模块，需要参考 10.8 节关于简单开关控制和 10.9 节关于使用滑块对亮度实现可变控制的内容。

10.5　使用继电器控制大功率设备的开关

10.5.1　面临的问题

你希望开关一个不适合用 MOSFET 控制的设备的电源。

10.5.2　解决方案

你可以使用继电器和小型晶体管。

图 10-4 展示了晶体管和继电器在面包板上的连接方式，请务必确保以正确的方法安装晶体管和二极管。二极管的一端有一个条纹，而这里使用的晶体管一面是平面，另一面是曲面。

为了进行这项实验，你需要：

* 面包板和跳线；

- 1kΩ电阻器；

- 2N3904 晶体管；

- 1N4001 二极管；

- 5V 继电器；

- 万用表。

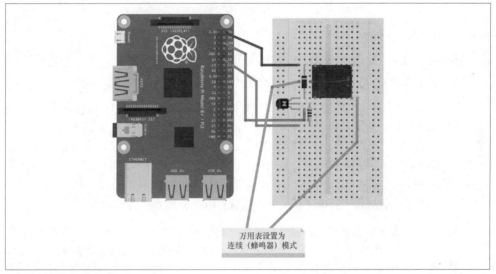

万用表设置为
连续（蜂鸣器）模式

图 10-4　使用继电器和树莓派

你可以直接使用 10.1 节中的 LED 闪烁程序。如果一切正常，你能听到每次开关时发出的嘀嗒声。但是，继电器是一种低速的机械设备，所以不要企图与 PWM 一起使用，因为这样会对继电器造成损坏。

10.5.3　进一步探讨

继电器历史悠久，电子产品面市初期它们就随之出现了。同时，它们具有用法简单的优点。此外，凡是需要使用开关的情形，通常都可以使用继电器，例如当你需要控制交流电的时候，或者在未知控制设备开关的布线的情况下。

如果在使用过程中超过了继电器触点的额定参数，就会缩短继电器的使用寿命。在这种情况下，可能会出现电弧，从而导致触点最终融合在一起。当然，还可能由于继电器过热而引发危险。当你有不明白的地方的时候，请仔细查看继电器触点的相关说明。

图 10-5 展示了典型继电器的电路图、引脚和外形。

继电器实质上就是一个开关，当电磁铁将其触点吸合时，开关就会处于接通状态。由于电磁铁和开关之间没有任何电器连接，这就避免了驱动继电器线圈的电路与开关端的高压相接触，从而起到保护作用。

线圈   开关触点

继电器   继电器引脚   Sugarcube继电器

图 10-5　继电器工作原理

继电器的缺点是它们的动作太慢，并且动作几十万次之后通常就报废了。也就是说，它们只适用于慢速开关情形，而不适用于像 PWM 这样的快速开关的情形。

继电器的触点需要使用 50mA 左右的电流才能够闭合。由于树莓派的 GPIO 引脚只能提供 3mA 的电流，所以，你需要使用一个小型的晶体管来作为开关。你无须使用 10.4 节中那样的大功率 MOSFET，相反，你只需要使用一个小型晶体管就可以了。这些晶体管有 3 个连接，基极（中间引线）通过一个 1kΩ 限流电阻器连接到 GPIO 引脚上，发射极与 GND 相连，而集电极连接到继电器的一端上，继电器的另一端连接到 GPIO 接口的 5V 输出上。二极管的作用在于抑制晶体管迅速开关继电器触点电源而导致的高压脉冲电流。

> 虽然继电器可用于开关 110V 或 240V 的交流电，但是这个电压是非常危险的，所以不能将其用于面包板。如果你希望控制高压电的开关，可以参考 10.6 节相关内容。

10.5.4　提示与建议

关于使用 MOSFET 控制直流电开关的内容，参考 10.4 节。

10.6　控制高压交流设备

10.6.1　面临的问题

你希望使用树莓派控制 110V 或 240V 交流电的开关。

10.6.2　解决方案

你可以使用 PowerSwitch Tail（见图 10-6）。这种简便的设备，使得从树莓派控制交流设备的开关变得易如反掌。该设备的一端是交流电插槽，另一端是插头，类似一根延长电缆，唯一的区别在于位于该导线中间的控制盒有 3 个螺丝端子。通过将端子 2 连接到 GND，将端子 1 连接到一个 GPIO 引脚，这个设备就能够用作电器的开关了。

你可以原封不动地使用 10.1 节中的 Python 代码来操作 PowerSwitch Tail。

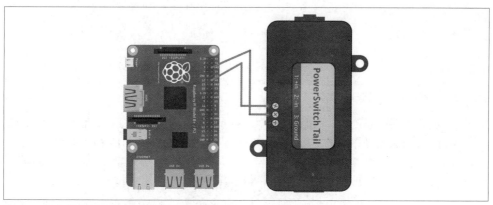

图 10-6　在树莓派上使用 PowerSwitch Tail

10.6.3　进一步探讨

PowerSwitch Tail 用到了一个继电器，为了控制该继电器的开关，又使用了一个名为 opto-isolator 的元件，该元件在 photo-TRIAC（一个高压光敏开关）上有一个发光 LED。当这个 LED 发光时，photo-TRIAC 就会处于导通状态，从而为继电器的触点通电。

由于 opto-isolator 内部的 LED 有一个限流电阻器，所以利用 3.3V 的 GPIO 引脚供电时，实际上仅有 3mA 的电流通过 LED。

当然，你还可以从电商平台找到类似 PowerSwitch Tail 这样的设备，并且可能会更加便宜。

10.6.4　提示与建议

关于使用大功率 MOSFET 控制直流电开关的内容，参考 10.4 节；关于在面包板上使用继电器的内容，参考 10.5 节。

240V 版本的 PowerSwitch Tail 套装产品现已面市。

10.7　用 Android 手机和蓝牙控制硬件

10.7.1　面临的问题

你想用 Android 手机和蓝牙与树莓派进行交互。

10.7.2　解决方案

使用免费的 Android 应用 Blue Dot 和 Python 库。

```
$ sudo pip3 install bluedot
```

接下来，你需要确保树莓派处于可检测的状态。为此，需要在树莓派屏幕的右上角单击 Bluetooth 图标，然后选择 Make Discoverable 选项（见图 10-7）。

图 10-7 允许树莓派被蓝牙检测到

接下来，我们需要将树莓派和手机进行配对。首先，确保手机已经打开了蓝牙，然后，选择树莓派的 Bluetooth 菜单上的 "Add New Device" 选项，会打开图 10-8 所示的对话框。

图 10-8 实现树莓派和手机配对

接下来，只需在列表中找到你的手机，然后单击 Pair 即可。这时，手机上会提示你确认一个代码，确认后即可完成配对。

配对完成后，进入手机上的应用商店，搜索并安装 Blue Dot 应用。需要注意的是，为了让这个应用能在手机上正常使用，首先需要在树莓派上运行一个 Python 程序，其作用是通过 Python 代码监听 Blue Dot 应用的命令。这个程序的代码如下所示（ch_10_bluedot.py）。

```python
from bluedot import BlueDot
bd = BlueDot()
while True:
    bd.wait_for_press()
    print("You pressed the blue dot!")
```

就像本书中的其他示例代码一样，上面的示例代码也可以从本书的相关资源中获取，详见 3.22 节。

现在，请打开手机上的 Blue Dot 应用。这时，它会显示一组 Blue Dot 设备（见图 10-9）。

实际上，该应用真的是"名不虚传"：完成连接之后，屏幕上真的会出现一个蓝点，具体如图 10-10 所示。

当你用手指单击屏幕中的蓝点时，Python 程序将输出 You pressed the blue dot!。

```
$ python3 ch_10_bluedot.py
Server started B8:27:EB:D5:6C:E9
Waiting for connection
Client connected C0:EE:FB:F0:94:8F
You pressed the blue dot!
You pressed the blue dot!
You pressed the blue dot!
```

图 10-9　用 Blue Dot 连接树莓派

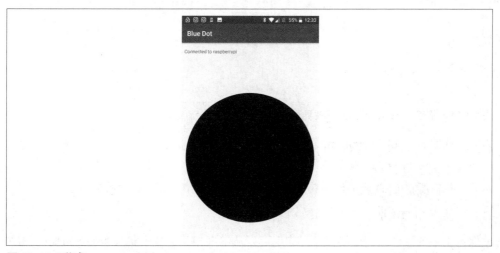

图 10-10　蓝点

10.7.3　进一步探讨

实际上，上面那个蓝色的大圆点不仅是一个按钮，你还可以把它当作操纵杆使用。你可以滑动、轻扫和旋转这个点。

通过 Blue Dot 库，你可以将相应的处理函数绑定到诸如滑动和旋转等事件上。关于这方面的深入介绍，需参阅相关文档。

10.7.4　提示与建议

关于 Blue Dot 的完整介绍，需访问其官网。

此外，还有一个 Python 模块 bluedot，借助该模块，你就可以把另一个树莓派变成 Blue

Dot 遥控器。

有关在树莓派上使用蓝牙设备的更多信息，参见 1.18 节。

10.8 编写用于控制开关的用户界面

10.8.1 面临的问题

你希望编写一个运行于树莓派上的应用程序，并通过该程序的开关按钮来控制其他对象的开关。

10.8.2 解决方案

你可以使用 guizero 提供的用户界面来控制引脚的开关状态（见图 10-11）。

图 10-11　基于 guizero 的控制开关界面

为此，我们需要先安装 guizero 库，具体命令如下所示。

```
$ sudo pip3 install guizero
```

然后，你需要将 LED 或类似的其他输出设备连接到 GPIO 的 18 号引脚。

最好从使用 LED（见 10.1 节）开始下手。

就像本书中的其他示例代码一样，你也可以从本书相关资源中获取本示例对应的程序文件，就本例来说，该程序名为 ch_10_gui_switch.py。运行该程序后，就会看到图 10-11 所示的开关。

```
from gpiozero import DigitalOutputDevice
from guizero import App, PushButton

pin = DigitalOutputDevice(18)

def start():
    start_button.disable()
    stop_button.enable()
    pin.on()

def stop():
    start_button.enable()
    stop_button.disable()
    pin.off()
```

```
app = App(width=100, height=150)
start_button = PushButton(app, command=start, text="On")
start_button.text_size = 30
stop_button = PushButton(app, command=stop, text="Off", enabled=False)
stop_button.text_size = 30
app.display()
```

10.8.3　进一步探讨

该示例使用了一对按钮，并且当你按下一个按钮时，该按钮将进入禁用状态，而另一个则进入可用状态。同时，该示例是使用 gpiozero 的 on 和 off 方法改变输出引脚的状态的。

实际上，我们可以把 pin = LED(18)改为 pin = DigitalOutputDevice(18)，它们的工作原理是一致的，但是，DigitalOutputDevice 能够让该程序更通用。这是因为通过引脚 18 可以控制任何东西，而不仅限于 LED。

10.8.4　提示与建议

你也可以使用这个程序来控制大功率直流设备（见 10.4 节）、继电器（见 10.5 节）或高压交流设备（见 10.6 节）。关于 guizero 的详细介绍，参考 7.22 节。

10.9　编写控制 LED 和电机的 PWM 功率的用户界面

10.9.1　面临的问题

你想编写一款运行于树莓派的应用程序，通过一个滑块来控制使用 PWM 的设备的功率。

10.9.2　解决方案

你可以使用 gpiozero 以及 guizero 用户界面框架来编写一个 Python 程序，利用滑块让 PWM 的占空比在 0 到 100%之间变动（见图 10-12）。

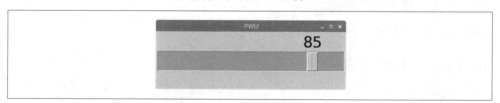

图 10-12　控制 PWM 功率的用户界面

为此，你需要将 LED 或其他类型的输出设备连接到 GPIO 的 18 号引脚上来响应 PWM 信号。当然，简单起见，从 LED（见 10.1 节）开始下手最为轻松。

打开一个编辑器，并复制、粘贴如下所示的代码（本示例代码对应的文件名为 ch_10_gui_

slider.py)。

```python
from gpiozero import PWMOutputDevice
from guizero import App, Slider

pin = PWMOutputDevice(18)

def slider_changed(percent):
    pin.value = int(percent) / 100

app = App(title='PWM', width=500, height=150)
slider = Slider(app, command=slider_changed, width='fill', height=50)
slider.text_size = 30
app.display()
```

就像本书中的其他示例代码一样，上面的示例代码也可以从本书的相关资源中获取，详见 3.22 节。要想运行该程序，可以使用下面的命令。

```
$ python3 ch_10_gui_slider.py
```

10.9.3 进一步探讨

上面的示例代码定义了一个 Slider 类。每当滑块的值发生变化时，选项 command 就会运行 slider_changed 命令，这样就会更新输出引脚的值。slider_changed 函数的参数是一个字符串，由于该字符串提供的是一个介于 0 和 100 之间的数字，所以，我们必须使用 int 函数将其转换为一个整型数值，除以 100 从而得到一个介于 0 和 1 之间的 PWM 输出值。

10.9.4 提示与建议

你还可以使用这个程序来控制 LED（见 10.1 节）、直流电机（见 11.4 节）或者大功率直流设备（见 10.4 节）。

10.10 改变 RGB LED 的颜色

10.10.1 面临的问题

你想控制 RGB LED 的颜色。

10.10.2 解决方案

你可以使用 PWM 来控制每个红、绿、蓝通道的功率。

为了进行这项实验，你需要：

- 面包板和跳线；

- 3 个 470Ω 电阻器；

- RGB 共阴极 LED；

- Perma-Proto 板（见 9.9 节）或者 Pi Plate（见 9.19 节），以供制作更加持久的项目（可选）。

图 10-13 展示了 RGB LED 在面包板上的连接方式。请确保 LED 正确连接，最长的导线应该是面包板顶部的第二根导线。这种连接称为共阴极，这是因为对该 LED 案例而言，其内部的红色、绿色和蓝色 LED 的负极（阴极）是连接在一起的，这样做可以减少封装所需的引脚数量。

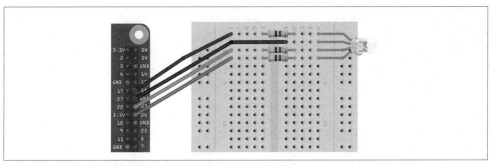

图 10-13 在树莓派上使用 RGB LED

如果你不想使用面包板，可以使用 Raspberry Squid（见 9.10 节）来替换它。

我们要编写的程序会使用 3 个滑块来控制 LED（见图 10-14）的红色（Red）、绿色（Green）和蓝色（Blue）通道。

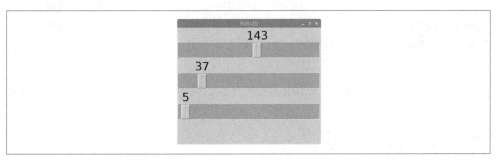

图 10-14 通过用户界面控制 RGB LED

打开一个编辑器，并复制、粘贴如下所示的代码。就像本书中的其他示例代码一样，你也可以从本书相关资源中获取该代码相应的程序文件，就本例来说，该程序名为 ch_10_gui_slider_RGB.py。

```python
from gpiozero import RGBLED
from guizero import App, Slider
from colorzero import Color

rgb_led = RGBLED(18, 23, 24)

red = 0
```

```
green = 0
blue = 0

def red_changed(value):
    global red
    red = int(value)
    rgb_led.color = Color(red, green, blue)

def green_changed(value):
    global green
    green = int(value)
    rgb_led.color = Color(red, green, blue)

def blue_changed(value):
    global blue
    blue = int(value)
    rgb_led.color = Color(red, green, blue)

app = App(title='RGB LED', width=500, height=400)

Slider(app, command=red_changed, end=255, width='fill', height=50).text_size = 30
Slider(app, command=green_changed, end=255, width='fill', height=50).text_size = 30
Slider(app, command=blue_changed, end=255, width='fill', height=50).text_size = 30

app.display()
```

10.10.3　进一步探讨

上述代码的运作方式与 10.9 节中控制单个 PWM 通道的代码类似。但是，就本例而言，你需要 3 个 PWM 通道以及 3 个滑块，因为每个颜色都对应于一个滑块。这里所用的 RGB LED 的类型是共阴极的。实际上，即使你的 RGB LED 是共阳极的，也照常可以使用，只是要将共阳极连接到 GPIO 接口的 3.3V 引脚上。此外，你还会发现滑块会变成反向的，即 255 变成了关闭，0 则变为打开。

当你为这个项目挑选 LED 时，最好选带有漫反射标志的，因为这种 LED 的颜色混合效果更好。

10.10.4　提示与建议

如果你只需控制一个 PWM 通道，参考 10.9 节。

除此之外，还有一种方法可以控制 RGB LED 的颜色，即使用 Squid RGB LED 库，具体见 9.10 节。

10.11　将模拟仪表用作显示器

10.11.1　面临的问题

你希望给树莓派连接一台模拟电压表。

10.11.2　解决方案

假设你有一个 5V 电压表，你可以使用一个 PWM 输出来直接驱动该电压表，为此只需将电压表的负极接地、正极连接 GPIO 引脚即可（见图 10-15）。如果你的电压表是常用的 5V 类型，那么通常最多只能显示 3.3V。

图 10-15　直接将电压表连接至 GPIO 引脚

如果你想使用满量程 5V 电压表，需要用一个晶体管来作为 PWM 信号开关，以及一个 1kΩ 电阻器来限制晶体管基极的电流。

为了进行这项实验，你需要：

- 5V 电压表；

- 面包板和跳线；

- 2 个 1kΩ 电阻器；

- 2N3904 晶体管。

该实验中面包板的布局如图 10-16 所示。

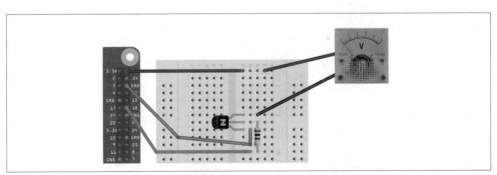

图 10-16　在 3.3V GPIO 上使用 5V 电压表

10.11.3 进一步探讨

为了测试该电压表，可以使用 10.9 节中控制 LED 亮度的程序。

你可能已经注意到了，指针在刻度盘两端读数的时候，通常都是稳定的，但是读数在其他地方的时候，指针往往会发生轻微抖动。之所以会发生这种现象，主要是因为 PWM 信号的生成方式有副作用。为了获得更加稳定的读数结果，你可以使用外用 PWM 硬件，比如 11.3 节中所用的 16 通道模块等。

10.11.4 提示与建议

读者可以查询相关资料进一步了解老式电压表的工作原理。

关于在树莓派上使用面包板和跳线的详细介绍，参考 9.8 节。

第 11 章

电机

11.0　引言

在本章中，我们将介绍如何将各种不同类型的电机应用于树莓派。

11.1　控制伺服电机

11.1.1　面临的问题

你想使用树莓派来控制伺服电机的转角。

11.1.2　解决方案

你可以使用 PWM 控制伺服电机脉冲的宽度来控制其位置。

尽管这种方式是可行的，但是生成的 PWM 并非完全平稳，所以伺服电机会产生一些抖动。一种替代方案是利用 11.2 节和 11.3 节中介绍的方法来生成更加稳定的定时脉冲。

如果你的树莓派是老式的树莓派 1，那么你还需为伺服电机提供一个单独的 5V 电源，因为负载电流的峰值会导致树莓派崩溃或过载。如果你使用的是 B+型或更新版本的树莓派，基于板载调压功能的改进，我们可以直接利用 GPIO 接口的 5V 引脚来给小型的伺服电机供电。

图 11-1 展示了一个可以与 B+型树莓派轻松搭配的小型 9g 伺服电机。

通常，伺服电机的 5V 引线是红色的，地线是棕色的，而控制线是橘色的。5V 引线和接地线需要连接至 GPIO 接口的 5V 和 GND 引脚上，而控制线需要连接到 18 号引脚上，为此，可以使用母头转公头的引线完成连接。

如果你使用的是单独的电源，建议使用面包板，因为这样可以把所有导线归置在一起。

图 11-1　将小型伺服电机直接连接到 B+型树莓派

为了完成本次实验，你需要：

- 5V 伺服电机；

- 面包板和跳线；

- 1kΩ电阻器；

- 5V 1A 电源或者 4.8V 电池组。

该实验中面包板的布局如图 11-2 所示。

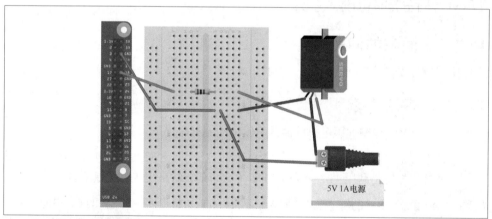

图 11-2　控制伺服电机

这里的 1kΩ电阻器不是必不可少的，但是它确实可以防止 GPIO 引脚在伺服电机发生故障时，控制信号中的瞬间高强电流对其造成的损害。

如果你愿意，也可以使用电池组来给伺服电机供电。一个可以容纳 4 节 5 号电池的电池仓和充电电池大约可以提供 4.8V 的电压，这对一个伺服电机来说已经足够了。使用 4 节碱性 5 号电池可以提供 6V 电压，这对多数伺服电机来说也很好了，但是你最好检查一下自己伺服电机的参数手册，以确保它确实可以工作在 6V 电压下。

设置伺服电机角度的用户界面是基于 ch_10_gui_slider.py 程序的，该程序原本是用于控制 LED 亮度的（见 10.9 节）。但是，你可以进一步修改它：使用滑块来设置一个 –90° ～ 90° 的角度（见图 11-3）。

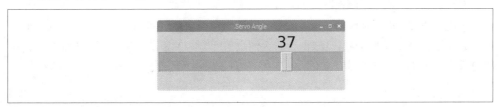

图 11-3 控制伺服电机的用户界面

打开一个编辑器，并复制、粘贴如下所示的代码（对应的文件名为 ch_11_servo.py）。

```python
from gpiozero import AngularServo
from guizero import App, Slider

servo = AngularServo(18, min_pulse_width=0.5/1000, max_pulse_width=2.5/1000)

def slider_changed(angle):
    servo.angle = int(angle)

app = App(title='Servo Angle', width=500, height=150)
slider = Slider(app, start=-90, end=90, command=slider_changed, width='fill',
                height=50)
slider.text_size = 30
app.display()
```

就像本书中的其他示例代码一样，上面的示例代码也可以从本书的相关资源中获取，详见 3.22 节。

需要注意的是，由于这个程序使用图形用户界面，因此你无法从 SSH 来运行它。你必须从树莓派的窗口环境中来运行它，或者通过 VNC（见 2.8 节）、RDP（见 2.9 节）来远程控制该软件。

此外，这里所有脉冲的生成工作都是由 gpiozero 库中的类 AngularServo 来负责的。对我们来说，只要指定希望伺服臂自行定位的角度即可。对跟伺服电机一起使用的其他软件来说，几乎都将这个角度规定在 0～180°，其中 0° 表示伺服臂在一侧可以到达的最远位置，90° 表示伺服臂位于中间位置，180° 则表示伺服臂在另一侧可以到达的最远位置。而 gpiozero 库处理角度的方法则有所不同：它将中心位置规定为 0°，将一侧的角度规定为负，将另一侧的角度规定为正——相较而言，这种做法好像更合乎逻辑。

在定义伺服电机时，第一个参数（这里为 18）用于规定伺服电机的控制引脚，而可选参数 min_pulse_width 和 max_pulse_width 用于设置最小和最大脉冲长度（以 s 为单位）。对典型的伺服电机来说，这些值应该是 0.5ms 和 2.5ms。由于某些原因，gpiozero 库将这两个参数的默认值设成了 1ms 和 2ms，因此，除非你对这些值另行设置，否则伺服电机的活动范围将非常有限。

11.1.3　进一步探讨

伺服电机常用于远程控制车辆和机器人。大部分伺服电机都不是连续运转的，也就是说，它们不是转一圈，而是转大约 180°。

伺服电机的位置可以通过脉冲长度来设置。伺服电机通常会预期每 20ms 至少收到一个脉冲。如果该脉冲高电平持续了 0.5ms，那么伺服角度为−90°；如果持续了 1.5ms，那么伺服电机会位于中心位置（对应于 0°）；如果持续 2.5ms，伺服角度为 90°（见图 11-4）。

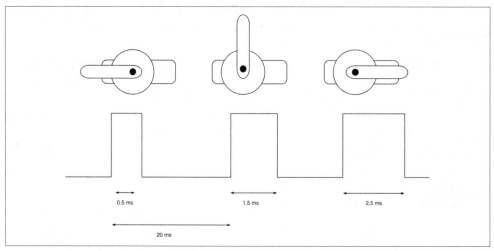

图 11-4　伺服电机定时脉冲

如果你有多个伺服电机需要连接，MonkMakes ServoSix 电路板（见图 11-5）可以让布线工作变得更加轻松。

图 11-5　使用 ServoSix 电路板连接伺服电机

11.1.4　提示与建议

如果你需要控制多个伺服电机，或者需要更高的稳定性和精确性，那么你可以使用一个专用的伺服电机控制模块，具体参考 11.3 节。

还有一种使用 ServoBlaster 设备驱动软件生成更加稳定的定时脉冲的替代方案，具体参见 11.2 节。

11.2 精确控制伺服电机

11.2.1 面临的问题

对你的伺服电机应用来说，gpiozero 库提供的脉冲生成函数无法满足其精密性或稳定性要求。

11.2.2 解决方案

你可以使用 ServoBlaster 设备驱动程序。

ServoBlaster 与音频播放

由于 ServoBlaster 软件会用到树莓派中用于生成音频的硬件，所以，使用该软件时，无法通过树莓派的音频插孔或 HDMI 来播放音频。

ServoBlaster 软件是由 Richard Hurst 发布的，该软件使用树莓派的 CPU 硬件来生成脉冲，并且与 gpiozero 库相比，其计时更加精确。你可以使用下列命令来安装这个软件，之后，需要重新启动树莓派。

```
$ git clone git://github.com/richardghirst/PiBits.git
$ cd PiBits/ServoBlaster/user
$ sudo make
$ sudo make install
```

这个程序取自 11.1 节，你可以通过修改让它使用 ServoBlaster 代码。修改后的程序可以从文件 ch_11_servo_blaster.py 中找到。就像本书中的其他示例代码一样，上面的示例代码也可以从本书的相关资源中获取，详见 3.22 节。需要注意的是，该程序假设伺服控制引脚被连接至 GPIO 的 18 号引脚。

```
import os
from guizero import App, Slider

servo_min = 500   # uS
servo_max = 2500  # uS
servo = 2         # GPIO 18

def map(value, from_low, from_high, to_low, to_high):
  from_range = from_high - from_low
  to_range = to_high - to_low
  scale_factor = float(from_range) / float(to_range)
  return to_low + (value / scale_factor)

def set_angle(angle):
  pulse = int(map(angle+90, 0, 180, servo_min, servo_max))
  command = "echo {}={}us > /dev/servoblaster".format(servo, pulse)
  os.system(command)
```

```
def slider_changed(angle):
  set_angle(int(angle))

app = App(title='Servo Angle', width=500, height=150)
slider = Slider(app, start=-90, end=90, command=slider_changed, width='fill',
                height=50)
slider.text_size = 30
app.display()
```

用户界面的代码与 11.1 节中的几乎没有变化，不同之处在于 set_angle 函数。这个函数首先利用 map 函数通过常量 servo_min 和 servo_max 将角度转换为脉冲持续时间。之后，它构造了一个以类似于命令行方式运行的命令。该命令的格式为：开头是一个 echo 命令，后面是需要控制的伺服电机的数量，然后是等号，最后是以毫秒为单位的脉冲持续时间。这个命令的字符串部分指向设备/dev/servoblaster。然后，伺服电机就会随之调整它的角度。

停用 ServoBlaster

当 ServoBlaster（更准确地说是 servo.d）运行的时候，你无法使用伺服电机的引脚做任何事情，同时树莓派上的音频也将无法使用。所以，当你由于某种原因需要使用这些引脚的时候，可以使用下列所示的命令停用 ServoBlaster，然后重新启动树莓派。

```
$ sudo update-rc.d servoblaster disable
$ sudo reboot
```

树莓派重启之后，ServoBlaster 就无法再控制这些引脚了。当然，你可以通过下列命令随时重新运行 ServoBlaster。

```
$ sudo update-rc.d servoblaster enable
$ sudo reboot
```

11.2.3　进一步探讨

实际上，ServoBlaster 驱动程序确实非常强大，通过适当的配置之后，你可以使用近乎所有的 GPIO 引脚来控制伺服电机。在默认设置下，它将 8 个 GPIO 引脚定义为伺服电机控制引脚。每个引脚都有一个通道编号，具体见表 11-1。

表 11-1　用于 ServoBlaster 的伺服通道默认引脚

伺服通道	GPIO 引脚
0	4
1	17
2	18
3	27
4	22
5	23
6	24
7	25

连接过多的伺服电机会导致跳线变成"一团乱麻"。如果使用类似 MonkMakes ServoSix 这样的电路板，就能极大地简化伺服电机与树莓派之间的布线。

11.2.4　提示与建议

如果你不需要 ServoBlaster 的精确定时功能，可以选择使用 gpiozero 库，它也能为伺服电机生成脉冲，具体参见 11.1 节。

11.3　精确控制多台伺服电机

11.3.1　面临的问题

你需要精确控制多台伺服电机，但是又不想因使用 ServoBlaster 而失去音频功能。

11.3.2　解决方案

尽管 11.2 节中的 ServoBlaster 代码可以精确地控制 8 个伺服电机，但是，这会因树莓派相关硬件被霸占而导致音频无法使用。为此，你可以使用一个伺服电机 HAT（见图 11-6）来代替 ServoBlaster，由于它自身提供了伺服电机控制硬件，因此可以有效降低树莓派硬件的负担。

图 11-6　Adafruit 的伺服电机 HAT

这个 HAT 允许你使用树莓派的 I2C 接口来控制多达 16 个伺服电机或者 PWM 通道。这些伺服电机只需直接插进 HAT 即可使用。

该模块的逻辑电路是通过树莓派的 3.3V 连接来供电的。这样就可以与伺服电机的电源完全隔离，伺服电机是由外部 5V 电源适配器来供电的。

如果你喜欢，也可以利用电池组来给伺服电机供电。一个可以容纳 4 节 5 号电池的电池仓和充电电池大约可以提供 4.8V 的电压，这对大部分伺服电机来说已经足够了。使用 4 节碱性 5 号电池可以提供 6V 电压，这对多数伺服电机来说也很好了，但是你最好检查一下自己的伺服电机的参数手册，以确保它确实可以工作在 6V 电压下。

设计人员已经对连接伺服电机的引脚做了相当合理的安排，所以你可以直接将伺服电机安装到这些引脚上。在安装的过程中，务必保证安装方式的正确性。

为了在该模块上使用 Adafruit 软件，你需要在树莓派上配置 I2C（见 9.3 节）。

实际上，该模块的软件借用了 Adafruit 的许多代码，以便兼容各个系列的附加模块。

为了安装该电路板所需的 Adafruit blinka，请运行以下命令。

```
$ pip3 install adafruit-blinka
$ sudo pip3 install adafruit-circuitpython-servokit
```

打开一个编辑器，并复制、粘贴如下所示的代码（本示例代码所在的文件名为 ch_11_servo_adafruit.py）。

```
from adafruit_servokit import ServoKit
from guizero import App, Slider

servo_kit = ServoKit(channels=16)

def slider_changed(angle):
    servo_kit.servo[0].angle = int(angle) + 90

app = App(title='Servo Angle', width=500, height=150)
slider = Slider(app, start=-90, end=90, command=slider_changed, width='fill',
                height=50)
slider.text_size = 30
app.display()
```

就像本书中的其他示例代码一样，上面的示例代码也可以从本书的相关资源中获取，详见 3.22 节。

运行该程序时，会弹出一个包含滑块的窗口，具体如图 11-3 所示。你可以通过这个滑块来移动伺服臂。另外，由于 Adafruit 软件与 Python 2 并不兼容，因此，凡是运行用到 Adafruit 软件的程序时，必须使用 python3 命令。

需要注意的是，由于该程序使用了图形用户界面，所以你无法从 SSH 运行它。你必须从树莓派的窗口环境中来运行它，或者通过 VNC（见 2.8 节）、RDP（见 2.9 节）来远程控制该软件。

```
$ python3 ch_11_servo_adafruit.py
```

Adafruit 软件使用的伺服电机角度范围是 0°～180°，而不是 gpiozero 库所采用的-90°～90°，所以，为了保持用户界面的一致性，需要为滑块提供的角度加上 90°。

要在 16 个可用通道中寻址一个特定的伺服通道，需要在命令 servo_kit.servo[0].angle 的方括号内指定通道号（该通道号为 0～15）。

11.3.3　进一步探讨

为这个模块选择电源的时候，不要忘了一个标准的远程控制伺服电机在工作过程中可以轻易消耗掉 400mA 电流，而在有负载的情况下，所消耗的电流将会更多。因此，如果你打算同时驱动多台大型伺服电机，必须配备一个足够大的电源适配器。

11.3.4　提示与建议

如果树莓派离伺服电机很近，那么伺服电机 HAT 将是你的不二之选。但是，如果伺服电机离你的树莓派较远，那么可以选择 Adafruit 的另一款伺服电机模块（产品序列号为815），它提供了与伺服电机 HAT 相同的伺服电机控制器硬件，但是只有 4 个引脚用于连接该电路板的 I2C 接口与树莓派的 I2C 接口。

11.4　控制直流电机的速度

11.4.1　面临的问题

你需要使用树莓派控制直流电机的速度。

11.4.2　解决方案

你可以使用 10.4 节中同样的设计。不过，最好给电机添加一个二极管，以防止电压尖峰损坏晶体管，甚至树莓派。为此，可以选择 1N4001 二极管，它的一端有一个条纹，以便于正确连接（见图 11-7）。

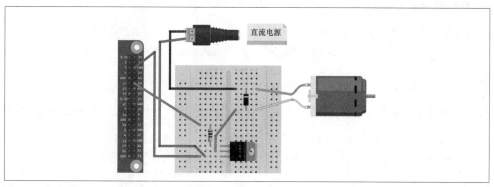

图 11-7　控制高功率电机

你需要用到下列元件：

- 3V 到 12V 的直流电机；

- 面包板和跳线；

- 1kΩ 电阻器；

- MOSFET 晶体管 FQP30N06L；

- 1N4001 二极管；

- 与电机电压匹配的电源。

就像本书中的其他示例代码一样，上面的程序也可以从本书的代码存储库中下载（见 3.22 节），具体的文件名为 ch_10_gui_slider.py。需要注意的是，由于该程序使用了图形用户界面，所以你无法从 SSH 运行它。你必须从树莓派的窗口环境中运行它，或者通过 VNC（见 2.8 节）、RDP（见 2.9 节）来远程控制该软件。

11.4.3　进一步探讨

如果你只打算使用低功率直流电机（电流小于 200mA），可以使用一个更小（且更廉价）的晶体管（如 2N3904）。图 11-8 展示了一个使用 2N3904 面包板的布局示例。

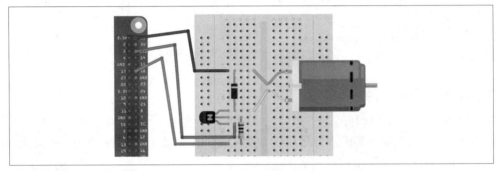

图 11-8　控制低功率电机

你也许使用了 GPIO 接口引出的 5V 导线给小型电机供电，并且侥幸成功。但是，如果你发现树莓派崩溃，就应该使用外部电源，具体如图 11-7 所示。

11.4.4　提示与建议

本节中的设计只是用来控制电机的速度，无法控制电机的方向。关于控制电机方向的相关内容，参见 11.5 节。

关于在树莓派上使用面包板和跳线的详细介绍，参考 9.8 节。

11.5　控制直流电机的方向

11.5.1　面临的问题

你想控制小型直流电机的速度和方向。

11.5.2　解决方案

你可以使用一个 H-Bridge 芯片或模块。其中，最常见的芯片之一是 L293D，它不仅价格低廉，而且使用起来极为方便。而其他的 H-Bridge 芯片或模块通常使用同一对控制引脚来控制所有电机的方向（详见后文）。

实际上，L293D 芯片可以在不借助任何外部硬件的情况下驱动两个电机。在本节的"进一步探讨"部分，我们还将讨论控制直流电机的另外一些选项。

如果你想尝试用 L293D 芯片来控制电机，那么你将需要：

- 3V 到 12V 的直流电机；
- 面包板和跳线；
- L293D 芯片；
- 与电机电压匹配的电源。

面包板的布局如图 11-9 所示。

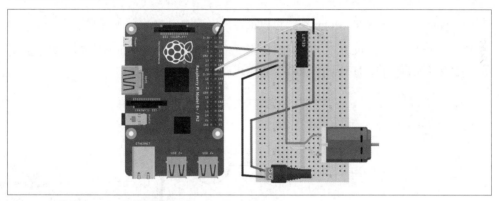

图 11-9　使用 L293D 芯片控制电机

注意，一定要确保芯片朝向正确的方向：其顶部有一个缺口，该缺口应位于面包板的顶部。

在运行本节的测试程序（ch_11_motor_control.py）时，你可以先输入字母 f 或 r，后面跟上一个 0～9 的数字。这样电机就会按照数字所代表的速度向前或向后运动，其中，0 表示停止，9 表示全速。

```
$ python3 ch_11_motor_control.py
Command, f/r 0..9, E.g. f5 :f5
Command, f/r 0..9, E.g. f5 :f1
Command, f/r 0..9, E.g. f5 :f2
Command, f/r 0..9, E.g. f5 :r2
```

你可以打开一个编辑器，并复制、粘贴下列代码。此外，就像本书中的其他示例代码一样，下面的代码也可以直接从本书的代码存储库中下载，详见 3.22 节。该程序是在命令行下运行的，所以，你可以通过 SSH 或终端来运行它，具体命令如下所示。

```
from gpiozero import Motor

motor = Motor(forward=23, backward=24)
```

```
while True:
    cmd = input("Command, f/r 0..9, E.g. f5 :")
    direction = cmd[0]
    speed = float(cmd[1]) / 10.0
    if direction == "f":
        motor.forward(speed=speed)
    else:
        motor.backward(speed=speed)
```

gpiozero 库提供了一个名为 Motor 的类，可用来控制单个直流电机的速度和方向。当你创建这个类的实例时，需要为 forward 和 backward 方法指定控制引脚。

类 Motor 的 forward 和 backward 方法有一个表示速度的可选参数，其取值范围为 0～1，其中 1 表示全速。

11.5.3　进一步探讨

借助于 gpiozero 库提供的 Motor 类，可以很好地屏蔽 H-Bridge 的硬件复杂性。

图 11-10 给出了 H-Bridge 的工作原理，注意这里使用的是开关，而不是晶体管或芯片。通过逆转电机的极性，H-Bridge 可以反转电机的转动方向。

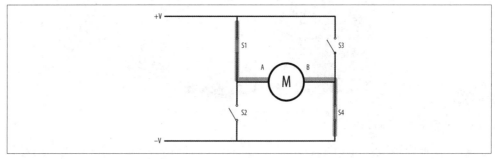

图 11-10　H-Bridge 的工作原理

在图 11-10 中，S1 和 S4 是闭合的，而 S2 和 S3 是打开的。这样就允许电流通过电机，同时让 A 端为正极，B 端为负极。如果我们反转开关，此时 S2 和 S3 关闭，同时 S1 和 S4 打开，那么 B 端将变为正极，A 端将变为负极，从而使电机反向转动。

不过，你也许已经发现这个电路是非常危险的。如果由于某种原因导致 S1 和 S2 同时闭合，那么电源的正负极就会直接相连从而形成短路。此外，如果 S3 和 S4 同时闭合，同样也会引起短路。

你虽然可以单独使用晶体管来制作 H-Bridge，但是不如直接使用类似 L293D 这样的 H-Bridge 集成电路来得简单。这个芯片内部实际上包含了两个 H-Bridge，也就是说，你可以使用该芯片来控制两个电机。同时，它还提供了相应的保护逻辑，以确保不会发生 S1 和 S2 同时闭合之类的情况。

L293D 有两个电机控制通道，每个通道都提供了两个控制引脚：一个 forward 引脚，以及一个

backward 引脚。如果 forward 引脚（23）为高电平，而 backward 引脚（24）为低电平，那么电机将向一个方向转动。如果这两个引脚的电平反转，那么电机就会向相反的方向转动。

除了在面包板上使用 L293D 之外，你还可以从电商平台入手极为廉价的含有 L293D 的 PCB，使用螺旋式接线端子直接将电机和插头引脚连接到树莓派的 GPIO 接口上。如果你需要一个大功率的电机控制器模块，那么你会发现这些模块的工作原理是一样的，只是使用的电流更大，甚至达到 20A 或更高。Polulu 网站上面有花样繁多的这类电机控制器板。

11.5.4　提示与建议

Adafruit 的步进电机 HAT（见 11.8 节）和 RasPiRobot Board（见 11.9 节）也可以用来控制直流电机的速度和方向。

关于在树莓派上使用面包板和跳线的详细介绍，参考 9.8 节。

11.6　使用单极步进电机

11.6.1　面临的问题

你希望使用树莓派驱动一个有 5 条导线的单极步进电机。

11.6.2　解决方案

你可以使用 ULN2803 达林顿驱动面包板上面的芯片。

在电机技术的世界中，步进电机介于直流电机与伺服电机之间。就像常见的直流电机那样，步进电机可以连续旋转，你还可以通过在任意方向上每次移动一段距离的方法来精确地控制电机的位置。

为了进行本节中的实验，你需要：

* 5V 5 引脚单极步进电机；

* ULN2803 达林顿驱动 IC；

* 面包板和跳线。

图 11-11 展示了使用 ULN2803 控制单极步进电机的布线情况。需要注意的是，该芯片可以用来驱动两个步进电机。为了能够驱动第二个步进电机，需要将 GPIO 接口上面的另外 4 个控制引脚连接至 ULN2803 的 5～8 号引脚，同时将第二个步进电机的 4 个引脚连接至 ULN2803 的 11～14 号引脚。

GPIO 接口提供的 5V 供电可用于小型的步进电机。

如果出现树莓派崩溃或者需要使用更大的步进电机的情况，那么可以使用一个单独的电源给电机供电（ULN2803 的 10 号引脚）。

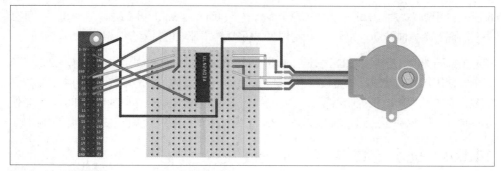

图 11-11　使用 ULN2803 控制单极步进电机

打开一个编辑器，并复制、粘贴如下所示的代码（相应代码位于 ch_11_stepper.py 文件中）。这个程序是在命令行下面使用的，所以你可以用 SSH 运行它。

```python
from gpiozero import Motor
import time

coil1 = Motor(forward=18, backward=23, pwm=False)
coil2 = Motor(forward=24, backward=17, pwm=False)

forward_seq = ['FF', 'BF', 'BB', 'FB']
reverse_seq = list(forward_seq) # to copy the list
reverse_seq.reverse()

def forward(delay, steps):
  for i in range(steps):
    for step in forward_seq:
      set_step(step)
      time.sleep(delay)

def backwards(delay, steps):
  for i in range(steps):
    for step in reverse_seq:
      set_step(step)
      time.sleep(delay)

def set_step(step):
  if step == 'S':
    coil1.stop()
    coil2.stop()
  else:
    if step[0] == 'F':
      coil1.forward()
    else:
      coil1.backward()
    if step[1] == 'F':
      coil2.forward()
    else:
      coil2.backward()

while True:
  set_step('S')
```

```
delay = input("Delay between steps (milliseconds)?")
steps = input("How many steps forward? ")
forward(int(delay) / 1000.0, int(steps))
set_step('S')
steps = input("How many steps backwards? ")
backwards(int(delay) / 1000.0, int(steps))
```

就像本书中的其他示例代码一样，上面的示例代码也可以从本书的相关资源中获取，
详见 3.22 节。

当你运行这个程序的时候，它会要求你输入每个步进之间的延迟时间。这个延迟时间
可以取 2 或更大的数字。然后，还会提示输入每个方向上的步进数。

```
$ python3 ch_11_stepper.py
Delay between steps (milliseconds)?2
How many steps forward? 100
How many steps backwards? 100
Delay between steps (milliseconds)?10
How many steps forward? 50
How many steps backwards? 50
Delay between steps (milliseconds)?
```

在下面的"进一步探讨"部分，我们将对这段代码进行详细解释，以帮助读者深入了
解步进电机是如何根据这段代码的指示来运转的。

11.6.3　进一步探讨

步进电机使用一个齿形转子和电磁铁，以使电机每次可以转动一个步进角度（见图 11-12）。
需要注意的是导线的颜色会有所变化。

通过一定的顺序给线圈通电就可以驱动电机旋转。能够在 360° 范围内旋转的步进电机
的步进数，实际上就是转子的齿数。

这两个线圈分别由 gpiozero 类 Motor 的实例控制，这两个实例分别称为 coil1 和 coil2。

在示例代码中，使用一个字符串列表来表示一个单独步进中的 4 个通电阶段。

```
forward_seq = ['FF', 'BF', 'BB', 'FB']
```

其中，每对字母用于表示 coil1 和 coil2 的当前方向：向前或向后。因此，对于图 11-12，
假设公用的红色导线接 GND，那么对粉色-橙色线圈来说，字母 F 意味着粉色导线变为
高电平，橙色导线变为低电平，而字母 B 的含义则正好相反。

电机相反方向的旋转序列正好就是前进序列的反转。

你可以在自己的程序中使用 forward 和 backward 函数来驱动电机向前步进或向后步进。
这两个函数的第一个参数表示在一个步进序列中的各个部分之间的延迟时间，这里以
毫秒为单位。这个参数的最小值要视你使用的电机而定，如果取值太小，电机就不会
转动。在一般情况下，可以使用 2ms，或更大的延迟。第二个参数是步进数。

```
def forward(delay, steps):
    for i in range(steps):
```

```
for step in forward_seq:
    set_step(step)
    time.sleep(delay)
```

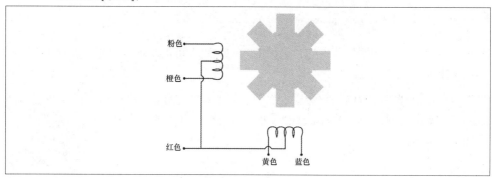

图 11-12　步进电机

forward 函数中嵌套了两个 for 循环。外部的循环根据步进数进行循环，内部的循环根据电机转动序列进行迭代，对序列中的每个元素调用 set_step 函数。

```
def set_step(step):
    if step == 'S':
        coil1.stop()
        coil2.stop()
    else:
        if step[0] == 'F':
            coil1.forward()
        else:
            coil1.backward()
        if step[1] == 'F':
            coil2.forward()
        else:
            coil2.backward()
```

set_step 函数用于设置每个线圈的极性，具体取决于参数 step 提供的指示。如果参数 step 为 S，则停止对两个线圈供电，这样我们就可以避免在电机不动时使用电流。如果第一个字母是 F，那么 coil1 被设置为 forward；否则，它被设置为 backward。此外，coil2 也是以同样的方式设置，但使用的是参数 step 的第二个字母。

对于在正向和反向之间的步进，主循环会将参数 step 设为 S，以便在电机没有实际移动的时候，将所有线圈的输出都设置为 0。否则，某个线圈可能还在通电，从而导致电机产生不必要的电源浪费。

11.6.4　提示与建议

如果你使用的是 4 线双极步进电机，需要参考 11.7 节。

关于伺服电机更详细的用法介绍，参考 11.1 节；关于控制直流电机的方法，参考 11.4 节和 11.5 节。

关于在树莓派上使用面包板和跳线的详细介绍，参考 9.8 节。

11.7　使用双极步进电机

11.7.1　面临的问题

你希望使用树莓派驱动 4 导线双极步进电机。

11.7.2　解决方案

你可以使用一个 L293D H-Bridge 驱动芯片。为了驱动双极步进电机，你需要使用一个 H-Bridge，其原因正如"双极"所暗示的那样，通过线圈的电流方向需要反转，有点儿像在两个方向上驱动一个直流电机（见 11.5 节）。

为了进行本节中的实验，你需要：

- 12V 4 引脚双极步进电机；
- L293D H-Bridge IC；
- 面包板和跳线。

这里使用的电机的电压是 12V，比前面的单极步进电机的要大一些。所以，电机本身的电源要从外部供电，而非从树莓派供电。布线请参考图 11-13。

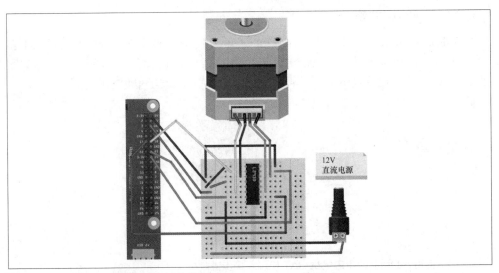

图 11-13　使用 L293D 控制双极步进电机

11.7.3　进一步探讨

双极步进电机的布线与图 11-11 所示的单极版本几乎一样，只是没有"红色"中心抽头与线圈连接。同样的通电模式在两种版本上都能正常工作，但对双极性电机来说，整个线圈的电流方向必须是可逆的，因此双极步进电机需要两个 H-Bridge。

在这里，你也可以使用 ch_11_stepper.py 程序来控制这个步进电机（见 11.6 节）。由于本设计使用了 L293D 芯片的两个 H-Bridge，因此你应该为每个需要控制的电机分别提供一个这样的芯片。

11.7.4　提示与建议

如果你使用的是 5 线单极步进电机，那么需要参考 11.6 节。

关于伺服电机更详细的用法介绍，参考 11.1 节；关于控制直流电机的方法，参考 11.4 节和 11.5 节。

关于在树莓派上使用面包板和跳线的详细介绍，参考 9.8 节。

此外，你还可以使用 RasPiRobot Board 来驱动步进电机（见 11.9 节）。

11.8　利用步进电机 HAT 驱动双极步进电机

11.8.1　面临的问题

你想利用单个接口板来控制多个双极步进电机。

11.8.2　解决方案

你可以使用 Adafruit 的步进电机 HAT。这个电路板可以驱动两个双极步进电机。图 11-14 展示的是带有一个双极步进电机的电路板，其中一个线圈连接到 M1 端子，另一个线圈连接到 M2 端子。电机是由图 11-14 中右边的螺旋式接线端子单独来供电的。

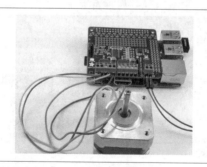

图 11-14　使用 Adafruit 的步进电机 HAT 控制双极步进电机

 I2C 总线

如果你按照 9.20 节介绍的方法创建了自己的 HAT 并启用了 I2C 总线 0，就需要返回头来修改/boot/config.txt，因为 Adafruit 会自动检测所用的 I2C 总线，如果总线 0 已经启用，它会检测到一个错误。

在 /boot/config.txt 中，删除或注释掉下面所示的命令行（也就是在命令行前面加上 #）。

```
dtparam=i2c_vc=on
```

完成上述工作之后，需要重新启动树莓派。

这个 HAT 使用了 I2C，所以，请务必确保已经启用了 I2C（见 9.3 节）。

对于这个电路板，Adafruit 提供了详细的使用指南，感兴趣的读者可以进一步了解相关资料。

11.8.3　进一步探讨

当你运行 Adafruit 使用指南中提供的程序时，电机就会开始运转，并且该程序会围绕 4 种不同的步进模式进行循环。

11.8.4　提示与建议

关于 HAT 标准的讨论以及打造自己的 HAT 的方法，参考 9.20 节。

要想使用 L293D 来控制步进电机，需要参考 11.7 节；关于 RasPiRobot Board 的介绍，参考 11.9 节。

11.9　使用 RasPiRobot Board 驱动双极步进电机

11.9.1　面临的问题

你想利用同时为树莓派和电机供电的电源来控制一个双极步进电机。

11.9.2　解决方案

你可以使用第 4 版的 RasPiRobot Board。

RasPiRobot Board 直接使用它的螺旋式接线端子作为电机电源，并将同样的电源电压降至 5V 后驱动树莓派。所以在本例中，12V 的电源将同时为 12V 的步进电机和树莓派供电。

如果你使用的是 RasPiRobot Board 的早期版本（版本 1 或版本 2），那么当使用 USB 给 RasPiRobot Board 供电的时候，就不能同时用它来给树莓派供电。

但是对这个电路板的第 3 版或第 4 版来说，不存在这种问题。

将步进电机和电源连接到 RasPiRobot Board 上，具体如图 11-15 所示。Adafruit 12V 步进电机的导线，按照从左到右的顺序，其颜色分别为：黄色和红色（线圈 1），灰色和绿色（线圈 2）。

为了运行这个程序，你需要首先安装用于 RasPiRobot Board v4 的代码库，具体命令如下所示。

```
$ git clone https://github.com/simonmonk/rrb4.git
$ cd rrb4/python
$ sudo python3 setup.py install
```

图 11-15　使用 RasPiRobot Board 控制双极步进电机

打开一个编辑器，并复制、粘贴如下所示的代码（这里的代码也可以从 ch_11_stepper_rrb.py 文件中找到）。由于这个程序是在命令行下面使用的，所以你可以用 SSH 运行它。

```python
from rrb4 import *
import time

rr = RRB4(12.0, 12.0) # battery, motor

try:
    while True:
        delay = input("Delay between steps (milliseconds)?")
        steps = input("How many steps forward? ")
        rr.step_forward(int(delay) / 1000.0, int(steps))
        steps = input("How many steps backwards? ")
        rr.step_reverse(int(delay) / 1000.0, int(steps))

finally:
    GPIO.cleanup()
```

就像本书中的其他示例代码一样，上面的示例代码也可以从本书的相关资源中获取，详见 3.22 节。

11.9.3　进一步探讨

你可能已经发现了，"Delay between steps..." 有一个最小值，当低于这个值的时候，电机只会抖，不会转。

11.9.4　提示与建议

关于 RasPiRobot Board 及其他使用该板的项目的完整文档，请访问 RasPiRobot 网站。

要想在面包板上通过 L293D 驱动步进电机，参考 11.7 节。

11.10 打造一款简单的机器人小车

11.10.1 面临的问题

你希望将树莓派用作一个机器人小车的控制器。

11.10.2 解决方案

你可以把 RasPiRobot Board v4 或其他电机控制器板用作树莓派的接口板来控制两个电机和一个机器人底盘套件。

为了进行本节中的实验，你需要：

- RasPiRobot Board v4；

- 减速机底盘套件；

- 4 节 5 号电池仓。

为了制作机器人小车，第一步就是组装底盘。大部分廉价的减速机底盘都提供了可容纳 4 节 5 号电池的电池仓，所以，你无须单独购买。布线如图 11-16 所示。

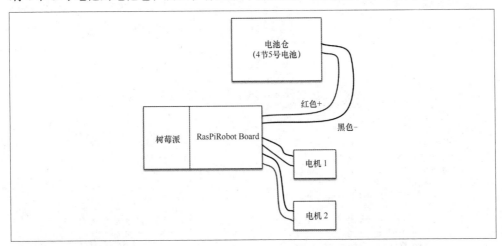

图 11-16　机器人小车布线

电池组可以给 RasPiRobot Board 供电，而后者又给树莓派提供 5V 电源，所以，实际上只需要一个电源就可以了。

制作完成后的机器人小车如图 11-17 所示，车身前端安装了一个测距仪，用来测量距离。

为了驱动这个机器人小车，你需要使用一个控制程序，以便可以通过笔记本计算机或者通过 SSH 连接到你的树莓派的计算机上的方向键来操纵小车。为此，你可以按照 2.5 节和 2.7 节介绍的方法配置树莓派来使用 Wi-Fi 和 SSH。

图 11-17　完成后的机器人小车

打开一个编辑器，并复制、粘贴如下所示的代码（这里的代码也可以从 ch_11_rover.py 文件中找到）。

```python
from rrb4 import *
import sys
import tty
import termios

rr = RRB4(6.0, 6.0) # battery, motor

UP = 0
DOWN = 1
RIGHT = 2
LEFT = 3

print("Use the arrow keys to move the robot")
print("Press Ctrl-C to quit the program")
# These functions allow the program to read your keyboard
def readchar():
    fd = sys.stdin.fileno()
    old_settings = termios.tcgetattr(fd)
    try:
        tty.setraw(sys.stdin.fileno())
        ch = sys.stdin.read(1)
    finally:
        termios.tcsetattr(fd, termios.TCSADRAIN, old_settings)
    if ch == '0x03':
        raise KeyboardInterrupt
    return ch

def readkey(getchar_fn=None):
    getchar = getchar_fn or readchar
    c1 = getchar()
    if ord(c1) != 0x1b:
        return c1
    c2 = getchar()
    if ord(c2) != 0x5b:
        return c1
    c3 = getchar()
    return ord(c3) - 65 # 0=Up, 1=Down, 2=Right, 3=Left arrows
```

```
# This will control the movement of your robot and display on your screen
try:
    while True:
        keyp = readkey()
        if keyp == UP:
            rr.forward(1)
            print('forward')
        elif keyp == DOWN:
            rr.reverse(1)
            print('backward')
        elif keyp == RIGHT:
            rr.right(1)
            print('clockwise')
        elif keyp == LEFT:
            rr.left(1)
            print('anti clockwise')
        elif ord(keyp) == 3:
            break

except KeyboardInterrupt:
    GPIO.cleanup()
```

就像本书中的其他示例代码一样，上面的示例代码也可以从本书的相关资源中获取，详见 3.22 节。

为了获得中断按键的功能，这个程序使用了 termios 库以及 readchar 和 readkey 这两个函数。

在导入相关程序库之后，新建了一个 RRB4 的实例。它需要用到两个参数，即电池组电压和电机电压（就本例而言分别是 6V 和 6V）。如果你的底盘的电机使用了不同的电压，那么请自行修改第二个参数。

主循环的作用只是检查按键事件，然后向 RRB4 库发送相应的向前、向后、向左和向右的指令。

11.10.3　进一步探讨

如果你继续为这个小车添加更多的外设，它会变得更加好玩。例如，如果为小车加入一个摄像头并配置一个网络流媒体，它就变成了一个移动监控器（见 4.3 节）。

RRB4 库还支持 HC-SR04 测距仪，该设备可以安装到 RasPiRobot Board v4 的插座中。你可以使用这个测距仪来检查障碍物，同时，RRB4 库也为它提供了相应的示例程序。

11.10.4　提示与建议

感兴趣的读者可以进一步了解关于 RasPiRobot Board 和 RRB4 库的资料。

## 第 12 章

数字输入

12.0　引言

在本章中，你将学习如何使用数字输入的组件，例如开关和键盘。同时，本章也会介绍某些提供了数字输出的模块，这些输出可以连接树莓派的 GPIO 输入。

大部分的示例都会用到免焊面包板和跳线（见 9.8 节）。

12.1　连接按钮开关

12.1.1　面临的问题

你希望在树莓派上连接一个开关，当你按下它时，就会运行某些 Python 代码。

12.1.2　解决方案

将一个开关连接到 GPIO 引脚，并在你的 Python 程序中使用 gpiozero 库监测按钮按下动作。

为了进行本节中的实验，你需要：

- 面包板和跳线；

- 轻触按钮开关。

图 12-1 展示了如何使用面包板和跳线来连接轻触按钮开关。

除了使用面包板和轻触按钮开关之外，你还可以使用 Squid 按钮（见图 12-2）。由于这种按钮开关的一端焊接了带有母头的导线，所以可以直接连接到 GPIO 接口上（见 9.11 节）。

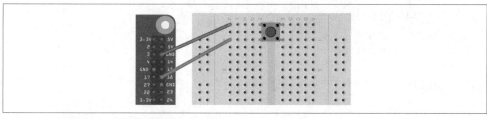

图 12-1　为树莓派连接轻触按钮开关

图 12-2　Squid 按钮

打开一个编辑器，并复制、粘贴如下所示的代码（ch_12_switch.py）。

```
from gpiozero import Button

button = Button(18)

while True:

if button.is_pressed:
    print("Button Pressed")
```

就像本书中的其他示例代码一样，上面的示例代码也可以从本书的相关资源中获取，详见 3.22 节。当按下按钮时，这段示例代码将会显示一则消息。

```
pi@raspberrypi ~ $ python3 ch_12_switch.py
Button Pressed
Button Pressed
Button Pressed
Button Pressed
```

事实上，消息"Button Pressed"很可能会铺满整个屏幕。这是因为该程序会频繁地检查按钮是否被按下。这段代码的另一个问题是，它在监视按钮被按下事件时，无法同时处理其他事情。

我们可以改进这段代码，使其仅在按钮被按下时才执行规定动作，而在按钮未被按下时继续处理其他事情，相关代码（ch_12_switch_2.py）如下所示。

```
from gpiozero import Button
from time import sleep

def do_stuff():
    print("Button Pressed")

button = Button(18)
```

```
        button.when_pressed = do_stuff

    while True:
        print("Busy doing other stuff")
        sleep(2)
```

运行上述代码时，将看到如下所示的输出内容。

```
$ python3 ch_12_switch_2.py
Busy doing other stuff
Busy doing other stuff
Button Pressed
Busy doing other stuff
Busy doing other stuff
```

当你按下按钮时，无论程序当时正在做什么，都会立即运行函数 do_stuff。这种方法被称为使用中断，通常用于那些既需要在按钮被按下时触发某动作，同时又需要处理其他事情的程序中。

请注意下面这行代码。

```
        button.when_pressed = do_stuff
```

这里，do_stuff 并不是以圆括号()结尾的。这是因为在中断发生之前，我们一直在引用该函数，而不是真正调用该函数。

12.1.3　进一步探讨

你也许已经注意到了开关的连接方式，即当开关被按下时，它会连接 18 号引脚，而该引脚被配置为 GND 的输入。你也许希望按钮开关只有两个连接，即只能表示打开和关闭。虽然某些轻触按钮开关确实只有这两个连接，但是大部分都是 4 个连接。图 12-3 显示了这些连接是如何布置的。

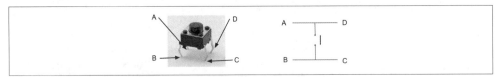

图 12-3　轻触按钮开关的连接

实际上，只有两个是真正的电气连接，因为在这个开关内部，引脚 B 和引脚 C 是连在一起的，而引脚 A 和引脚 D 也是连在一起的。

12.1.4　提示与建议

关于在树莓派上使用面包板和跳线的详细介绍，参见 9.8 节。

想要消除开关的抖动，参见 12.5 节。

若要使用外部上拉电阻器，参见 12.6 节。

12.2　通过按钮开关切换开关状态

12.2.1　面临的问题

你希望通过按钮开关来打开或关闭某些元件，即每次按下按钮的时候切换开关状态。

12.2.2　解决方案

你可以把按钮最后一次的状态（也就是说，当前处于开的状态，还是关的状态）记录下来，并在每次按下按钮时反转这个值。

为了进行本节中的实验，你需要：

- 面包板和跳线；

- 轻触按钮开关；

- LED；

- 470Ω电阻器。

图 12-4 展示了通过面包板和跳线连接轻触按钮开关与 LED 的方法。

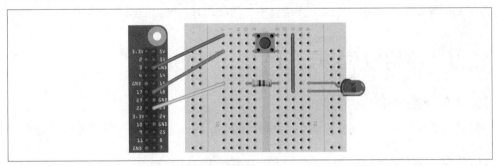

图 12-4　将轻触按钮开关和 LED 连接至树莓派

除了连接树莓派到面包板的公头转母头跳线之外，你还需要一个公头转公头跳线或实心焊丝。

下面的示例代码会在你按下按钮时切换 LED 的开关状态。

打开一个编辑器，并复制、粘贴如下所示的代码（ch_12_switch_on_off.py）。

```python
from gpiozero import Button, LED
from time import sleep

led = LED(23)

def toggle_led():
    print("toggling")
    led.toggle()
```

```
button = Button(18)
button.when_pressed = toggle_led

while True:
    print("Busy doing other stuff")
    sleep(2)
```

就像本书的其他示例代码一样，上面的示例代码也可以从本书的相关资源中获取，详见 3.22 节。这个程序是基于 ch_12_switch_2.py 的，同时，它也使用了中断，也就是说，在按钮被按下之前，它可以先处理其他事情。但是，一旦按钮被按下，就会立即调用 toggle_led 函数。这样就能够切换 LED 的开关状态。也就是说，如果当前处于点亮状态，就把它关掉；如果当前处于关灯状态，就把它点亮。

12.2.3 进一步探讨

需要注意的是，如果开关的质量不佳，可能会出现这种情况：尽管终端中已经显示了两个或更多的状态切换信息，但是 LED 的状态却始终未变。这是开关抖动引起的，我们将在 12.5 节中详细介绍。

12.2.4 提示与建议

关于 gpiozero 库中的 Button 类的详细介绍，请参阅其官网上的说明文档。

12.3 使用双位拨动开关或滑动开关

12.3.1 面临的问题

你希望将双位拨动开关或滑动开关连接到树莓派，并通过 Python 程序获取开关状态。

12.3.2 解决方案

你可以像使用轻触按钮开关（见 12.1 节）一样来使用这两种开关：只需将中央和一端的触点连接即可（见图 12-5）。

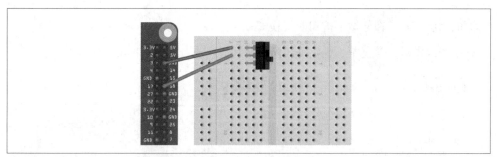

图 12-5　将双位拨动开关连接到树莓派

为了进行本节中的实验，你需要：

- 面包板和跳线；
- 双位拨动开关或滑动开关。

这种布局完全可以使用 12.1 节中的代码。

12.3.3　进一步探讨

这类滑动开关是非常有用的，因为你可以一眼看出它们当前的状态，而无须 LED 之类的额外指示装置。不过，这类开关不如轻触按钮开关耐用，并且价格更高。轻触按钮开关在消费电子领域已经越来越流行，因为在它们外面可以安装一个更加美观的塑料外壳。

12.3.4　提示与建议

要使用带有中间位置的三位拨动开关，请阅读 12.4 节。

12.4　使用三位拨动开关

12.4.1　面临的问题

你希望将三位拨动开关（中间位置关闭）连接到树莓派，并通过 Python 程序获取开关状态。

12.4.2　解决方案

你可以按照图 12-6 所示的方式将开关连接到 GPIO 的两个引脚上，并通过 Python 程序使用 gpiozero 库来检测开关的状态。

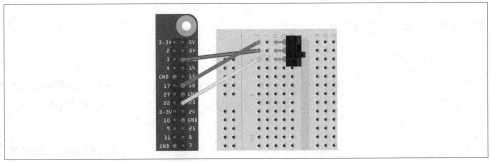

图 12-6　连接三位拨动开关到树莓派

为了进行本节中的实验，你需要：

- 面包板和跳线；

- 微型中位断开式三位拨动开关。

开关的公共（中间的）连接要接地，位于开关两端的连接要与启用了内部上拉电阻器的 GPIO 引脚相连。

打开一个编辑器，并复制、粘贴如下所示的代码（ch_12_switch_3_pos.py）。

```
from gpiozero import Button

switch_top = Button(18)
switch_bottom = Button(23)

switch_position = "unknown"

while True:
    new_switch_position = "unknown"
    if switch_top.is_pressed:
        new_switch_position = "top"
    elif switch_bottom.is_pressed:
        new_switch_position = "bottom"
    else:
        new_switch_position = "center"

    if new_switch_position != switch_position:
        switch_position = new_switch_position
        print(switch_position)
```

就像本书的其他示例代码一样，上面的示例代码也可以从本书的相关资源中获取，详见 3.22 节。运行该程序，在开关由上部拨动到中间再到下部的过程中，开关位置每次改变时都会有相应的输出。

```
$ python3 ch_12_switch_3_pos.py
center
top
center
bottom
```

12.4.3　进一步探讨

该程序将两个输入设置成了两个独立的按钮。

在循环内部，会读取两个按钮的状态，if、elif 和 else 结构的 3 个条件可以确定开关的位置，并将相应的值赋给变量 new_switch_position。如果这个值与之前的值不同，那么会输出开关的状态。

将来你会发现各种不同类型的拨动开关，其中一些类型为 DPDT、SPDT、SPST、DPST、点放等，这些字母的含义如下所示。

- D：双。

- S：单。

- P：刀。

- T：掷。

DPDT 表示双刀双掷开关。一个双刀开关可以独立控制两个器件的开和关。一个单掷开关只能打开或关闭一个独立触点（如果是双刀则为两个触点）。不过，一个双掷开关可以将一个共用触点连接到另外两个触点中的一个上。

图 12-7 展示了常见的开关类型。

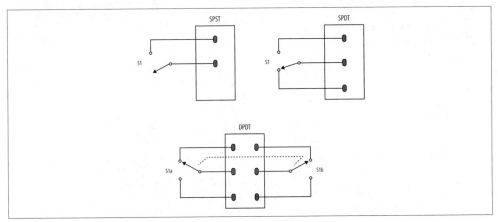

图 12-7　常见的开关类型

12.4.4　提示与建议

如果想进一步了解 if 语句的工作机制，请阅读 5.18 节。

关于最简单的开关示例，参考 12.1 节。

12.5　按钮去抖

12.5.1　面临的问题

有时候按下开关的按钮，你所预期的动作会发生不止一次，因为开关触点会"发抖"。在这种情况下，你可能希望编写代码来消除开关触点抖动的影响。

12.5.2　解决方案

库 gpiozero 中的 Button 类提供了处理开关触点抖动的代码。

但是，在默认情况下该功能处于关闭状态，因此在创建按钮实例时，需要通过可选的 bounce_time 参数来启用该功能。

关于开关抖动的详细介绍，参见本节的"进一步探讨"部分。简单来说，就是当按下开关时，触点会发生抖动，从而产生错误的开关位置读数。而 bounce_time 参数的作用是确定这样一个时间间隔：在此期间，开关状态的任何变化全部忽略。

例如，在 12.2 节中，你可能已经注意到按下按钮后，好像并没有改变 LED 的状态。实际上，当按下按钮时，如果抖动次数恰好为偶数，就会发生这种情况：第一次抖动会打开 LED，而第二次抖动又立即将其关闭（在不到 1s 的时间内），结果就是看起来什么都没发生过。

你可以修改 ch_12_switch_on_off.py 程序，在定义按钮时通过可选参数 bounce_time 来设置抖动时间，具体代码如下所示。

```python
from gpiozero import Button, LED
from time import sleep

led = LED(23)

def toggle_led():
    print("toggling")
    led.toggle()

button = Button(18, bounce_time=0.1)
button.when_pressed = toggle_led

while True:
    print("Busy doing other stuff")
    sleep(2)
```

在本例中，抖动时间设置为 0.1s，这应该足以让开关触点稳定下来。

12.5.3　进一步探讨

对大部分开关来说，都存在开关触点抖动现象，并且某些开关的开关触点抖动现象非常严重，具体如图 12-8 中的示波器轨迹所示。

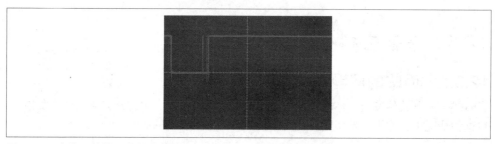

图 12-8　廉价开关的开关触点抖动

你可以看到，无论是开关闭合时，还是开关释放时，都会发生抖动现象。当然，大部分开关的表现不会像这个这么糟糕。

12.5.4　提示与建议

关于连接按钮的基础知识，参考 12.1 节。

12.6　使用外部上拉电阻器

12.6.1　面临的问题

你想使用一根长导线来连接树莓派和开关，但是这样会导致从输入引脚收到一些错误读数。

12.6.2　解决方案

树莓派的 GPIO 引脚包括上拉电阻器。当 GPIO 引脚被用作数字输入时，其上拉电阻器将保持输入高电平（3.3V），直到输入（例如通过开关）下拉至 GND 为止。此外，上拉电阻器可以通过 Python 控制其开关状态。

内部上拉电阻器实际上是非常弱的（大约 40kΩ）。如果你的开关使用了较长的导线或者工作于有电噪声的环境中，在数字输入上可能出现假触发现象。为了解决这个问题，你需要关闭内部的上拉电阻器和下拉电阻器，然后使用一个外部上拉电阻器。

图 12-9 展示了外部上拉电阻器的使用方法。

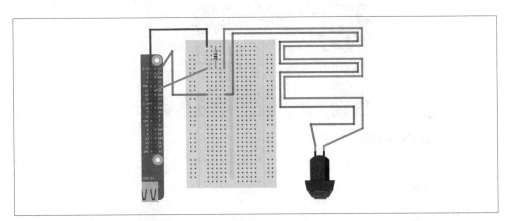

图 12-9　使用外部上拉电阻器

要想测试这个硬件的工作情况，你可以使用 12.1 节中的 ch_12_switch.py 程序。

12.6.3　进一步探讨

电阻器的阻值越低，开关的连接距离就能越远。但是，当你按下按钮时，一个 3.3V 的电流会通过电阻器到地。一个 100Ω 电阻器会消耗掉 3.3V/100Ω=33mA 的电流。3.3V、50mA 完全在树莓派 1 的安全限制之内，所以，如果你使用的是老版树莓派，就不要使用阻值更低的电阻器。如果你使用的是较新的 GPIO 提供 40 个引脚的树莓派，甚至可以将电阻器的阻值降低至 47Ω。

在任何情况下，一个 1kΩ电阻器都能提供一个足够远的允许连接距离，并且不会引起任何问题。

12.6.4 提示与建议

关于连接按钮的基础知识，参考 12.1 节。

12.7 使用旋转（正交）编码器

12.7.1 面临的问题

你希望使用旋转编码器（像音量旋钮一样可以旋转的控件）来检测旋转。

12.7.2 解决方案

你可以使用一个旋转编码器（正交编码器），并将其连接到两个 GPIO 引脚上，具体如图 12-10 所示。

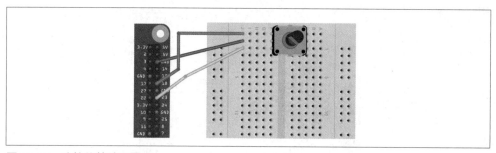

图 12-10 连接旋转编码器

为了进行本节中的实验，你需要：

- 面包板和跳线；

- 旋转编码器。

这种类型的旋转编码器被称为正交编码器，其行为类似于一对开关。并且，两个开关的开合序列最终决定了旋转编码器的转轴旋转的方向。

在旋转编码器上，中央导线是公共连接线，另外两边还有导线 A 和导线 B。当然，并非所有的旋转编码器都采用这种布局，所以在具体使用过程中，你要仔细阅读所用编码器数据手册中关于引脚的具体介绍。此外，许多旋转编码器还包含一个按钮开关，并且开关具有一对单独的触点，这使人们更加容易混淆。

打开一个编辑器，并复制、粘贴如下所示的代码（ch_12_rotary_encoder.py）。

```
from gpiozero import Button
import time
```

```
input_A = Button(18)
input_B = Button(23)

old_a = True
old_b = True

def get_encoder_turn():
    # return -1 (cce), 0 (no movement), or +1 (cw)
    global old_a, old_b
    result = 0
    new_a = input_A.is_pressed
    new_b = input_B.is_pressed
    if new_a != old_a or new_b != old_b :
        if old_a == 0 and new_a == 1 :
            result = (old_b * 2 - 1)
        elif old_b == 0 and new_b == 1 :
            result = -(old_a * 2 - 1)
    old_a, old_b = new_a, new_b
    time.sleep(0.001)
    return result

x = 0

while True:
    change = get_encoder_turn()
    if change != 0 :
        x = x + change
        print(x)
```

就像本书中的其他示例代码一样，上面的示例代码也可以从本书的相关资源中获取，
详情见 3.22 节。

当旋转编码器顺时针旋转时，这个测试程序会递增，每次加 1；当旋转编码器逆时针旋
转时，它会递减，每次减 1。

```
$ python3 ch_12_rotary_encoder.py
1
2
3
4
5
6
7
8
9
10
9
8
7
6
5
4
```

12.7.3　进一步探讨

图 12-11 展示了从两个触点（A 和 B）获取的脉冲序列。你从中可以发现，模式本身以 4 个脉冲步进为周期进行重复，由此得名正交编码器。

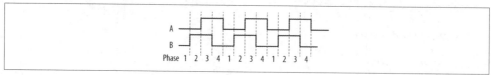

图 12-11　正交编码器工作原理

当顺时针旋转时（图 12-11 所示为从左到右），序列如表 12-1 所示。

表 12-1　顺时针旋转时的序列

相位	A	B
1	0	0
2	0	1
3	1	1
4	1	0

当逆时针旋转时，相位的序列也随之反转，如表 12-2 所示。

表 12-2　逆时针旋转时的序列

相位	A	B
4	1	0
3	1	1
2	0	1
1	0	0

上面的 Python 程序在函数 get_encoder_turn 中实现了用于检测旋转方向的算法。当顺时针方向转动时，该函数返回 1；当逆时针方向转动时，该函数返回-1；当没有发生转动的时候，该函数返回 0。这个程序使用了两个全局变量：old_a 和 old_b，分别用来保存开关 A 和开关 B 的前一个状态。通过与新读数进行比较后，就可以检测（使用了非常巧妙的逻辑）到编码器的转向了。

为了保证下一次采样不会发生在前一次采样后很短的时间内，我们将休眠周期设为 1ms，否则两次采样之间的过渡时间过短会导致产生错误的读数。

无论你以多么快的速度转动这个旋转编码器的把手，该测试程序都能可靠地工作。但是，应该尽量避免在循环中执行耗时的操作，否则可能会丢失一些旋转步进。

12.7.4　提示与建议

此外，你也可以使用可变电阻器和阶跃响应法（见 13.1 节）或者使用数模转换器（见 13.5 节）来检测旋钮的旋转位置。

12.8 使用数字键盘

12.8.1 面临的问题

你想通过数字键盘与树莓派进行交互。

12.8.2 解决方案

数字键盘是以行和列的形式布局的，在行和列的每个交叉处都有一个按键开关。为了弄清哪个按键被按下，首先要将所有行和列连接到树莓派的 GPIO 引脚上。因此，对一个 4×3 的数字键盘来说，需要用到 4+3 个引脚。通过逐次扫描每列（将其设为输出高电平）并读取每行输入的值，就可以检测到哪个键被按下（如果有的话）。

需要注意的是不同数字键盘的引出线的区别会很大。

为了进行本节中的实验，你需要：

● 面包板和跳线；

● 4×3 数字键盘；

● 7 个公头引脚。

图 12-12 展示了使用 SparkFun 数字键盘的项目的布线情况。该数字键盘没有提供插头引脚，所以必须将其焊接到数字键盘上。

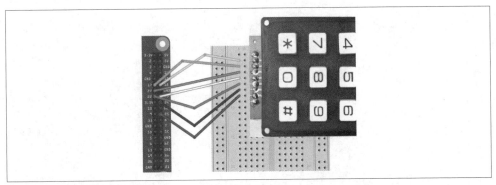

图 12-12 数字键盘布线

打开一个编辑器，并复制、粘贴如下所示的代码（ch_12_keypad.py）。

 在运行该程序之前，请确保对你使用的数字键盘来说，行引脚和列引脚都是正确的，此外，如果需要，可以修改变量 rows 和 cols 的值。否则，当按一个键的时候，可能导致 GPIO 的一个高电平输出与另一个低电平的输出短路。这就可能损坏树莓派。

```
from gpiozero import Button, DigitalOutputDevice
import time
```

```
rows = [Button(17), Button(25), Button(24), Button(23)]
cols = [DigitalOutputDevice(27), DigitalOutputDevice(18), DigitalOutputDevice(22)]
keys = [
    ['1', '2', '3'],
    ['4', '5', '6'],
    ['7', '8', '9'],
    ['*', '0', '#']]

def get_key():
    key = 0
    for col_num, col_pin in enumerate(cols):
        col_pin.off()
        for row_num, row_pin in enumerate(rows):
            if row_pin.is_pressed:
                key = keys[row_num][col_num]
        col_pin.on()
    return key

while True:
    key = get_key()
    if key :
        print(key)
    time.sleep(0.3)
```

当你运行该程序时，每次按下某个键，都会显示在屏幕上面。

```
$ sudo python3 ch_12_keypad.py
1
2
3
4
5
6
7
8
9
*
0
#
```

就像本书中的其他示例代码一样，该程序也可以从本书的相关资源中获取，具体见 3.22 节中的介绍。

每一行和每一列的交叉处都有一个按键开关，因此，当这个开关被按下时，对应的行和列就会连接起来。

这里定义的行和列的布局，对数字键盘 SparkFun 来说是正确的。第一行连接到 GPIO 的 17 号引脚，第二行连接到 25 号引脚，其他依此类推。行和列与数字键盘接口的导线连接如图 12-13 所示。

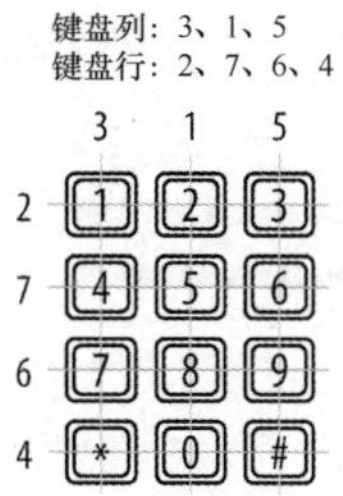
键盘列：3、1、5
键盘行：2、7、6、4
3
1
5
2
7
6
4
1
2
3
4
5
6
7
8
9
*
0
#

图 12-13　数字键盘引脚的连接

12.8.3　进一步探讨

变量 keys 用于存放行列位置与键名之间的映射。你可以根据自己的数字键盘对其进行定制。

所有实际动作都是在函数 get_key 中进行的。它会依次启用每一列，方法是将其设置为高电平。然后，通过一个内部循环依次测试每一行。如果某一行为高电平，那么会在 keys 数组中寻找与这一行和这一列对应的键名。如果没有检测到任何按键动作，那么会返回默认值 key(0)。

主循环 while 只是获取键的值，并输出该值。命令 sleep 只用于降低输出速度。

12.8.4　提示与建议

除了使用数字键盘以外，你还可以使用 USB 数字键盘。这样一来，你就只需要按照 12.11 节描述的方法来捕捉击键动作。

12.9　检测移动

12.9.1　面临的问题

你希望在检测到移动发生时，通过 Python 触发某些动作。

12.9.2　解决方案

你可以使用 PIR 运动检测模块。

为了进行本节中的实验，你需要：

- 母头转母头跳线；
- PIR 运动检测模块。

图 12-14 展示了传感器模块的连接方法。这个模块预期使用 5V 电源，并输出 3.3V 电压，所以可以完美适用于树莓派。

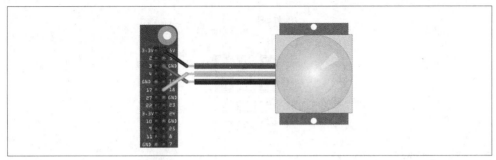

图 12-14　连接 PIR 运动检测模块

　请确保所用的 PIR 运动检测模块具有 3.3V 输出。如果其输出为 5V，则需要使用两个电阻器将其降为 3.3V（见 13.7 节）。

打开一个编辑器，并复制、粘贴如下所示的代码（ch_12_pir.py）。

```
from gpiozero import MotionSensor

pir = MotionSensor(18)

while True:
    pir.wait_for_motion()
    print("Motion detected!")
```

就像本书中的其他示例代码一样，这个程序也可以从本书的代码存储库中下载（见 3.22 节）。

这个程序的功能非常简单，就是输出 18 号 GPIO 输入的状态。

```
$ python3 ch_12_pir.py
Motion Detected
Motion Detected
```

12.9.3　进一步探讨

在 gpiozero 库中，有一个专门用于处理 PIR 传感器的类，即 MotionSensor，因此，我们不妨借助它来处理相关事宜。然而，这个类除了将相关引脚作为数字输入进行监控之外，实际上什么也不做。

一旦触发，PIR 传感器的输出就会保持一段时间的高电平。你可以使用该模块的电路板上的调谐电位器来调整这段时间。另一个调谐电位器（如果有的话）可以用来设置亮度级的阈值。当这个传感器用于控制照明，比如只有在黑夜里检测到移动才打开照明的时候，这个阈值将会非常有用。

12.9.4　提示与建议

关于 MotionSensor 类的详细介绍，需参阅其官网的相关文档。

此外，你还可以将本节与 7.16 节中介绍的方法结合起来，以便检测到有人入侵的时候发送电子邮件，或者集成 IFTTT（If This Then That）服务提供更加完善的通知方式（见 16.4 节）。

要利用机器视觉和网络摄像头检测移动，请阅读 8.6 节。

12.10   为树莓派添加 GPS 模块

12.10.1   面临的问题

你希望给移动树莓派连接一个串行 GPS 模块，然后通过 Python 来访问相应的数据。

12.10.2   解决方案

你可以使用一个 3.3V 输出的串行 GPS 模块，直接连接到树莓派的 RXD 引脚上。这意味着要使其工作，你必须使用 2.6 节中介绍的方法。请注意，虽然这里需要启用串行端口硬件，但不要启用串行控制台选项。

图 12-15 展示了该模块的连接方式。树莓派的 RXD 与 GPS 模块的 TX 相连。然后，就只剩下连接 GND 和 5V 了，所以，我们仅需使用 3 个母头转母头的接头即可。

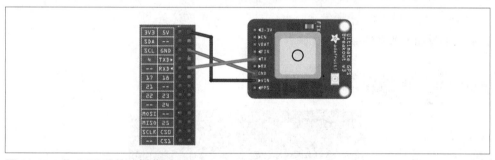

图 12-15   将 GPS 连接至树莓派

你可以使用 Minicom 查看原始 GPS 数据（见 9.7 节）。通过如下所示的 minicom 命令，可以看到在/dev/ttyS0 设备上每秒出现一次的消息。由于较旧版本的 Raspbian 操作系统会将/dev/TTYAMA0 与 TTL 串行端口关联在一起，因此，当你看不到数据时，请尝试使用/dev/TTYAMA0，而非/dev/ttyS0。

```
$ minicom -b 9600 -o -D /dev/ttyS0
$GPRMC,095509.090,V,,,,,0.00,0.00,040619,,,N*4E
$GPVTG,0.00,T,,M,0.00,N,0.00,K,N*32
$GPGGA,095510.090,,,,,0,0,,,M,,M,,*49
```

如果你没有看到任何数据，请检查你的连接，并确保串行端口硬件已启用。需要注意的是，在没有 GPS 信号的情况下，通常也能在室内测试 GPS 模块。但是，如果你想得到实际的 GPS 信号，则需要把树莓派带到户外，或者至少把 GPS 模块放在窗口旁边。

从上面可以看出，GPS 信息需要进行必要的解码。好消息是，有一套很好的工具可以帮助我们完成这些任务。

为此，可以通过下面的命令来安装相应的软件包。

```
$ sudo apt-get install gpsd
$ sudo apt-get install gpsd-clients
```

其中，重点在于 gpsd——这是一个从串行或 USB 连接（以及其他数据来源）读取 GPS 数据的工具，并通过在端口 2748 上提供本地网络服务，将这些数据提供给客户端程序使用。

安装好软件后，需要对配置进行必要的修改。

为此，可通过以下命令来编辑配置/etc/default/gpsd 文件。

```
$ sudo nano /etc/default/gpsd
```

将该文件原来的内容全部删除，并复制、粘贴下列内容。

```
START_DAEMON="true"
USBAUTO="false"
DEVICES="/dev/ttyS0"
GPSD_OPTIONS="-n"
GPSD_SOCKET="/var/run/gpsd.sock"
```

保存文件后，通过下列命令启动 gpsd 服务。

```
$ sudo gpsd /dev/ttyS0
```

然后，通过如下所示的命令检查该服务是否正常运行。

```
$ cgps -s
```

其中，参数-s 是可选的，作用是禁止显示原始数据（见图 12-16）。

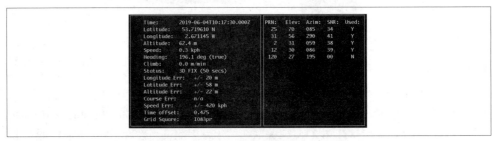

图 12-16　通过 cgps 工具测试 GPS

在安装 gpsd 库的时候，会自动安装一个名为 python-gps 的程序包。如你所料，它是一个 Python 库，有了它，你就可以通过一种简单、正确的方式来访问 GPS 数据了。下面将介绍如何利用 python_gps 和一个简短的测试程序来显示纬度、经度和时间。

为此，请打开一个编辑器，并复制、粘贴如下所示的代码（ch_12_gps_test.py。需要注意的是，不要将这个文件命名为 gps.py，因为这会跟 Python 的 GPS 程序库重名。）

```
from gps import *
session = gps()
session.stream(WATCH_ENABLE|WATCH_NEWSTYLE)
```

```
while True:
    report = session.next()
    if report.keys()[0] == 'epx' :
        lat = float(report['lat'])
        lon = float(report['lon'])
        print("lat=%f\tlon=%f\ttime=%s" % (lat, lon, report['time']))
        time.sleep(0.5)
```

就像本书中的其他示例代码一样，该程序也可以从本书的代码存储库中下载（见 3.22 节）。

运行该程序（这里需要使用 Python 2，而非 Python 3），你将看到类似下面这样的踪迹信息。

```
$ python ch_12_gps_test.py
lat=53.719513 lon=-2.671245 time=2019-06-04T10:40:54.000Z
lat=53.719513 lon=-2.671247 time=2019-06-04T10:40:55.000Z
lat=53.719513 lon=-2.671247 time=2019-06-04T10:40:56.000Z
lat=53.719513 lon=-2.671248 time=2019-06-04T10:40:57.000Z
```

12.10.3　进一步探讨

上面的程序创建了一个会话，然后为了读取数据而建立了相应的数据流。GPS 将以不同的格式重复发送消息。你可以通过命令 if 选取自己需要的消息，即包含位置信息的消息。消息部分被存储在一个字典中，你可以从中访问和显示它们。

你除了可以通过 Python 使用 GPS 数据之外，也可以通过 xgps 工具显示 GPS 数据（见图 12-17）。为此，只需运行下列命令即可。

```
$ xgps
```

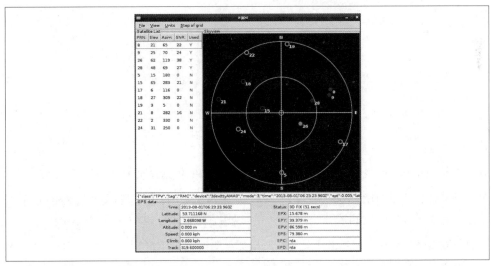

图 12-17　利用 xgps 浏览 GPS 数据

这个工具要求使用显示器，所以，你应该直接在树莓派上运行它，或者通过 VNC（见 2.8 节）、RDP（见 2.9 节）来运行它。

12.10.4　提示与建议

你可以利用同样的方式来使用 USB GPS 模块，详情请访问其官方网站。

关于 gpsd 的详细介绍，请访问其官方网站进行了解。

12.11　拦截按键

12.11.1　面临的问题

你需要拦截 USB 数字键盘或数字键盘上的某个按键。

12.11.2　解决方案

对于这个问题，至少有两种解决方法，最简单的方法是使用 sys.stdin.read 函数。较之于其他方法，该方法的优点在于无须图形用户界面，所以使用这种方法的程序可以从 SSH 会话执行。

打开一个编辑器，并复制、粘贴如下所示的代码（ch_12_keys_sys.py），运行该程序，并按某些按键。

```python
import sys, tty, termios

def read_ch():
    fd = sys.stdin.fileno()
    old_settings = termios.tcgetattr(fd)
    try:
        tty.setraw(sys.stdin.fileno())
        ch = sys.stdin.read(1)
    finally:
        termios.tcsetattr(fd, termios.TCSADRAIN, old_settings)
    return ch

while True:
    ch = read_ch()
    if ch == 'x':
        break
    print("key is: " + ch)
```

就像本书中的其他示例代码一样，该程序也可以从本书的代码存储库中下载（见 3.22 节）。

另一种替代方法是使用 pygame。虽然 pygame 是为编写游戏软件而设计的 Python 库，不过，它也可以用来检测按键。所以，你可以用它检测到按键后执行某些动作。

不过，该程序只能在窗口系统下运行，所以你需要通过 VNC（见 2.8 节）、RDP（见 2.9 节）或者直接在树莓派上运行它。

```python
import pygame
import sys
from pygame.locals import *
```

```
pygame.init()
screen = pygame.display.set_mode((640, 480))
pygame.mouse.set_visible(0)

while True:
    for event in pygame.event.get():
        if event.type == QUIT:
            sys.exit()
        if event.type == KEYDOWN:
            print("Code: " + str(event.key) + " Char: " + chr(event.key))
```

它会打开一个空的 pygame 窗口，并且只有窗口被选中的时候，按键信息才会被截获。该程序将在运行它的终端窗口中输出相应结果。

当使用 stdin 方法读取键盘输入时，如果你按方向键或 Shift 键，由于这些键没有对应的 ASCII 值，所以该程序会抛出错误。

```
$ python3 keys_pygame.py
Code: 97 Char: a
Code: 98 Char: b
Code: 99 Char: c
Code: 120 Char: x
Code: 13 Char:
```

就本例而言，无法使用 Ctrl+C 组合键来停止该程序的运行。要想关闭这个程序，需要单击 pygame 窗口上面的×标记。

12.11.3 进一步探讨

当你使用 pygame 方式的时候，其他键会被定义相应的常数值，从而允许你使用键盘上面的光标及其他非 ASCII 键（比如向上方向键和 Home 键）。利用其他方式的时候，这是无法实现的。

12.11.4 提示与建议

拦截键盘事件的方案可以代替使用数字键盘（见 12.8 节）的方案。

12.12 拦截鼠标移动

12.12.1 面临的问题

你希望利用 Python 检测鼠标移动。

12.12.2 解决方案

这个问题的解决方法与 12.11 节中使用 pygame 拦截键盘事件的方法非常类似。

打开一个编辑器，并复制、粘贴如下所示的代码（ch_12_mouse_pygame.py）。

```
import pygame
import sys
from pygame.locals import *

pygame.init()
screen = pygame.display.set_mode((640, 480))
pygame.mouse.set_visible(0)

while True:
    for event in pygame.event.get():
        if event.type == QUIT:
            sys.exit()
        if event.type == MOUSEMOTION:
            print("Mouse: (%d, %d)" % event.pos)
```

就像本书中的其他示例代码一样，该程序也可以从本书的代码存储库中下载（见 3.22 节）。

每当鼠标指针在 pygame 窗口中移动的时候，就会触发 MOUSEMOTION 事件。你可以根据该事件的 pos 值来获得坐标数据。当然，这个坐标是相对于窗口左上角的绝对坐标。

```
Mouse: (262, 285)
Mouse: (262, 283)
Mouse: (262, 281)
Mouse: (262, 280)
Mouse: (262, 278)
Mouse: (262, 274)
Mouse: (262, 270)
Mouse: (260, 261)
Mouse: (258, 252)
Mouse: (256, 241)
Mouse: (254, 232)
```

12.12.3　进一步探讨

除此之外，其他可以拦截的事件还有 MOUSEBUTTONDOWN 和 MOUSEBUTTONUP。它们可以用来检测鼠标左键按下和释放的时间。

12.12.4　提示与建议

在 pygame 的文档中，你可以找到有关 mouse 类的介绍。

12.13　使用实时时钟模块

12.13.1　面临的问题

你希望树莓派能够记住时间，即使在没有联网的情况下也能如此。

12.13.2　解决方案

你可以使用一个实时时钟（RTC）模块。

DS1307 是一种非常常见的 RTC 芯片，它提供一个 I2C 接口，并且作为一个现成的模块，自身含有芯片、维持精确计时的石英和可以容纳一节 3V 锂电池的电池仓。

为了进行本节中的实验，你需要：

- 一个 DS1307 或兼容 RTC 模块；

- 母头转母头跳线。

 你使用的 RTC 模块必须兼容 3.3V。也就是说，该模块的 I2C 接口要么根本没有上拉电阻器，要么上拉电压为 3.3V，而非 5V。如果这里使用 Adafruit 模块，在焊接到该模块时，不要包含那两个电阻器。如果你有现成的模块，那么务必将所有上拉电阻器都去掉。

如果 RTC 模块为套装形式，请先组装起来，不要忘了摒弃上拉电阻器，然后将该模块连接到树莓派，具体如图 12-18 所示。

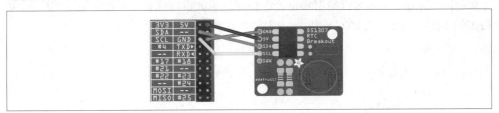

图 12-18　连接 RTC 模块

因为 DS1307 是一种 I2C 模块，所以，必须将你的树莓派设置为在 I2C 模式下工作（见 9.3 节）。为此，你可以使用 i2c-tools 检测该设备是否可见（见 9.4 节）。

```
$ sudo i2cdetect -y 1
     0 1 2 3 4 5 6 7 8 9 a b c d e f
00:          -- -- -- -- -- -- -- -- -- -- -- --
10: -- -- -- -- -- -- -- -- -- -- -- -- -- -- -- --
20: -- -- -- -- -- -- -- -- -- -- -- -- -- -- -- --
30: -- -- -- -- -- -- -- -- -- -- -- -- -- -- -- --
40: -- -- -- -- -- -- -- -- -- -- -- -- -- -- -- --
50: -- -- -- -- -- -- -- -- -- -- -- -- -- -- -- --
60: -- -- -- -- -- -- -- -- 68 -- -- -- -- -- -- --
70: -- -- -- -- -- -- -- --
```

上面表中的 68 表示 RTC 模块被连接到了地址为 68（十六进制）的 I2C 总线上。如果 I2C 表中没有任何条目，请检查你与 RTC 模块的连接是否正常，以及是否摒弃了上拉电阻器。

如果你打算使用原生 B 型树莓派第 1 版，那么需要在上面的命令行（以及以下示例中对 I2C 通道的任何其他引用）的选项 y 之后使用 0。第 1 版的电路板的特别之处在于它有一个黑色的音频接口。另外，恭喜你！你手上的是第 1 代树莓派，或者说是收藏级的树莓派。

接下来，你需要运行下列命令，这样 RTC 就可以为程序 hwclock 所用了。

```
$ sudo modprobe rtc-ds1307
$ sudo bash
```

```
# echo ds1307 0x68 > /sys/class/i2c-adapter/i2c-1/new_device
# exit
$
```

请注意，sudo bash 用于进入超级用户模式，而 exit 用于返回普通用户模式。

现在，你就可以使用以下命令访问 RTC 了。

```
$ sudo hwclock -r
2000-01-01 00:01:29.385239+0000
```

就像你看到的那样，当前尚未设置时钟。

为了设置 RTC 模块的时间，首先要确保树莓派上的时间是正确的。如果树莓派已经连接互联网，时间的设置将会自动完成。为此，你可以使用 date 命令进行检查。

```
$ date
Wed  5 Jun 09:30:05 BST 2019
```

如果时间不正确，你也可以使用 date 命令以手动方式进行设置（见 3.37 节）。为了将树莓派的系统时间传递给 RTC 模块，可以使用如下所示的命令。

```
$ sudo hwclock -w
```

此后，你就可以使用-r 选项来读取时间了，具体命令如下所示。

```
$ sudo hwclock -r
2019-06-05 09:30:49.625077+0100
```

RTC 具有正确时间本身没有多大意义，它的真正用途在于系统重启的时候用它给 Linux 设置正确的系统时间。为此，你需要更改几处设置。

首先，编辑文件/etc/modules（使用命令 sudo nano/etc/modules），在模块列表末尾添加 rtc-ds1307。如果在设置 I2C、SPI 及其他选项时已经添加了一些模块，那么文件看起来应该如下所示（当然，你也可以保留一些额外的条目）。

```
# /etc/modules: kernel modules to load at boot time.
#
# This file contains the names of kernel modules that should be loaded
# at boot time, one per line. Lines beginning with "#" are ignored.
# Parameters can be specified after the module name.

i2c-dev
rtc-ds1307
```

然后，你需要在启动期间自动运行两个命令来设置系统时间。为此，可以使用命令 sudo nano/etc/rc.local 来编辑文件/etc/rc.local，并在最后一行（即 exit 0）的前面插入如下所示两行命令。

```
echo ds1307 0x68 > /sys/class/i2c-adapter/i2c-1/new_device
sudo hwclock -s
```

完成上述工作后，文件将变成下面的样子。

```
#
# In order to enable or disable this script, just change the execution
```

```
# bits.
#
# By default, this script does nothing.

# Print the IP address
_IP=$(hostname -I) || true
if [ "$_IP" ]; then
  printf "My IP address is %s\n" "$_IP"
fi
echo ds1307 0x68 > /sys/class/i2c-adapter/i2c-1/new_device
sudo hwclock -s
exit 0
```

接下来，当你重启的时候，树莓派将根据 RTC 来设置其系统时间。

不过，在有可用的互联网连接的情况下，会优先采用互联网方式来设置系统时间。

12.13.3 进一步探讨

RTC 模块对树莓派来说并非必不可少，因为联网的树莓派会自动通过时间服务器来设置自己的时间。但是，你的树莓派无法保证时刻联网，因此，最好还是选用 RTC 模块。

12.13.4 提示与建议

AB Electronics 提供了一种简洁的 RTC 模块，它可以直接插进 GPIO 接口，这种 RTC 模块如图 12-19 所示。

图 12-19 AB Electronics 的 RTC 模块

本节内容改编自 Adafruit 网站上的一篇指南。

12.14 为树莓派提供重启按钮

12.14.1 面临的问题

你想通过重启按钮来启动树莓派，就像典型的台式计算机那样。

12.14.2 解决方案

在使用完树莓派之后，应该关闭它，否则有可能会损坏 SD 卡映像，这意味着你必须重新安装 Raspbian。关闭树莓派后，你可以通过拔掉 USB 引线，然后把它插回去使其重新启动。但是，除此之外还有一个更干净利落的解决方案：为树莓派添加一个重启按钮。

为了完成本节中的实验，你需要：

- 双向 0.1 英寸接头引脚；

- 循环型 PC 启动按钮或 MonkMakes Squid 按钮；

- 焊接设备。

大多数型号的树莓派都为重启按钮提供了一个接口，虽然该接口的位置因电路板而异，但它总是标记为 RUN。图 12-20 显示了它在树莓派 4 上的位置，图 12-21 显示了它在树莓派 3 上的位置。

图 12-20　RUN 接口在树莓派 4 上的位置

图 12-21　RUN 接口在树莓派 3 上的位置

需要说明的是，这两个触点的孔距为 0.1 英寸，正好与标准的接头引脚相匹配。将插头引脚的短端从树莓派的正面插入，并在背面进行焊接。焊接到位后，带有 RUN 接头引脚的树莓派应该如图 12-22 所示。

图 12-22　连接到树莓派的接头引脚

现在，插脚已经连接好了，接下来只需把重启按钮的接口摁入插脚即可，如图 12-23 所示。

图 12-23　安装了重启按钮的树莓派

12.14.3　进一步探讨

为了测试重启按钮能否正常工作，请启动树莓派，然后，选择 Raspberry 菜单中的 Shutdown 选项来关闭它（见图 12-24）。

图 12-24　关闭树莓派

一段时间后，屏幕将关闭，树莓派将进入暂停模式，在这种模式下，其耗电量最小，基本处于待机状态。

现在，要启动树莓派，只需按下重启按钮就可以了！

12.14.4　提示与建议

关于关闭和启动树莓派的更多信息，参见 1.16 节。

第 13 章

传感器

13.0　引言

在本章中，我们将会通过许多实例来介绍各种传感器的使用方法。在这些传感器的帮助下，树莓派可以测量温度、光线强度等。

与诸如 Arduino 之类的电路板不同的是，树莓派本身并没有提供模拟输入。这就意味着在使用传感器的时候，需要额外提供相应的模数转换器（ADC）硬件。幸运的是，这件事可以轻而易举地完成。除此之外，你还可以将电阻式传感器与电容器和多个电阻器配合使用。

本章中的大部分例子都需要用到免焊面包板和公头转母头跳线（见 9.8 节）。

13.1　使用电阻式传感器

13.1.1　面临的问题

你想要给树莓派连接一个可变电阻器并测量阻值，然后利用 Python 程序确定出可变电阻器的把手位置。

13.1.2　解决方案

你只需要借助一个电容器、几个电阻器和两个多用途的 GPIO 引脚就能在树莓派上测量阻值了。在本例中，你能够通过测量小型可变电阻器从滑块触点到电位器的一端之间的阻值来计算把手的位置。

为了进行本节中的实验，你需要：

- 面包板和跳线；

- 10kΩ调谐电位器；

- 2 个 1kΩ 电阻器；

- 330nF 电容器。

图 13-1 展示了各个元件在面包板上的布局情况。

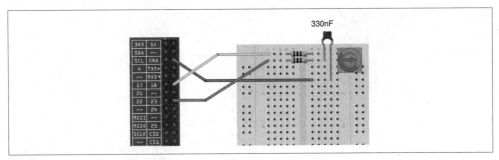

图 13-1　在树莓派上测量阻值

这段代码使用了笔者开发的一个 Python 库，通过这个库，读者可以更轻松地使用各种模拟传感器。为了安装这个库，请运行下面的命令。

```
$ git clone https://github.com/simonmonk/pi_analog.git
$ cd pi_analog
$ sudo python3 setup.py install
```

打开一个编辑器，并复制、粘贴如下所示的代码（ch_13_resistance_meter.py）。

```
from PiAnalog import *
import time

p = PiAnalog()

while True:
    print(p.read_resistance())
    time.sleep(1)
```

就像本书中的其他示例代码一样，下面的程序也可以从本书的代码存储库中下载（见3.22 节）。

该程序运行时，将输出下面所示的内容。

```
$ python3 ch_13_resistance_meter.py
5588.419502667787
5670.842306126099
8581.313103654076
10167.614271851775
8724.539614581638
4179.124682880563
267.41950235897957
```

当你旋转调谐电位器的旋钮的时候，其读数也会随之变化。在理想的情况下，读取的阻值的变化范围为 0～10000Ω，不过实际上会存在一定的误差。

13.1.3　进一步探讨

要想了解类 PiAnalog 的工作机制，需要先了解如何利用阶跃响应技术测量可变电阻器的阻值。

图 13-2 展示了本示例的原理图。

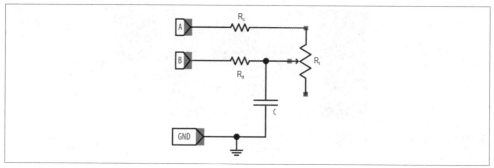

图 13-2　使用阶跃响应技术测量电阻器

该机制之所以名为阶跃响应，是因为它是通过检测输出从低电平变为高电平而引起阶跃变化时电路的响应来工作的。

你可以将电容器视为电子的容器，并且随着电荷不断填充，电容器的电压会不断升高。你无法直接测量电容器的电压，因为树莓派没有 ADC。但是，你可以计算电容器通过充电使其电压超过 1.65V 或形成一个高电平数字输入所需的时间。电容器的充电速度取决于可变电阻器（R_t）的阻值。阻值越小，电容器的充电速度和电压上升的速度就越快。

为了能够获得准确的读数，你必须在每次读数之前清空电容器。在图 13-2 中，线路 A 用于通过 R_c 和 R_t 给电容器充电，线路 B 则用于通过 R_d 给电容器放电（清空）。电阻器 R_c 和 R_d 的作用是当电容器充电和放电的时候，防止有过大的电流损坏树莓派的相关 GPIO 引脚。

读取数值的相关步骤是，首先通过 R_d 对电容器进行放电，然后通过 R_c 和 R_t 对其充电。

为了进行放电，需要将连接 A（GPIO 18）设置为输入，从而有效断开 R_c 和 R_t 与电路的连接。之后，将连接 B（GPIO 23）设为输出低电平，并保持 100ms 以清空电容器。

现在，电容器已经清空，你可以将连接 B 设为输入（有效地断开它），并启用连接 A 为 3.3V 高电平，这样就可以开始充电了。此时，电容器 C 通过 R_c 和 R_t 来进行充电。

图 13-3 展示了这种充放电组合中电阻器和电容器的电压在高低电平之间的切换。

就像上面看到的那样，电容器的电压起初迅速增加，但是电容器充满电之后就会减小。幸运的是，该曲线中我们所关注的部分会以近乎直线的方式一直上升，直至电容器电压达到 1.65V 为止，也就是说，电容器的电压升到这里所花的时间大致与 R_t 的阻值和旋钮的位置成正比。

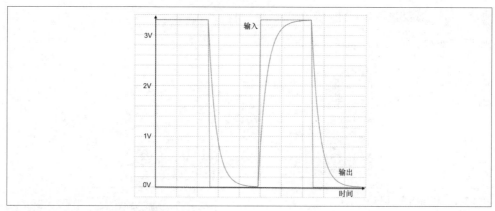

图 13-3　电容器的充电和放电提示

这种方法并不是非常精确，但是成本极低，并且易于使用。产生误差主要是由于电容器的高位值的精度只有 10%。

13.1.4　提示与建议

阶跃响应适用于所有种类的光敏电阻器（见 13.2 节）、温度传感器（见 13.3 节），甚至气体传感器（见 13.4 节）。

关于调谐电位器位置精确测量的详细介绍，参考 13.6 节中联合使用 ADC 和电位器的测量方法。

13.2　测量亮度

13.2.1　面临的问题

你想通过树莓派和光敏电阻器来测量光强。

13.2.2　解决方案

你可以使用 13.1 节中介绍的方法和代码，注意要将调谐电位器换为光敏电阻器。

为了进行本节中的实验，你需要：

- 面包板和跳线；
- 光敏电阻器；
- 2 个 1kΩ 电阻器；
- 330nF 电容器。

Monk Makes 提供的 Electronics Starter Kit for Raspberry Pi 中包含了所有上述元件（见附

录 A 中的"成型设备与套件"部分）。

图 13-4 展示了各元件在面包板上面的布局。

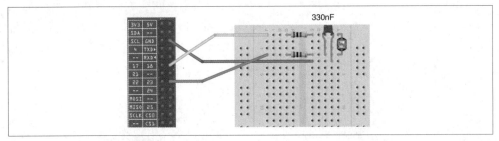

图 13-4 利用树莓派测量光强

使用 13.1 节中的 ch_13_resistance_meter.py 程序的时候，你会发现输出内容会随着你的手在光敏电阻器上方的移动，即根据遮挡住光线多少的变化而发生变化。

需要注意的是，为了使用这个程序，需要安装 PiAnalog 程序库（见 13.1 节）。

这种解决方案提供了较为可靠的亮度读数。作为电阻式传感器（见 13.1 节）的一般解决方案的改进，这种方案可以在绝不会损坏树莓派 GPIO 引脚的情况下测量 0Ω 的电阻器。

13.2.3 进一步探讨

光敏电阻器是这样一种电阻器，其阻值会随着通过透明窗口进入其内的光线的多少而变化。光线越多，阻值越小。一般情况下，阻值会在 1kΩ（强光）到 100kΩ（完全黑暗）之间变动。

实际上，传感器充其量不过给出了一个大致的亮度水平。

13.2.4 提示与建议

你还可以使用 ADC 和光敏电阻器来测量光的强度，具体见 13.6 节。

13.3 利用热敏电阻器测量温度

13.3.1 面临的问题

你想利用热敏电阻器测量温度。

13.3.2 解决方案

热敏电阻器是一种阻值会随着温度而变化的电阻器。利用 13.1 节中介绍的阶跃响应方法可以测量出热敏电阻器的阻值，从而计算出温度。

为了进行本节中的实验，你需要（见图 13-5）：

● 面包板和跳线；

- 1kΩ热敏电阻器；

- 2 个 1kΩ电阻器；

- 330nF 电容器。

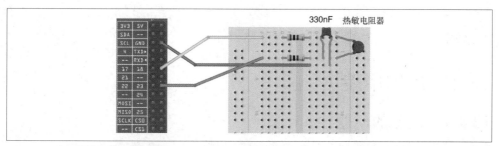

图 13-5 使用热敏电阻器的面包板的布局

Monk Makes 提供的 Electronics Starter Kit for Raspberry Pi 中包含了所有上述元件。在获取热敏电阻器时，要确保了解其 Beta 和 R_0（25℃时的阻值）的值，同时注意它是负温度系数（NTC）设备。

需要注意的是，该程序需要事先安装 PiAnalog 程序库（见 13.1 节）。打开一个编辑器（如 nano 或 IDLE），并复制、粘贴如下所示的代码（ch_13_thermistor.py）。

```
from PiAnalog import *
import time

p = PiAnalog()

while True:
    print(p.read_temp_c())
    time.sleep(1)
```

就像本书中的其他示例代码一样，上面的程序也可以从本书的代码存储库中下载（见 3.22 节）。当你运行该程序时，将会看到一系列以摄氏度为单位的温度值。为了将其转换为华氏度，可以将代码中的函数 p.read_temp_c()改为 p.read_temp_f()。

```
$ python3 ch_13_thermistor.py
18.735789861164392
19.32060395712483
20.2694035007122
21.03181169007422
21.26640936199749
```

13.3.3 进一步探讨

通过热敏电阻器的阻值计算温度的时候，需要利用 Steinhart-Hart 方程进行一些非常复杂的数学运算。这个方程需要知道热敏电阻器的两个值：在 25℃（称为 T_0 或 T_{25}）的阻值，以及用于热敏电阻器的一个常量，称为 Beta 或 B。如果你使用了不同类型的热敏电阻器，在调用 read_temp_c 时，需要将这些值插入相应的代码中，比如：

```
read_temp_c(self, B=3800.0, R0=1000.0)
```

需要注意的是，电容器通常只有 10%的准确性，并且热敏电阻器的 R_0 同样如此，所以不要期待通过它们获得精确的结果。

13.3.4 提示与建议

要想使用 Sense HAT 来测量温度，需参考 13.11 节。

13.4 检测甲烷

13.4.1 面临的问题

你需要使用甲烷气体传感器来测量甲烷气体的浓度。

13.4.2 解决方案

你可以使用廉价的电阻式气体传感器，将其连接到树莓派上来检测甲烷等气体。为此，你可以使用 13.1 节中的阶跃响应方法。

为了进行本节中的实验，你需要：

- 面包板和跳线；
- 甲烷气体传感器；
- 2 个 1kΩ 电阻器；
- 330nF 电容器。

该传感器包含了一个要求使用 5V 最大 150mA 电流的加热元件。只要树莓派的电源能够提供额外的 150mA 电流，就完全可以利用树莓派来供电。

该传感器模块的引脚很粗，所以无法插入面包板的插孔中。为了解决这个问题，可以在每个引脚上焊接一个短的实心焊丝（见图 13-6）。另一种解决办法是购买 SparkFun 的气体传感器分线板。

图 13-6 为甲烷气体传感器焊接导线

如果你使用了 SparkFun 的分线板，你可以按照图 13-7 所示连接面包板；如果你为气体传感器焊接了导线，可以像图 13-8 所示进行连接。

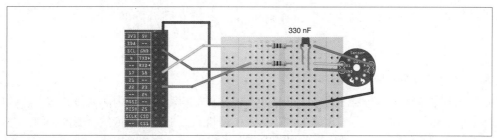

图 13-7　将甲烷气体传感器连接到树莓派（分线板）

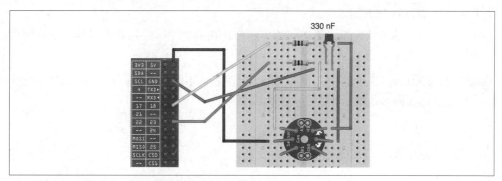

图 13-8　将甲烷气体传感器连接到树莓派（直接链接）

需要注意的是，图 13-8 所示的直接连接方式使用了与分线板相同的符号，而不是传感器自身的符号，不过你若仔细进行检查就会发现，连接的是传感器的 6 个引脚，而非分线板的 4 个引脚。

你可以原封不动地使用 13.1 节中的程序，通过向甲烷气体传感器吹气来进行测试。当你向其吹气的时候，你将看到传感器的读数下降。

13.4.3　进一步探讨

甲烷气体传感器显而易见的用途是搞怪的放屁检测，更严肃的用途是检测天然气的泄漏。比如，假设有一个家庭监控项目，使用各种各样的传感器来监控家居设备。这样，在你度假的时候，如果出现情况，它就会向你发送邮件，通知你家里可能发生爆炸。如果没有情况发生，就不会发送邮件。

图 13-9 中的这些类型的传感器使用了一个加热元件对特定气体敏感的触媒浸渍过的电阻器表面进行加热。当存在某种气体时，触媒层的阻值就会发生变化。

无论是加热元件，还是传感表面，从电子学的角度看都是电阻器。因此，两者可以通过任意方式进行连接。

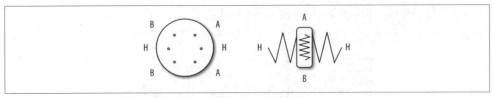

图 13-9　甲烷气体传感器

虽然这种特殊的气体传感器对甲烷最敏感，但是也能检测小范围内的其他气体。这就是对着它吹气的时候，虽然健康的人不会呼出甲烷，但是其读数依然会变的原因。对着该传感器吹气时的冷却效应也会对读数产生影响。

13.4.4　提示与建议

本文所用传感器的参数手册，请访问相关网站，在那里可以找到该传感器的各类敏感气体的所有信息。

除此之外，还有许多廉价的传感器可以用来检测各种不同的气体。关于 SparkFun 提供的传感器，请访问 SparkFun 网站进行了解。

13.5　测量二氧化碳浓度

13.5.1　面临的问题

二氧化碳浓度是空气质量的一个重要指标，因此，你想通过树莓派和相关传感器来测量空气质量。

13.5.2　解决方案

为此，可以使用低成本（或相对低成本）的 MH-Z14A 二氧化碳传感器模块，如图 13-10 所示。将其连接到树莓派上，从而完成相应的测量工作。

图 13-10　连接至树莓派的 MH-Z14A 二氧化碳传感器模块

为了进行这项实验，你需要：

- 一个 MH-Z14A 二氧化碳传感器模块；
- 母头转母头跳线。

然后，将 Z14A 传感器连接到树莓派上，具体连接方式如下：

- 将 MH-Z14A 二氧化碳传感器模块的 16 号引脚与树莓派的 GND 引脚相连；
- 将 MH-Z14A 二氧化碳传感器模块的 17 号引脚与树莓派提供 5V 电压的引脚相连；
- 将 MH-Z14A 二氧化碳传感器模块的 18 号引脚与树莓派的 GPIO 14（TXD）引脚相连；
- 将 MH-Z14A 二氧化碳传感器模块的 19 号引脚与树莓派的 GPIO 15（RXD）引脚相连。

由于该传感器使用串行端口，因此，要使它工作，你必须使用 2.6 节介绍的方法。注意，即使你想启用串行端口硬件，你也不应该启用串口控制台选项。

下面的测试程序从传感器读取二氧化碳的浓度，并每秒报告一次（ch_13_co2.py）。

```python
import serial, time

request_reading = bytes([0xFF, 0x01, 0x86, 0x00, 0x00, 0x00,
                         0x00, 0x00, 0x79])


def read_co2():
    sensor.write(request_reading)
    time.sleep(0.1)
    raw_data = sensor.read(9)
    high = raw_data[2]
    low = raw_data[3]
    return high * 256 + low;

sensor = serial.Serial('/dev/ttyS0')
print(sensor.name)
if sensor.is_open:
    print("Open")

while True:
    print("CO2 (ppm):" + str(read_co2()))
    time.sleep(1)
```

就像本书中的其他示例代码一样，上面的程序也可以从本书的代码存储库中下载（见 3.22 节）。

当程序运行时，二氧化碳浓度应该（除非你在一个不通风的小房间里）约为 400 ppm。如果对着传感器呼气几秒，读数将慢慢开始上升，然后在接下来的几分钟内恢复到正常的读数。

```
$ python3 ch_13_co2.py
/dev/ttyS0
Open
CO2 (ppm):489
```

```
CO2 (ppm):483
CO2 (ppm):483
CO2 (ppm):481
CO2 (ppm):491
CO2 (ppm):517
CO2 (ppm):619
CO2 (ppm):734
CO2 (ppm):896
CO2 (ppm):1367
```

该传感器使用一个请求/响应型的通信协议。因此，当你想从传感器接收读数时，首先需要发送 request_reading 请求，其中含有 9 字节的消息。之后，传感器将立即通过一个长 9 字节的信息进行响应。不过，我们只对字节 2 和字节 3 感兴趣，因为其中存放的是二氧化碳读数的高字节和低字节数据，以 ppm 为单位。

13.5.3　进一步探讨

二氧化碳的正常浓度大约是 400～1000 ppm。如果高于这个范围，空气就会让人感觉沉闷，人们就会感到昏昏欲睡。研究表明，如果通风不良而导致二氧化碳浓度变高，会导致人们萎靡不振。

由于该程序通宵运行，所以，我会让卧室的窗户和门处于半开状态。

13.5.4　提示与建议

感兴趣的读者可以通过网络进一步了解 Z14A 协议。

此外，大家也可以通过网络进一步了解二氧化碳安全浓度方面的更多信息。

13.6　测量电压

13.6.1　面临的问题

你想要测量模拟电压。

13.6.2　解决方案

树莓派的 GPIO 接口仅提供了数字输入。如果你想测量电压，需要使用一个单独的 ADC。

你可以使用 MCP3008 八通道 ADC 芯片。该芯片实际上提供了 8 个模拟输入，因此你可以在每个通道上连接一个传感器（也就是说，最多可以连接 8 个传感器），然后通过树莓派的 SPI 连接到该芯片。

为了进行本节中的实验，你需要：

- 面包板和跳线；

- MCP3008 八通道 ADC IC；

- 10kΩ调谐电位器。

图 13-11 展示了用于该芯片的面包板的布局。请一定确保该芯片朝向的正确性，即芯片封装上面的小缺口应该朝向该面包板的顶端。

图 13-11　在树莓派上使用 MCP3008 ADC IC

可变电阻器的一端连接到 3.3V，另一端接地，这就允许中间的连接可以设置为 0～3.3V 的任意电压。

在实验该程序之前，一定要确保启用了 SPI（见 9.5 节）。

打开一个编辑器（nano 或者 IDLE），并复制、粘贴如下所示的代码（ch_13_adc_test.py）。

```python
from gpiozero import MCP3008
import time

analog_input = MCP3008(channel=0)

while True:
    reading = analog_input.value
    voltage = reading * 3.3
    print("Reading={:.2f}\tVoltage={:.2f}".format(reading, voltage))
    time.sleep(1)
```

就像本书中的其他示例代码一样，上面的程序也可以从本书的代码存储库中下载（见 3.22 节）。

该程序运行时，将输出下面所示的内容。

```
$ python3 ch_13_adc_test.py
Reading=0.60 Voltage=2.00
Reading=0.54 Voltage=1.80
Reading=0.00 Voltage=0.00
Reading=0.00 Voltage=0.00
Reading=0.46 Voltage=1.53
Reading=0.99 Voltage=3.28
```

对 MCP3008 通道来说，相应的读数介于 0 和 1 之间，我们可以将其转换为电压值：只需乘 3.3（供电电压）即可。

13.6.3　进一步探讨

MCP3008 是 10 比特的 ADC，所以当你每次读取的时候，将会返回一个 0～1023 的数字。该测试程序将会把它转化为电压值，方法是将读数乘 3.3，然后除以 1024。你可以参考 13.7 节用到 MCP3008 的示例，从而实现从最多 8 个传感器上读取数值的效果。

此外，你还可以使用电阻式传感器和 MCP3008，将两者与一个定值电阻结合起来构成一个分压器（见 13.7 节和 13.8 节）。

13.6.4　提示与建议

如果你只对侦测旋钮的转动感兴趣，可以使用旋转编码器来代替电位器（见 12.7 节）。

此外，你也可以使用 ADC 芯片而非阶跃响应方式（见 13.1 节）来检测电位器的位置（见 13.1 节）。

要想查看 MCP3008 的参数手册，请访问相关网页。

此外，Pimoroni 的 Explorer HAT Pro 也具有 ADC（见 9.17 节）。

13.7　为测量而降低电压

13.7.1　面临的问题

你想测量一个电压，但是该电压高于 MCP3008 所能承受的 3.3V（见 13.6 节）。

13.7.2　解决方案

你可以使用两个电阻器作为分压器，把电压降低到合适的范围之内。

为了进行下面的实验，你将需要：

- 面包板和跳线；
- MCP3008 八通道 ADC IC；
- 10kΩ 电阻器；
- 3.3kΩ 电阻器；
- 9V 电池和夹线。

图 13-12 展示了该实验中面包板的布局。该配置将用于测量电池的电压。

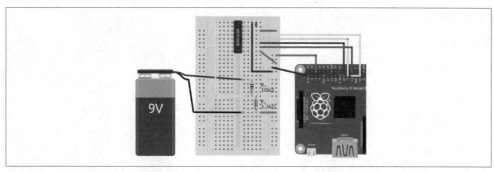

图 13-12 降低模拟输入的电压

绝不要利用本示例来测量高压交流电，以及其他任何类型的交流电。本例仅适用于低压直流电。

打开一个编辑器，并复制、粘贴如下所示的代码（ch_13_adc_scaled.py）。

```
from gpiozero import MCP3008
import time

R1 = 10000.0
R2 = 3300.0
analog_input = MCP3008(channel=0)

while True:
    reading = analog_input.value
    voltage_adc = reading * 3.3
    voltage_actual = voltage_adc / (R2 / (R1 + R2))
    print("Battery Voltage=" + str(voltage_actual))
    time.sleep(1)
```

就像本书中的其他示例代码一样，上面的程序也可以从本书的代码存储库中下载（见3.22 节）。

该程序与 13.6 节中的程序非常相似。主要区别在于该程序使用了两个不同阻值的电阻器进行缩放。这两个电阻器的阻值分别保存在变量 R1 和 R2 中。当你运行该程序的时候，将会显示电池的电压。

```
$ sudo python ch_13_adc_scaled.py
Battery Voltage=8.62421875
```

在连接任何高于 9V 的元件之前，请仔细阅读"进一步探讨"部分的内容，否则有可能损坏 MCP3008。

13.7.3 进一步探讨

本节中的电阻器布局通常称为分压器（见图 13-13）。下面的公式用于计算输出电压，需要提供输入电压的值和两个电阻器的阻值。

$$V_{out} = V_{in} \times R_2 / (R_1 + R_2)$$

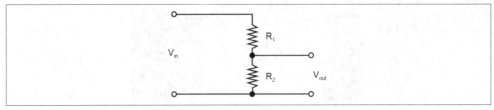

图 13-13　分压器

也就是说，如果 R_1 和 R_2 的值相同（例如 $1k\Omega$），那么 V_{out} 就是 V_{in} 的二分之一。

当你选择 R_1 和 R_2 的时候，还需要考虑通过 R_1 和 R_2 的电流。该电流为 $V_{in}/(R_1+R_2)$。在前面的例子中，R_1 是 $10k\Omega$，而 R_2 是 $3.3k\Omega$，所以，电流为 $9V/13.3k\Omega\approx0.68$ mA。虽然这个电流很小，但仍足以耗尽电池的电量，所以不要总是使其保持连接状态。

13.7.4　提示与建议

为了避免数学计算，你可以使用在线阻值计算器。

当使用电阻式传感器与 ADC 时（见 13.8 节），分压器也可以用来将阻值转换为电压值。

13.8　使用电阻式传感器与 ADC

13.8.1　面临的问题

你有一个电阻式传感器，并且希望将它与 MCP3008 ADC 芯片一起使用。

13.8.2　解决方案

你可以使用带有一个固定阻值电阻器的分压器和电阻式传感器，将传感器的阻值转换为可以用 ADC 测量的电压。

作为一个示例，你可以以将 13.2 节中使用阶跃响应技术的光传感器的项目改为使用MCP3008。

为了进行下面的实验，你将需要：

- 面包板和跳线；
- MCP3008 八通道 ADC IC；
- $10k\Omega$ 电阻器；
- 光敏电阻。

图 13-14 展示了本例使用的面包板的布局。

图 13-14 使用光敏电阻器和 ADC

你可以原封不动地使用 13.6 节中的程序代码（ch_13_adc_test.py）。当你用手遮住光敏传感器的时候，读数就会随之改变。同时，你还需要在树莓派上面设置 SPI，如果尚未设置，参考 9.5 节的相关介绍。

```
$ python3 ch_13_adc_test.py
Reading=0.60 Voltage=2.00
Reading=0.54 Voltage=1.80
```

这些读数可能会有较大的不同，主要取决于你的光敏电阻器，但是重点在于数字会随着亮度的变化而变化。

13.8.3 进一步探讨

定值电阻器的选择并不是非常重要。如果阻值太大或太小，你会发现读数的范围非常小。你可以在电阻式传感器的最大值和最小值之间选择一个阻值。你可能需要先试验几次，才能决定哪个电阻器适用于你关心的读数范围。如果拿不准，可以从 10kΩ 着手，看看效果如何。

你几乎可以将光敏电阻器换成任何电阻式传感器。因此，举例来说，你可以使用 13.4 节中的气体传感器。

13.8.4 提示与建议

如果想要在不借助 ADC 的情况下测量光线强度，请阅读 13.2 节。关于一次使用多个 ADC 通道的例子，请参考 13.13 节。

13.9 使用 ADC 测量温度

13.9.1 面临的问题

你想使用 TMP36 和一个模数转换器来测量温度。

13.9.2 解决方案

你可以使用 MCP3008 ADC 芯片。

可是，除非你需要多个模拟通道，否则你应该考虑使用 DS18B20 数字温度传感器，因为它更加准确，并且不需要单独的 ADC 芯片（见 13.12 节）。

为了进行下面的实验，你需要：

- 面包板和跳线；
- MCP3008 八通道 ADC IC；
- TMP36 温度传感器。

图 13-15 展示了本例使用的面包板的布局。

图 13-15　使用 TMP36 与 ADC

请务必确保 TMP36 的朝向正确无误。其封装的一面是平坦的，而另一面是弯曲的。

你需要在树莓派上设置 SPI，如果尚未设置，请参考 9.5 节的相关内容。

打开一个编辑器，并复制、粘贴如下所示的代码（ch_13_adc_tmp36.py）。

```python
from gpiozero import MCP3008
import time

analog_input = MCP3008(channel=0)

while True:
    reading = analog_input.value
    voltage = reading * 3.3
    temp_c = voltage * 100 - 50
    temp_f = temp_c * 9.0 / 5.0 + 32
    print("Temp C={:.2f}\tTemp F={:.2f}".format(temp_c, temp_f))
    time.sleep(1)
```

就像本书中的其他示例代码一样，上面的程序也可以从本书的代码存储库中下载（见 3.22 节）。

该程序是基于 13.6 节中的示例代码的，只是多了一些关于摄氏温度和华氏温度转换的数学计算。

```
$ python3 ch_13_adc_tmp36.py
Temp C=18.64        Temp F=65.55
Temp C=20.25        Temp F=68.45
Temp C=23.47        Temp F=74.25
Temp C=25.08        Temp F=77.15
```

13.9.3　进一步探讨

TMP36 会输出与温度稳定成正比的电压。根据 TMP36 数据手册的说明，摄氏温度的值可以通过电压（以 V 为单位）乘 100 减去 50 计算出来。

TMP36 非常适用于计算近似温度，不过额定精度只有 2℃。如果使用长导线来连接它，精度将会更差。从某种程度上讲，你可以校正单个设备，但是要提高精度，需要使用一个 DS18B20（见 13.12 节），它在 -10～85℃ 范围内的标称精度为 0.5%。由于其是一个数字设备，所以在使用长导线连接的情况下也不会损失精度。

13.9.4　提示与建议

关于 TMP36 的参数手册，请访问相应的网站。

若想利用热敏电阻器测量温度，请阅读 13.3 节。

要想使用数字温度传感器（DS18B20）来测量温度，请阅读 13.12 节。

要想使用 Sense HAT 来测量温度，请阅读 13.11 节。

13.10　测量树莓派的 CPU 温度

13.10.1　面临的问题

你想要知道树莓派的 CPU 目前到底有多么热。

13.10.2　解决方案

你可以使用 os 库访问 Broadcom 芯片内置的温度传感器。

打开一个编辑器，并复制、粘贴如下所示的代码（ch_13_cpu_temp.py）。

```
import os, time

while True:
    dev = os.popen('/opt/vc/bin/vcgencmd measure_temp')
```

```
cpu_temp = dev.read()
print(cpu_temp)
time.sleep(1)
```

就像本书中的其他示例代码一样，上面的程序也可以从本书的代码存储库中下载（见 3.22 节）。

当你运行此程序时，它就会报告温度。请注意，这里输出的消息实际上是一个字符串，开头部分是 temp=，后面是温度值，此处的温度单位为℃。

```
$ python3 ch_13_cpu_temp.py
temp=33.6'C
temp=33.6'C
```

13.10.3　进一步探讨

如果你想利用数字而非字符串来表示温度，可以去掉多余的文本，并将数字转换为浮点数。对此，有一个专门的示例程序，名为 ch_13_cpu_temp_float.py。

```
import os, time

while True:
    dev = os.popen('/opt/vc/bin/vcgencmd measure_temp')
    cpu_temp_s = dev.read()[5:-3] # top and tail string
    cpu_temp = float(cpu_temp_s)
    print(cpu_temp)
    time.sleep(1)
```

13.10.4　提示与建议

关于截取字符串的详细介绍，参考 5.15 节。

若想利用热敏电阻器测量温度，参考 13.3 节。

要想利用 TMP36 来测量温度，参考 13.9 节。

关于利用数字温度传感器（DS18B20）测量温度的说明，参考 13.12 节。

要想使用 Sense HAT 来测量温度，参考 13.11 节。

13.11　利用 Sense HAT 测量温度、湿度和气压

13.11.1　面临的问题

你想测量温度、湿度和气压，但是不想使用 3 个独立的传感器。

13.11.2　解决方案

你可以使用树莓派的 Sense HAT（见图 13-16）。这样，你不仅获得了 3 种传感器，同时还有一个类似显示器的东西。

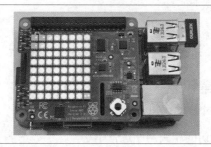

图 13-16 Sense HAT

对 Raspbian 操作系统来说，它已经预安装了 Sense HAT 软件。

打开一个编辑器，并复制、粘贴如下所示的代码（ch_13_sense_hat_thp.py）。

```python
from sense_hat import SenseHat
import time

hat = SenseHat()

while True:
    t = hat.get_temperature()
    h = hat.get_humidity()
    p = hat.get_pressure()
    print('Temp C:{:.2f} Hum:{:.0f} Pres:{:.0f}'.format(t, h, p))
    time.sleep(1)
```

就像本书中的其他示例代码一样，上面的程序也可以从本书的代码存储库中下载（见 3.22 节）。

当你运行该程序时，可以在终端看到下列内容。

```
$ python3 ch_13_sense_hat_thp.py
Temp C:27.71 Hum:56 Pres:1005
Temp C:27.60 Hum:55 Pres:1005
```

其中，温度以摄氏度为单位，湿度是相对湿度百分比，气压以毫巴为单位。

13.11.3 进一步探讨

你会发现，Sense HAT 的温度读数会偏高，这是因为温度传感器内置在湿度传感器中，并且位于 Sense HAT PCB。虽然 Sense HAT 的发热量很小（除非你用了显示器），但位于该 Sense HAT 下面的树莓派会变热，从而增加该 HAT 的温度。避免这个问题的最好方法是使用一个 40 路的带状电缆让 Sense HAT 远离树莓派。此外，你还可以尝试利用树莓派的温度读数来修正该读数，具体请参考相关论坛上的讨论。就个人而言，我觉得这些校正尝试可能仅仅适用于发帖用户自身的特定情况，而不太可能产生可靠的结果。

就像从湿度传感器中读取温度一样，压力传感器也提供了一个内置的温度传感器，你可以通过下面的方法来读取。

```
t = hat.get_temperature_from_pressure()
```

目前，尚未有文档明确指出该读数是否比使用湿度传感器读取的更准确，但根据我的实验情况来看，它报告的温度通常比湿度传感器的读数低 1℃左右。

13.11.4　提示与建议

关于 Sense HAT 的入门知识，参考 9.16 节。

Sense HAT 的编程指南请访问相关网站进行了解。

此外，Sense HAT 还为导航类型项目提供了一个加速度计、陀螺仪（见 13.15 节）和磁力仪（见 13.14 节）。它还提供了一个 8×8 全彩 LED 矩形显示设备（见 14.3 节）。

13.12　利用数字传感器测量温度

13.12.1　面临的问题

你想利用精确的数字传感器来测量温度。

13.12.2　解决方案

你可以使用 DS18B20 数字温度传感器。这个设备比 13.9 节中使用的 TMP36 更加精确，并且因为使用数字接口，所以它无须 ADC 芯片。

尽管该芯片的接口称为单线，但是它仅仅是针对数据引脚而言的。所以，你至少还需要另外一根导线来连接单线设备。

为了进行本节中的实验，你需要：

- 面包板和跳线；
- DS18B20 温度传感器；
- 4.7kΩ电阻器。

请按照图 13-17 展示的方式将各个元件安装到面包板上。请务必确保 DS18B20 朝向的正确性。

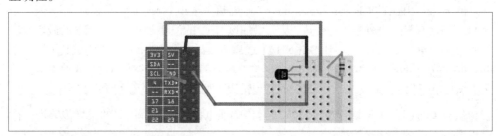

图 13-17　将一个 DS18B20 连接到树莓派

对最新版的 Raspbian 来说，它已经支持 DS18B20 所用的单线接口，但是你必须启用它才行。为此，我们可以借助于 Raspberry Pi Configuration 工具，具体见图 13-18。

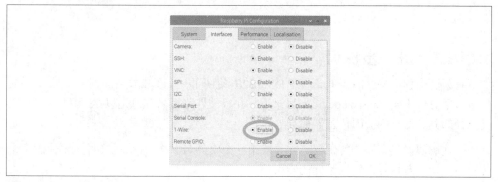

图 13-18　启用单线接口

打开一个编辑器，并复制、粘贴如下所示的代码（ch_13_temp_DS18B20.py）。

```python
import glob, time

base_dir = '/sys/bus/w1/devices/'
device_folder = glob.glob(base_dir + '28*')[0]
device_file = device_folder + '/w1_slave'

def read_temp_raw():
    f = open(device_file, 'r')
    lines = f.readlines()
    f.close()
    return lines

def read_temp():
    lines = read_temp_raw()
    while lines[0].strip()[-3:] != 'YES':
        time.sleep(0.2)
        lines = read_temp_raw()
    equals_pos = lines[1].find('t=')
    if equals_pos != -1:
        temp_string = lines[1][equals_pos+2:]
        temp_c = float(temp_string) / 1000.0
        temp_f = temp_c * 9.0 / 5.0 + 32.0
        return temp_c, temp_f

while True:
    temp_c, temp_f = read_temp()
    print('Temp C={:.2f}\ttemp F={:.2f}'.format(temp_c, temp_f))
    time.sleep(1)
```

就像本书中的其他示例代码一样，下面的代码也可以直接从本书的代码存储库中下载，详见 3.22 节。

当程序运行时，每隔 1s 就会同时使用摄氏温度和华氏温度报告一次温度值。

```
$ python3 ch_13_temp_DS18B20.py
temp C=25.18    temp F=77.33
temp C=25.06    temp F=77.11
temp C=26.31    temp F=79.36
temp C=28.87    temp F=83.97
```

13.12.3 进一步探讨

乍一看,这个程序好像有点儿奇怪。DSI8B20 使用了一个类似文件的接口。设备的文件接口部分位于/sys/bus/wl/devices/目录下,并且文件路径名称总是以 28 开头,但是文件路径的其余部分则会因传感器而异。

这里的代码假设只有一个传感器,并寻找第一个文件名以 28 开头的文件,要使用多个传感器,请在方括号内使用不同的索引值。

在该文件夹中会有一个名为 w1_slave 的文件,为了查找温度读数,程序会打开并读取该文件。

传感器返回的字符串文本如下所示。

```
81 01 4b 46 7f ff 0f 10 71 : crc=71 YES
81 01 4b 46 7f ff 0f 10 71 t=24062
```

温度部分位于 t=之后,其单位是千分之一摄氏度。

函数 read_temp 会计算温度,并返回摄氏温度和华氏温度的读数。

除了 DS18B20 的基本芯片版本外,你还可以购买坚固耐用的防水封装版本。

13.12.4 提示与建议

要了解记录读数的方法,请阅读 13.23 节。

本节内容主要来自 Adafruit 教程。

关于 DS18B20,请查看其说明书。

关于使用热敏电阻器测量温度的介绍,参考 13.3 节。

关于使用 TMP36 测量温度的方法,参考 13.9 节。

关于使用 Sense HAT 测量温度的方法,参考 13.11 节。

13.13 利用 MMA8452Q 模块测量加速度

13.13.1 面临的问题

你想给树莓派连接一个三轴加速度计。

13.13.2 解决方案

你可以使用一个 I2C 加速度计芯片来测量 x 轴、y 轴和 z 轴的模拟输出。

为了进行下面的实验，你将需要：

- 面包板；
- 4 根母头转母头跳线；
- MMA8452Q 三轴加速度计。

图 13-19 展示了本示例所用的面包板的布局。本示例使用三通道 ADC 来测量 x、y 和 z 方向上的力。

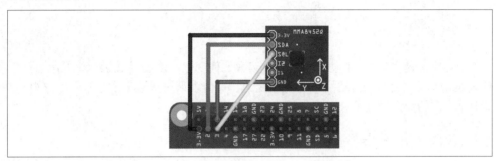

图 13-19 使用三轴加速度计

你需要在树莓派上设置 SPI，如果尚未设置，参考 9.3 节中的相关介绍。

打开一个编辑器，并复制、粘贴如下所示的代码（ch_13_i2c_acc.py）。

```python
import smbus
import time

bus = smbus.SMBus(1)

i2c_address = 0x1D
control_reg = 0x2A

bus.write_byte_data(i2c_address, control_reg, 0x01) # Start
bus.write_byte_data(i2c_address, 0x0E, 0x00) # 2g range

time.sleep(0.5)

def read_acc():
    data = bus.read_i2c_block_data(i2c_address, 0x00, 7)
    x = (data[1] * 256 + data[2]) / 16
    if x > 2047 :
        x -= 4096
    y = (data[3] * 256 + data[4]) / 16
    if y > 2047 :
        y -= 4096
    z = (data[5] * 256 + data[6]) / 16
```

```
    if z > 2047 :
        z -= 4096
    return (x, y, z)

while True:
    print("x={:.6f}\ty={:.6f}\tz={:.6f}".format(x, y, z))
    time.sleep(0.5)
```

就像本书中的其他示例代码一样，上面的程序也可以从本书的代码存储库中下载（见 3.22 节）。

该程序只是简单读取 3 个力，并将其输出。

```
$ python3 ch_13_i2c_acc.py
x=-933.000000 y=251.000000 z=-350.000000
x=-937.000000 y=257.000000 z=-347.000000
x=-933.000000 y=262.000000 z=-350.000000
x=-931.000000 y=259.000000 z=-355.000000
x=-1027.000000 y=-809.000000 z=94.000000
```

我们可以将加速度计向不同方向倾斜，看读数如何变化。读数为 0 表示没有净力。正值（2g 时最高为 2047）表示在该方向上受力，负值表示在其相反方向上受力。你可以看到 z 方向的受力接近于 -1023（1g）。

13.13.3　进一步探讨

有时候，我们可能需要改变设备的 I2C 地址。为此，可以先连接好，然后运行下面的命令来查看地址。

```
$ sudo i2cdetect -y 1
     0 1 2 3 4 5 6 7 8 9 a b c d e f
00:          -- -- -- -- -- -- -- -- -- -- -- -- --
10: -- -- -- -- -- -- -- -- -- -- -- -- -- 1d -- --
20: -- -- -- -- -- -- -- -- -- -- -- -- -- -- -- --
30: -- -- -- -- -- -- -- -- -- -- -- -- -- -- -- --
40: -- -- -- -- -- -- -- -- -- -- -- -- -- -- -- --
50: -- -- -- -- -- -- -- -- -- -- -- -- -- -- -- --
60: -- -- -- -- -- -- -- -- -- -- -- -- -- -- -- --
70: -- -- -- -- -- -- -- --
```

如你所见，在本例中，我使用的模块的 I2C 地址是 1d。这就是程序中的变量 i2c_address 被设置的值。

根据前面的 Python 代码可知，该设备有一个控制寄存器（control_reg），必须向其写入命令 1 以启动设备运行。所以，我们将配置命令 1 写入控制寄存器，将设备的加速度范围设置为最大 2g。这些参数在 MMA8452Q 的数据手册中有详细的规定。

加速度的具体值可以从 I2C 总线读取，实际上，它们被分成 x、y 和 z 这 3 个加速度读数。

加速度计最常见的用途就是检测倾斜。之所以能够检查倾斜，是因为 z 轴力会受到重力的影响（见图 13-20）。

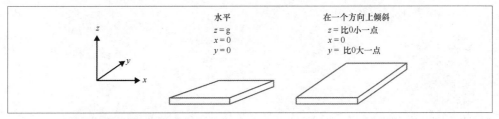

图 13-20　用加速度计检测倾斜度

当加速度计在一个方向上倾斜的时候，垂直向下的重力会作用在加速度计的其他轴上。

我们可以利用这个原理来检测何时倾斜超过了指定的阈值。下面的程序（ch_13_i2c_acc_tilt.py）将对此进行演示。

```python
import smbus
import time

bus = smbus.SMBus(1)

i2c_address = 0x1D
control_reg = 0x2A

bus.write_byte_data(i2c_address, control_reg, 0x01) # Start
bus.write_byte_data(i2c_address, 0x0E, 0x00) # 2g range

time.sleep(0.5)

def read_acc():
    data = bus.read_i2c_block_data(i2c_address, 0x00, 7)
    x = (data[1] * 256 + data[2]) / 16
    if x > 2047 :
        x -= 4096
    y = (data[3] * 256 + data[4]) / 16
    if y > 2047 :
        y -= 4096
    z = (data[5] * 256 + data[6]) / 16
    if z > 2047 :
        z -= 4096
    return (x, y, z)

while True:
    x, y, z = read_acc()
    if x > 400:
        print("Left")
    elif x < -400:
        print("Right")
    elif y > 400:
        print("Back")
    elif y < -400:
        print("Forward")
    time.sleep(0.2)
```

当你运行该程序的时候，就会看到方向消息。

```
$ python3 ch_13_i2c_acc_tilt.py
Left
Left
Right
Forward
Forward
Back
Back
```

你可以用这个代码来控制一个漫游机器人或连接了网络摄像头的电动云台。

13.13.4 提示与建议

关于 MMA8452Q 模块的更多信息，请访问相关网站进行了解。

Sense HAT 也包含一个加速度计（见 13.15 节）。

13.14 使用 Sense HAT 检测磁北

13.14.1 面临的问题

你希望通过 Sense HAT 检测磁北。

13.14.2 解决方案

你可以通过 Sense HAT 中内置的 3 轴磁力仪对应的 Python 库来寻找磁北。

首先，你需要按照 9.16 节介绍的方法来安装 Sense HAT 库。

打开一个编辑器，并复制、粘贴如下所示的代码（ch_13_sense_hat_compass.py）。

```python
from sense_hat import SenseHat
import time

sense = SenseHat()

while True:
    bearing = sense.get_compass()
    print('Bearing: {:.0f} to North'.format(bearing))
    time.sleep(0.5)
```

就像本书中的其他示例代码一样，上面的程序也可以从本书的代码存储库中下载（见 3.22 节）。

当你运行这个程序的时候，将看到一系列的方位读数。

```
$ python3 ch_13_sense_hat_compass.py
Bearing: 138 to North
Bearing: 138 to North
```

13.14.3 进一步探讨

罗盘对其附近的所有磁场都非常敏感，所以你可能很难得到准确的方位。

13.14.4 提示与建议

关于 Sense HAT 的相关文档，请访问相关网站。

要想利用 Sense HAT 检测磁场，请阅读 13.17 节。

13.15　使用 Sense HAT 的惯性管理单元

13.15.1 面临的问题

你希望通过树莓派获得比 13.13 节中加速度计提供的读数更加精确的方位信息。

13.15.2 解决方案

你可以使用 Sense HAT 的惯性管理单元（Inertial Measurement Unit，IMU）。这个单元
不仅包含类似 13.12 节中使用的三轴加速度计，而且提供了三轴陀螺仪和磁力仪。通过
将这 3 个不同传感器的读数组合起来，你就能够获得 Sense HAT 更加准确的方位信息，
通常用俯仰角、滚转角和偏航角来表示，具体如图 13-21 所示。

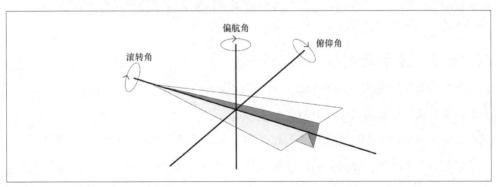

图 13-21　俯仰角、滚转角和偏航角

俯仰角、滚转角和偏航角是来自航空领域的 3 个术语，它们都是相对飞机的飞行而言的。
俯仰角是相对于水平面的夹角，滚转角是绕飞机的飞行轴线的旋转角度（设想一个机翼
向上，而另一个向下），偏航角是针对水平轴的左右夹角（想想改变方向的情形）。

打开一个编辑器，并复制、粘贴如下所示的代码（ch_13_sense_hat_orientation.py）。

```
from sense_hat import SenseHat

sense = SenseHat()

sense.set_imu_config(True, True, True)

while True:
    o = sense.get_orientation()
```

```
        print("p: {:.0f}, r: {:.0f}, y: {:.0f}".format(o['pitch'], o['roll'],
o['yaw']))
```

就像本书中的其他示例代码一样，上面的程序也可以从本书的代码存储库中下载（见
3.22 节）。

set_imu_config 函数规定在罗盘、陀螺仪和加速度计（按照此顺序）中使用哪些仪器来
测量方位。如果将 3 种仪器都设为 True，则意味着它们都将参与测量。

当你运行该程序的时候，将看到类似下面这样的输出内容。

```
$ python3 ch_13_sense_hat_orientation.py
p: 1, r: 317, y: 168
p: 1, r: 318, y: 169
```

如果你朝着 USB 接口的方向倾斜 Sense HAT 和树莓派，就会看到俯仰角的数值随之增加。

13.15.3　进一步探讨

一个加速度计可以测量静止物体的受力，因此可以通过测量重力（z 轴）在 x 轴和 y 轴
上分力的大小来计算倾斜程度。

陀螺仪的工作原理有所不同，它是通过科里奥利效应来测量绕运动方向转动的同时来
回摇摆的运动物体的受力的。

13.15.4　提示与建议

关于 Sense HAT 的 IMU 的详细信息，请访问相关网站。

要想测量温度、湿度和气压，请阅读 13.11 节。

此外，Sense HAT 的 IMU 可以用来制作罗盘，以及用来感应磁场（见 13.17 节）。

想了解更多关于陀螺仪和科里奥利效应的内容，请访问相关网站。

13.16　利用簧片开关检测磁场

13.16.1　面临的问题

你想检测是否存在磁场。

13.16.2　解决方案

你可以使用一个簧片开关（见图 13-22）。它的工作方式与普通开关类似，不过只有当靠
近磁场时才会被激发。

簧片开关在玻璃管中封装了两个簧片触点。当磁场靠近这个簧片开关时，簧片就会吸
合在一起，从而接通电路。簧片开关的工作原理如图 13-23 所示。

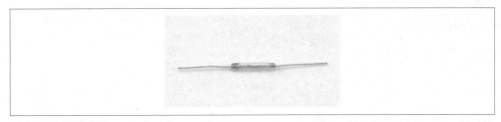

图 13-22　簧片开关

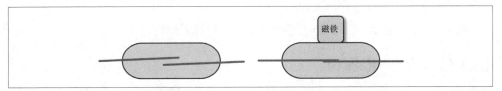

图 13-23　簧片开关的工作原理

在第 12 章中，从 12.1 节开始介绍的所有普通开关的示例代码都可以用于本节。

13.16.3　进一步探讨

簧片开关是一种技术含量不高的用于磁场检测的元件。该元件自 20 世纪 30 年代就已经出现了，所以非常可靠。它还用于某些安防系统中，即把塑料封装的簧片开关放到门框中，然后在门本身放入塑料封装的固定磁铁。当门打开时，簧片开关触点就会分开，从而触发报警。

13.16.4　提示与建议

关于利用 Sense HAT 的磁力仪检测磁场的方法，参考 13.17 节。

13.17　利用 Sense HAT 感应磁场

13.17.1　面临的问题

你想通过 Python 程序，利用 Sense Hat 内置的磁力仪来检测磁场。

13.17.2　解决方案

你可以通过 Sense HAT 的 Python 库来使用它的磁力仪。

打开一个编辑器，并复制、粘贴如下所示的代码（ch_13_sense_hat_magnet.py）。

```python
from sense_hat import SenseHat
import time

hat = SenseHat()
fill = (255, 0, 0)
```

```
while True:
    reading = int(hat.get_compass_raw()['z'])
    if reading > 200:
        hat.clear(fill)
        time.sleep(0.2)
    else:
        hat.clear()
```

就像本书中的其他示例代码一样，上面的程序也可以从本书的代码存储库中下载（见 3.22 节）。

当磁铁靠近 Sense HAT 时，LED 就会全部变红，持续时间为 0.2s。

13.17.3 进一步探讨

使用哪个轴上的罗盘数据并不重要，因为存在固定磁铁的时候，它们都会受到极大干扰。

13.17.4 提示与建议

要想利用簧片开关检测磁场，可以参考 13.16 节。

关于 Sense HAT 显示器的其他使用方法，参考 14.3 节。

13.18 测量距离

13.18.1 面临的问题

你想利用超声波测距仪测量距离。

13.18.2 解决方案

你可以使用一个廉价的 HC-SR04 测距仪。这类设备需要两个 GPIO 引脚：一个引脚用来发射超声波脉冲信号，另一个引脚用来监视反射波返回所用的时间。

为了进行本节中的实验，你需要：

- 面包板和跳线；

- HC-SR04 测距仪；

- 470Ω 电阻器；

- 270Ω 电阻器。

请按照图 13-24 所示将元件安装到面包板上。为了将测距仪反射波输出从 5V 降到 3.3V，电阻器是必不可少的（见 9.12 节）。

打开一个编辑器，并复制、粘贴如下所示的代码（ch_13_ranger.py）。

```
from gpiozero import DistanceSensor
from time import sleep

sensor = DistanceSensor(echo=18, trigger=17)
while True:
    cm = sensor.distance * 100
    inch = cm / 2.5
    print("cm={:.0f}\tinches={:.0f}".format(cm, inch))
    sleep(0.5)
```

就像本书中的其他示例代码一样，上面的程序也可以从本书的代码存储库中下载（见 3.22 节）。

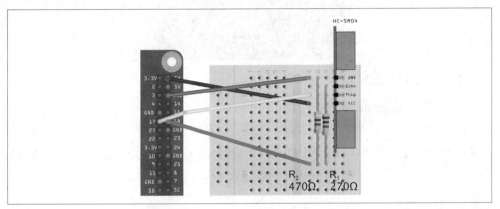

图 13-24   将 SR04 测距仪连接至树莓派

程序的用法将在"进一步探讨"中介绍。当程序运行时，它会每秒返回一次距离，分别以厘米和英寸为单位。当你使用手或其他障碍物挡住它时，读数就会发生相应的变化。

```
$ python3 ch_13_ranger.py
cm=154.7    inches=61.8
cm=12.9     inches=5.1
cm=14.0     inches=5.6
cm=20.2     inches=8.0
```

13.18.3   进一步探讨

尽管可选用的超声波测距仪的类型很多，但是这里使用的这种类型更简单易用，同时更加廉价。它的工作机制是先发送超声波脉冲信号，然后测量接收到反射波所用的时间。该设备前面的一个圆形超声换能器是发射装置，另一个是接收装置。这个过程是由树莓派进行控制的。这种类型的设备与其他更加昂贵的模块相比，不同之处在于更加昂贵的版本自身带有微控制器，该控制器能够完成所有所需的时间测量，并提供一个 I2C 或串行端口来返回最终的读数。

当你在树莓派上使用这些类型的传感器的时候，测距仪的输入 trig（触发器）要连接到 GPIO 输出上，同时测距仪的输出 echo 要连接到树莓派的 GPIO 输入上，但是首先要把电压从 5V 降到 3.3V。

图 13-25 展示了该传感器在工作时的示波器跟踪图。顶部的（红色）追踪图连接到 trig 引脚，而底部的（黄色）跟踪图连接到 echo。你可以看到，最初 trig 引脚产生了一个高电平短波，然后，在 echo 引脚变为高电平短波之前有一个短暂延迟。之后，它会在高电平上保持一段时间，时间长短与到传感器的距离成正比。

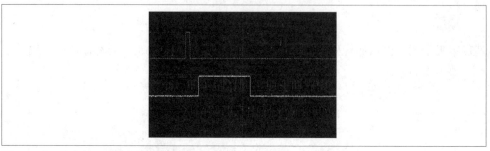

图 13-25　触发和回波的示波器跟踪图

这个程序需要使用 gpiozero 库中的 DistanceSensor 类，它可以替我们完成超声波的生成和测量工作。

这种测距方法得到的结果不是十分准确，因为温度、压力和相对湿度都会影响超声波的传播速度，从而影响距离读数的准确性。

13.18.4　提示与建议

要想查看超声波测距仪的参数手册，请访问相关网站。

关于 DistanceSensor 类的说明文档，需访问相关网站。

13.19　使用飞行时间传感器测量距离

13.19.1　面临的问题

你想在不使用超声波的情况下测量距离（也许你担心动物会被超声波吓到，或者想更精确地测量距离）。

13.19.2　解决方案

使用 VL53L1X I2C 飞行时间（Time of Flight，ToF）传感器。这种类型的传感器与对应的超声波传感器相比价格要更贵。然而，由于它们使用的是光而不是声音，所以它们更加准确。

这类设备中，最常见的便是 VL53L1X，这是一种比较容易获取的低成本模块。在这里，我们使用的 Pimoroni 器件的优点是其与 Pimoroni Breakout Garden 系统完全兼容，因此我们无须焊接，直接插上就能用了。图 13-26 显示了相应的 ToF 传感器和 Pimoroni Breakout Garden。

图 13-26　VL53L1X ToF 传感器与 Pimoroni Breakout Garden

为了完成这里的实验，你需要：

- Pimoroni Breakout Garden；
- Pimoroni VL53L1X 距离传感器。

或者：

- 通用的 VL53L1X 距离传感器模块；
- 4 根公头转母头跳线。

然后，将这个 I2C 设备连接到树莓派，就像连接其他设备一样。该设备的工作电压为 3V，所以，除了连接提供 3V 电压的引脚和 GND 引脚外，还应该将该传感器的 SDA 引脚连接到树莓派的 SDA 引脚（也称为 GPIO 2），将传感器的 SCL 引脚连接到树莓派的 SCL 引脚（即 GPIO 3）。

如果你选择使用 Pimoroni Breakout Garden，则只需确保将传感器按照正确的方向插入即可（见图 13-26）；如果使用跳线，则按以下方式连接设备：

- 将 VL53L1X 的 VCC 引脚与树莓派的 3V 引脚相连；
- 将 VL53L1X 的 GND 引脚与树莓派的 GND 引脚相连；
- 将 VL53L1X 的 SDA 引脚与树莓派的 GPIO 2（SDA）引脚相连；
- 将 VL53L1X 的 SCL 引脚与树莓派的 GPIO 3（SCL）引脚相连。

由于 VL53L1X 使用的是 I2C 总线，因此你需要按照 9.3 节中介绍的方法启用它。启用后，还需要运行以下命令来安装 VL53L1X 的相关软件。

```
$ sudo pip3 install smbus2
$ sudo pip3 install vl53l1x
```

这个测试程序（ch_13_tof.py）运行时，会每秒输出一次测距读数，该读数以毫米为单位。

```
import VL53L1X, time

tof = VL53L1X.VL53L1X(i2c_bus=1, i2c_address=0x29)
tof.open()
tof.start_ranging(1) # Start range1=Short 2=Medium 3=Long
```

```
while True:
    mm = tof.get_distance() # Grab the range in mm
    print("mm=" + str(mm))
    time.sleep(1)
```

就像本书中的其他示例代码一样，上面的程序也可以从本书的代码存储库中下载（见3.22 节）。

注意，如果你的设备具有不同的 I2C 地址，则需要把上面的 0x29 改为相应的设备地址。

13.19.3　进一步探讨

VL53L1X ToF 传感器是一个神奇的小装置，它包含一对低功率的红外激光发射器和接收器，以及 I2C 通信所需的所有电子设备。

该模块的工作原理与 13.18 节中的超声波测距仪相似，只是 ToF 传感器不是通过测量声音到达目标并反射回来所需的时间来测量距离，而是通过测量激光脉冲从目标反弹回来所需的时间。

13.19.4　提示与建议

使用超声波测量距离的方法，见 13.18 节。

另外，如果需要，参考 VL53L1X 的数据手册。

13.20　电容式触摸传感技术

13.20.1　面临的问题

你希望给树莓派添加触摸式接口。

13.20.2　解决方案

你可以使用 Adafruit Capacitative Touch HAT（见图 13-27）。

图 13-27　连接到苹果上面的 Adafruit Capacitative Touch HAT

触摸传感器不仅非常好玩儿，并且在教育方面用途极为广泛。你可以将之附加到任何东西上，只要它们稍微导电即可，例如水果等。一个流行的项目是利用接线夹将各种水果和植物连接到该电路板的传感器接线端上，从而打造一个水果键盘。这样，当你触摸不同的水果时，就会发出不同的声音。

Adafruit Capacitive Touch HAT 需要使用树莓派的 I2C 接口。此外，你还需要安装 SPI 软件，如果尚未安装，参考 9.3 节与 9.5 节进行安装。

为了安装这个 HAT 相应的 Python 库，可以使用如下所示的命令。

```
$ sudo pip3 install adafruit-circuitpython-mpr121
```

请注意，我第一次运行这个命令时收到了错误信息，但是第二次运行这个命令就能正确安装了。

为了测试 Adafruit Capacitive Touch HAT，可以运行下面的程序（ch_13_touch.py）。

```
import time
import board
import busio
import adafruit_mpr121
i2c = busio.I2C(board.SCL, board.SDA)
mpr121 = adafruit_mpr121.MPR121(i2c)

while True:
    if mpr121[0].value:
        print("Pin 0 touched!")
```

就像本书中的其他示例代码一样，上面的程序也可以从本书的代码存储库中下载（见 3.22 节）。

你可以触摸标记为 0 的连接垫，这时将看到如下所示的输出内容。

```
$ python3 ch_13_touch.py
Pin 0 touched!
Pin 0 touched!
```

此外，你还可以直接触摸连接垫，或者通过接线夹将这些连接垫连接到水果上，具体如图 13-27 所示。

13.20.3　进一步探讨

Adafruit Capacitive Touch HAT 提供了 12 个触摸触点。如果你只需要几个触摸触点，可以使用 Pimoroni Explorer HAT Pro，它提供了 4 个兼容接线夹的触点（见图 13-28）。

图 13-28　连接水果的 Pimoroni Explorer HAT Pro

要想使用 Pimoroni Explorer HAT Pro 的触摸触点，首先要按照 9.17 节中介绍的方法安装该 HAT 的库。

HAT 除了在一端提供了用于接线夹的 4 个接线端之外，它还提供了 4 个按钮开关，分别标有 1 到 4，供这个触摸接口使用。

13.20.4　提示与建议

关于 Adafruit Capacitive Touch HAT 以及 Pimoroni Explorer HAT Pro 的文档，请访问相关的网站。

13.21　用 RFID 读写器读取智能卡

13.21.1　面临的问题

你想从射频识别（Radio Frequency Identification，RFID）智能卡中读取和写入信息。

13.21.2　解决方案

获得一个低成本的 RC-522 RFID 读写器，并使用 SimpleMFRC522 Python 库访问智能卡。

为了完成本节中的实验，你需要：

- RC-522 读卡器，这种读卡器通常与相应的 RFID 标签一起出售；
- 7 根母头转母头跳线。

此外，你也可以直接购买 MonkMakes Clever Card Kit 套件，其中包含以上器件（以及额外的卡片、说明书和其他有用的器件）。

图 13-29 显示了 RC-522 与树莓派的连接情况。由于 RC-522 需要使用树莓派的 SPI，所以，读者可以参考 9.5 节来了解该接口的使用方法。

图 13-29　连接至树莓派的 RC-522

表 13-1 显示了你需要使用跳线进行的连接，并给不同的引线指定了不同的颜色，以便于识别。

表 13-1　连接树莓派和 RFID 读写器

引线颜色	RC-522 引脚	树莓派引脚
橙色橙	SDA	GPIO8
黄色	SCK	SCKL/GPIO11
白色	MOSI	MOSI/GPIO10
绿色	MISO	MISO/GPIO9
	IRQ 引脚没有用到	
蓝色	GND	GND
灰色	RST	GPIO25
红色	3.3V	3.3V

请注意，尽管 RC-522 有一些标记为 SDA 和 SCL 的引脚，就像该设备使用了 I2C 一样，但在本节中，该设备使用的是树莓派的 SPI。

要使用该模块，需要先通过以下命令安装 Clever Card Kit 软件，其作用是准备好 RC-522 模块所需的所有必备软件。完成安装后，必须重启树莓派。

```
$ wget http://monkmakes.com/downloads/mmcck.sh
$ chmod +x mmcck.sh
$ ./mmcck.sh
```

要测试读卡器，请运行 clever_card_kit 目录下名为 01_read.py 的程序。

```
$ cd clever_card_kit/
pi@raspberrypi:~/clever_card_kit $ python3 01_read.py
Hold a tag near the reader
894922433952

894922433952

894922433952
```

当你把智能卡放在 RC-522 附近时，卡片唯一编号内的 RFID 标签将被输出。完成读卡实验后，按 Ctrl+C 组合键退出。

具体代码如下所示。

```python
import RPi.GPIO as GPIO
import SimpleMFRC522

reader = SimpleMFRC522.SimpleMFRC522()

print("Hold a tag near the reader")

try:
    while True:
        id, text = reader.read()
        print(id)
        print(text)
finally:
    print("cleaning up")
    GPIO.cleanup()
```

在这里，之所以导入 RPi.GPIO，只是为了在程序退出时释放 GPIO 引脚。此外，调用函数 reader.read()后，程序将等待一个 RFID 标签靠近读写器，并返回其唯一编号（id）和存储在卡中的任何文本信息（text）。

需要注意的是，我们无法改变在制造过程中分配给每个标签的唯一编号，不过，我们可以在卡上存储少量的数据。为此，我们可以使用程序 02_write.py。

```
$ python3 02_write.py
New Text: Raspberry Pi
Now scan a tag to write
written
894922433952
Raspberry Pi
New Text:
```

在完成文本写入操作后，我们可以利用 01_read.py 程序来检查写入操作是否成功。下面给出 02_write.py 程序的完整代码。

```python
import RPi.GPIO as GPIO
import SimpleMFRC522

reader = SimpleMFRC522.SimpleMFRC522()

try:
    while True:
        text = input('New Text: ')
        print("Now scan a tag to write")
        id, text = reader.write(text)
        print("written")

        print(id)
        print(text)
finally:
    print("cleaning up")
    GPIO.cleanup()
```

上述代码非常简单，这里就不再解释了。

13.21.3　进一步探讨

RFID 标签不仅具有丰富的形状和尺寸，它们还具有许多不同的标准。这就意味着，它们将使用不同的工作频率和通信协议，所以，当寻找能与 RC-522 一起使用的智能卡时，请寻找工作频率为 13.56MHz 的智能卡。此外，SimpleMFRC522 代码对与之配对的智能卡有点儿挑剔，所以如果你打算使用该程序，要寻找与 Mifare 1k 兼容的智能卡。

对不同的智能卡来说，其内存中存储的内容和存储方式之间可以存在很大的差异，所以智能卡的最重要的用途并非存储数据，而是每张卡都具有唯一 ID。因此，你可以根据这个唯一的密钥来存储数据。例如，clever_card_kit 目录下的程序 05_launcher_setup.py 和 05_launcher.py（见 7.9 节）。

13.21.4　提示与建议

更多信息可以在 SimpleMFRC522 代码的完整文档中找到。

13.22　显示传感器的值

13.22.1　面临的问题

你已经在树莓派上面连接了一个传感器，但是希望在屏幕上用大数字显示读数。

13.22.2　解决方案

你可以使用 guizero 库打开一个窗口，将读数写入窗口，然后在显示的时候使用较大字体（见图 13-30 ）。

图 13-30　利用 guizero 显示传感器的读数

本示例使用的是来自 13.19 节中的 ToF 测距仪的数据。所以，如果你想尝试这个实验，需要先阅读这一节的内容。

本章中的大部分传感器的读数都可以利用本节的代码进行放大显示。

为了完成本节中的实验，请打开一个编辑器，并复制、粘贴如下所示的代码（ ch_13_gui_sensor_reading.py ）。

```
import VL53L1X, time
from guizero import App, Text

tof = VL53L1X.VL53L1X(i2c_bus=1, i2c_address=0x29)
tof.open()
tof.start_ranging(1)

def update_reading():
    mm = tof.get_distance()
    reading_text.value = str(mm)

app = App(width=300, height=150)
reading_text = Text(app, size=100)
reading_text.repeat(1000, update_reading)
app.display()
```

就像本书中的其他示例代码一样，上面的程序也可以从本书的代码存储库中下载（见 3.22 节）。

函数 update_reading 从测距仪（或你选择使用的任何传感器）获得一个新的读数，并将 reading_text 的值设置为该值（作为一个字符串）。

为了确保读数被自动更新，可以调用 reading_text 对象的 repeat 方法，其中第一个参数是以毫秒为单位的更新周期（在这个例子中是 1000），第二个参数是要调用的函数（update_reading）。

13.22.3　进一步探讨

虽然这个示例代码使用的是距离传感器，但它同样适用于本章其他传感器的相关示例，你只需要修改标签和从传感器获取读取的方法即可。

13.22.4　提示与建议

有关将数字格式化为指定小数位数的介绍，参考 7.1 节。

关于在 Web 浏览器而非应用程序窗口中显示传感器数据的示例，参考 16.2 节。

13.23　利用 USB 闪存驱动器记录日志

13.23.1　面临的问题

你想将传感器产生的测量数据记录到 USB 闪存驱动器上。

13.23.2　解决方案

你可以编写一个 Python 程序将数据写到 USB 闪存驱动器上。以 CSV 格式写文件，你可以将文件直接导入电子表格软件，包括树莓派上的 Gnumeric。

下面的示例程序将把读取的树莓派处理器温度记录到日志中。为此，请打开一个编辑器，并复制、粘贴如下所示的代码（ch_13_temp_log.py）。

```python
import os, glob, time, datetime

log_period = 10 # seconds

logging_folder = glob.glob('/media/*')[0]
dt = datetime.datetime.now()
file_name = "temp_log_{:%Y_%m_%d}.csv".format(dt)
logging_file = logging_folder + '/' + file_name

def read_temp():
    dev = os.popen('/opt/vc/bin/vcgencmd measure_temp')
    cpu_temp = cpu_temp_s = dev.read()[5:-3] # top and tail string
    return cpu_temp

def log_temp():
    temp_c = read_temp()
    dt = datetime.datetime.now()
    f = open(logging_file, 'a')
    line = '\n"{:%H:%M:%S}","{}"'.format(dt, temp_c)
    f.write(line)
    print(line)
    f.close()

print("Logging to: " + logging_file)
```

```
while True:
    log_temp()
    time.sleep(log_period)
```

就像本书中的其他示例代码一样，上面的程序也可以从本书的代码存储库中下载（见3.22 节）。

这个程序被设置为每 10min（600s）记录一次温度。你可以通过修改 log_period 的值来改变设置。

为了获得访问闪存驱动器的权限，我们需要使用 sudo 命令来运行该程序。

```
$ sudo python3 ch_13_temp_log.py
Logging to: /media/pi/temp_log_2019_06_17.csv

"13:01:28","41.9"
"13:01:38","41.9"
"13:01:48","41.3"
```

开启日志记录功能后，会显示日志文件在闪存驱动器中的路径。

请注意，为了加快速度，日志记录周期已被设置为 10s。

13.23.3　进一步探讨

当你将一个 USB 闪存驱动器插入树莓派后，它会自动将该驱动器安装到/media/pi 下。如果树莓派上连接了多个可移动驱动器，那么该程序将使用在/media 下找到的第一个文件夹。日志文件的名称由当前日期构成。

当使用电子表格软件打开该日志文件时，可以直接编辑它。你的电子表格软件会让你指定数据的分隔符，例如可以使用逗号。

图 13-31 展示了使用本节代码捕获的数据集合，并且结果文件已经使用树莓派上运行的Gnumeric 电子表格软件打开了。

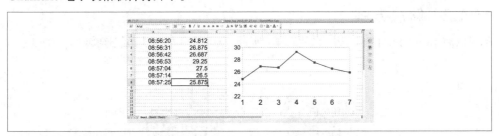

图 13-31　图表数据

13.23.4　提示与建议

稍做修改，这个程序就可以适用于本章使用的其他传感器。

关于将传感器数据记录到 Web 服务上的例子，参考 16.7 节。

## 第 14 章

显示设备

14.0 引言

虽然树莓派可以选择显示器和电视作为显示设备，但是最好使用更加小巧和专用的显示设备。在本章中，我们将考察可供树莓派选用的各种显示设备。

其中，某些示例需要用到免焊面包板和公头转母头跳线（见 9.8 节）。

14.1 使用四位 LED 显示设备

14.1.1 面临的问题

你想使用一个老式的七段发光二极管显示器来显示一个四位数字。

14.1.2 解决方案

你可以使用一个 I2C LED 模块，如图 14-1 所示，使用母头转母头跳线连接到树莓派上。

图 14-1 连接了七段 LED 显示设备的树莓派

为了进行本节中的实验，你需要：

- 4 根母头转母头跳线；
- Adafruit 搭载 I2C 的 4×7 段 LED。

树莓派与该模块之间的连接如下。

- 该显示设备上面的 VCC（+）连接到树莓派 GPIO 接口的 5V 引脚。
- 该显示设备上面的 GND（−）连接到树莓派 GPIO 接口的 GND 引脚。
- 该显示设备上的 SDA（D）连接到树莓派 GPIO 接口的 2 SDA 引脚。
- 该显示设备上的 SCL（C）连接到树莓派 GPIO 接口的 3 SCL 引脚。

注意，Adafruit 还提供一个超大尺寸的 LED 显示屏。你可以使用上面的方式将其连接到树莓派，但是这个超大尺寸的显示屏需要两个正极电源引脚：一个用于逻辑（V_IO），另一个用于显示（5V）。这是因为由于该显示设备尺寸较大，所以需要更多的电流供发光二极管显示器使用。幸运的是树莓派可以提供足够的电流供它使用。为此，你只需另外使用一根母头转母头跳线将额外的引脚连接至 GPIO 接口的第二个 5V 引脚即可。

为了让本节中的示例程序正常运行，你需要先按照 9.3 节中的介绍设置树莓派的 I2C。

然后，为了支持该显示屏，需要执行下面的命令来安装相应的 Adafruit 代码。

```
$ cd /home/pi
$ git clone https://github.com/adafruit/Adafruit_Python_LED_Backpack.git
$ cd Adafruit_Python_LED_Backpack
$ sudo python setup.py install
```

实际上，Adafruit 库为我们提供了许多示例，其中一个示例就是用于演示显示屏的使用方法的。要想运行这个示例，可以执行下面所示的命令，显示屏将显示当前的时间。需要注意的是，该示例只能用于 Python 2，所以，下面的命令中只能使用 python 命令，而不能使用 python3 命令。

```
$ cd examples
$ sudo python ex_7segment_clock.py
```

14.1.3　进一步探讨

如果你利用编辑器来打开这个示例文件 ex_7segment_clock.py，将会看到如下所示的关键命令。

```
from Adafruit_LED_Backpack import SevenSegment
```

该命令的作用是将库代码导入你的程序中，然后，你需要利用下面的一行代码来创建一个 SevenSegment 实例。作为参数提供的地址实际上是 I2C 的地址（见 9.4 节）。

每个 I2C 从属设备都有一个地址编号。这个 LED 电路板的背面有 3 对焊盘，所以如果想改变地址，可以通过焊接方式将它们桥接起来。如果你想通过一个树莓派操作多个 I2C 设备，这是非常有必要的。这就是我们通过下面的命令来指定地址编号为 0x70 的原因。

```
segment = SevenSegment.SevenSegment(address=0x70)
```

要想设置某个数字的内容，可以使用如下所示的命令。

```
segment.set_digit(0, int(hour / 10))
```

第一个参数（0）是数字的位置，需要注意的是，这些位置分别是 0、1、3 和 4。

位置 2 是预留给该显示设备中间的两个点的。

第二个参数是需要显示的数字本身。

14.1.4　提示与建议

你可以从相关站点找到 Adafruit 库的详细介绍。

另外，在 14.2 节中，我们也是通过 Adafruit 软件来使用矩阵显示器的。

14.2　在 I2C LED 矩阵上面显示消息

14.2.1　面临的问题

你希望控制彩色 LED 矩阵显示设备上的像素。

14.2.2　解决方案

你可以将一个 I2C LED 模块，如图 14-2 中展示的那样，使用母头转母头跳线连接到树莓派上。

图 14-2　连接树莓派的 LED 矩阵显示设备

为了进行本节中的实验，你需要：

- 4 根母头转母头跳线；

- Adafruit 搭载 I2C 的双色 LED 方形像素矩阵显示设备。

树莓派与该模块之间的连接如下。

- 该显示设备上的 VCC（＋）连接到树莓派 GPIO 接口上的 5V 引脚。

- 该显示设备上的 GND（－）连接到树莓派 GPIO 接口的 GND 引脚。

- 该显示设备上的 SDA（D）连接到树莓派 GPIO 接口的 2 SDA 引脚。

- 该显示设备上的 SCL（C）连接到树莓派 GPIO 接口的 3 SCL 引脚。

为了让本节中的示例程序正常运行，你需要先按照 9.3 节中的介绍设置树莓派的 I2C。

实际上，这个显示屏使用的库与 14.1 节中使用的是同一个。为了安装该程序库，可以执行如下所示的命令。

```
$ cd /home/pi
$ git clone https://github.com/adafruit/Adafruit_Python_LED_Backpack.git
$ cd Adafruit_Python_LED_Backpack
$ sudo python setup.py install
```

要想运行该程序，可以使用如下所示的命令。

```
$ cd examples
$ sudo python bicolor_matrix8x8_test.py
```

14.2.3　进一步探讨

这个程序表明，Adafruit 库具有广泛的用途。这个程序会按照顺序循环操作每个像素的所有颜色。下面给出的代码已经删除了某些注释和不必要的导入代码。

```python
import time
from PIL import Image
from PIL import ImageDraw
from Adafruit_LED_Backpack import BicolorMatrix8x8

display = BicolorMatrix8x8.BicolorMatrix8x8()

for c in [BicolorMatrix8x8.RED, BicolorMatrix8x8.GREEN, BicolorMatrix8x8.YELLOW]:
    # Iterate through all positions x and y.
    for x in range(8):
        for y in range(8):
            # Clear the display buffer.
            display.clear()
            # Set pixel at position i, j to appropriate color.
            display.set_pixel(x, y, c)
            # Write the display buffer to the hardware. This must be called to
            # update the actual display LEDs.
            display.write_display()
            # Delay for a quarter second.
            time.sleep(0.25)
```

实际上，代码中的注释已经给出了非常不错的解释。

14.2.4　提示与建议

关于该产品的更多介绍，请访问相关网站。

14.3　使用 Sense HAT LED 矩阵显示器

14.3.1　面临的问题

你想通过 Sense HAT 的显示器来展示消息和图像。

14.3.2　解决方案

首先，请按照 9.16 节介绍的方法来安装 Sense HAT 所需的软件，然后就可以使用相应的库命令来显示文本了。

程序 ch_14_sense_hat_clock.py 展示的是以滚动消息的形式重复显示日期与时间。

```
from sense_hat import SenseHat
from datetime import datetime
import time

hat = SenseHat()
time_color = (0, 255, 0) # green
date_color = (255, 0, 0) # red

while True:
    now = datetime.now()
    date_message = '{:%d %B %Y}'.format(now)
    time_message = '{:%H:%M:%S}'.format(now)

    hat.show_message(date_message, text_colour=date_color)
    hat.show_message(time_message, text_colour=time_color)
```

就像本书中的其他示例程序一样，你也可以从本书的代码存储库下载本节程序的源代码（见 3.22 节）。

14.3.3　进一步探讨

由于上面定义了两种颜色，所以消息的日期与时间部分将以不同的颜色来显示。然后，这些颜色将用作 show_message 的可选参数。

show_message 的其他可选参数包括以下几个。

scroll_speed 代表每个滚动步骤之间的时间延迟，并非滚动速度。所以这个值越大，滚动越慢。

back_colour 用于设置背景色。需要注意的是这里的 "colour" 使用的是英式拼写，即带有字母 "u"。

该显示器的用途非常广泛，而非仅限于显示滚动的文本。就最简单的来说，你可以使用 set_pixel 设置特定的像素，利用 set_rotation 设置显示的方向，还可以通过 load_image 显示图像（虽然有点儿小）。下面的示例代码很好地展示了这些函数的用法，就像本书中的其他示例程序一样。

显示的图像的大小只能是 8 像素×8 像素的，并且可以采用诸如.jpg 与.png 之类的常用图像格式，图像的位深度将会自动处理。

```
from sense_hat import SenseHat
import time

hat = SenseHat()

red = (255, 0, 0)

hat.load_image('small_image.png')
time.sleep(1)
hat.set_rotation(90)
time.sleep(1)
hat.set_rotation(180)
time.sleep(1)
hat.set_rotation(270)
time.sleep(1)

hat.clear()
hat.set_rotation(0)
for xy in range(0, 8):
    hat.set_pixel(xy, xy, red)
    hat.set_pixel(xy, 7-xy, red)
```

图 14-3 展示了正在显示一幅粗糙"图像"的 Sense HAT。

图 14-3　正在显示"图像"的 Sense HAT

14.3.4　提示与建议

关于 Sense HAT 的完整文档，请访问相关网站。

关于格式化时间和日期的详细介绍，参考 7.2 节。

其他用到 Sense HAT 的示例，见 9.16 节、13.11 节、13.14 节、13.15 节和 13.17 节。

14.4　在 Alphanumeric LCD HAT 上显示消息

14.4.1　面临的问题

你想将几行文本优雅地显示到一个 LCD 设备上面。

14.4.2　解决方案

你可以像图 14-4 所示那样，在树莓派上连接一个 Pimoroni Displayotron LCD HAT。

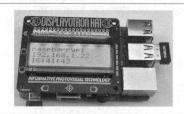

图 14-4　Displayotron LCD HAT

这个 HAT 要求同时启用 I2C 和 SPI，如果尚未启用，参考 9.3 节和 9.5 节进行启用。

然后，从 GitHub 下载这个 HAT 对应的库代码，并通过下列命令进行安装。

```
$ curl -sS get.pimoroni.com/displayotron | bash
```

这条命令将询问是否安装示例和文档。注意，最好将其一起安装。

举例来说，下面的程序（ch_14_displayotron_ip.py）可以查找树莓派的主机名和 IP 地址，并连同时间一起显示出来。如果一切正常，那么这个 LED 的背光会变绿，但是如果网络连接有问题，背光会变成红色。

```python
import dothat.lcd as lcd
import dothat.backlight as backlight
import time
from datetime import datetime
import subprocess

while True:
    lcd.clear()
    backlight.rgb(0, 255, 0)
    try:
        hostname = subprocess.check_output(['hostname']).split()[0]
        ip = subprocess.check_output(['hostname', '-I']).split()[0]
        t = '{:%H:%M:%S}'.format(datetime.now())
        lcd.write(hostname)
        lcd.set_cursor_position(0, 1)
        lcd.write(ip)
        lcd.set_cursor_position(0, 2)
        lcd.write(t)
    except:
        backlight.rgb(255, 0, 0)
    time.sleep(1)
```

就像本书中的其他示例程序一样，你也可以通过本书的代码存储库下载本节程序的源代码（见 3.22 节）。

14.4.3　进一步探讨

这个测试程序将导入所需的程序库，包括 subprocess 库（见 7.15 节），这些库被用来寻找树莓派的 IP 地址（见 2.2 节）及其主机名。

在这个库中，主要的方法包括如下几个。

- lcd.clear 用于清除显示的所有文本。

- lcd.set_cursor_position 用于设置新文本的写入位置，该方法以行和列作为参数指定具体位置。

- lcd.write 用于将作为参数提供给它的文本显示到当前光标所在的位置。

- backlight.rgb 用于设置背光（0～255）红、绿、蓝的值。

我们可以在 basic 和 advanced 这两个子目录中找到 Pimoroni 提供的其他示例代码，这两个子目录的位置为/home/pi/Pimoroni/displayotron/examples/dothat。

14.4.4　提示与建议

关于该 HAT 的更多信息，请访问 Pimoroni 相应的产品页面。

14.5　使用 OLED 图形显示器

14.5.1　面临的问题

你想给树莓派连接一个 OLED（有机 LED）图形显示器。

14.5.2　解决方案

你可以使用基于 SSD1306 驱动芯片的 OLED 图形显示器，这需要用到 I2C 接口（见图 14-5）。

图 14-5　I2C OLED 图形显示器

为了进行本节中的实验，你需要：

- 4 根母头转母头跳线；

- I2C OLED 显示器，128 像素×64 像素。

树莓派与该模块之间的连接如下所示。

- 该显示设备上的 VCC 连接到树莓派 GPIO 接口上的 5V 引脚。

- 该显示设备上的 GND 连接到树莓派 GPIO 接口的 GND 引脚。

- 该显示设备上的 SDA 连接到树莓派 GPIO 接口的 2 SDA 引脚。

- 该显示设备上的 SCL 连接到树莓派 GPIO 接口的 3 SCL 引脚。

为了让本节中的示例程序正常运行，你需要先按照 9.3 节中的介绍设置树莓派的 I2C。

Adafruit 为这些显示器提供了相应的库，具体安装方法如下所示。

```
$ git clone https://github.com/adafruit/Adafruit_Python_SSD1306.git
$ cd Adafruit_Python_SSD1306
$ sudo python3 setup.py install
```

这个库需要使用 Python 图像库（PIL），其安装命令如下所示。

```
$ sudo pip3 install pillow
```

示例程序 ch_14_oled_clock.py 可以在 OLED 图形显示器上显示时间与时期。

```python
import Adafruit_SSD1306
from PIL import Image, ImageDraw, ImageFont
import time
from datetime import datetime

# Set up display
disp = Adafruit_SSD1306.SSD1306_128_64(rst=None, i2c_address=0x3C)
small_font = ImageFont.truetype('FreeSans.ttf', 12)
large_font = ImageFont.truetype('FreeSans.ttf', 33)
disp.begin()
disp.clear()
disp.display()
# Make an image to draw on in 1-bit color.
width = disp.width
height = disp.height
image = Image.new('1', (width, height))
draw = ImageDraw.Draw(image)

# Display a message on 3 lines, first line big font
def display_message(top_line, line_2):
    draw.rectangle((0,0,width,height), outline=0, fill=0)
    draw.text((0, 0), top_line, font=large_font, fill=255)
    draw.text((0, 50), line_2, font=small_font, fill=255)
    disp.image(image)
    disp.display()

while True:
    now = datetime.now()
    date_message = '{:%d %B %Y}'.format(now)
    time_message = '{:%H:%M:%S}'.format(now)
    display_message(time_message, date_message)
    time.sleep(0.1)
```

就像本书中的其他示例程序一样，你也可以通过本书的代码存储库下载本节程序的源代码（见 3.22 节）。每一个 I2C 从属设备都有一个地址，该地址可以通过下面的代码进行设置。

```
disp = Adafruit_SSD1306.SSD1306_128_64(rst=None, i2c_address=0x3C)
```

对许多廉价的 I2C 模块来说，这个地址通常为 3C（十六进制值），但也可能有所不同，所以，你应该检查设备附带的文档，或者使用 I2C 工具（见 9.4 节）来列出所有连接到总线上的 I2C 设备，这样就能找出显示器的地址。

前面的示例程序使用了一种叫作双重缓冲的技术，即先准备好要显示的内容，然后一次性将其转换为图像。这种技术可以防止显示器不停闪烁。

你可以在 display_message 函数中看到涉及上述技术的代码：首先，在图像上绘制一个空白的矩形，其大小与显示器相同；然后，在图像上绘制文字，再用 disp.image(image) 将显示内容设置为图像。

在调用函数 disp.display() 之前，显示屏实际上并没有进行更新。

为了能够使用不同大小的文本，这里使用了 TrueType 字体。虽然树莓派安装了这种字体，但为了能够使用它，还是需要用下面的命令把它复制到当前目录中。

```
$ cp /usr/share/fonts/truetype/freefont/FreeSansBold.ttf
```

14.5.3 进一步探讨

小型的有机 LED（OLED）显示设备便宜、省电，并且虽然外形小巧，但是具有非常高的分辨率。在许多消费产品中，它们正有取代 LCD 显示器的趋势。

14.5.4 提示与建议

本节内容适用于 4 引脚的 I2C 接口。如果你想使用 SPI，请阅读 Adafruit 网站上的相关教程。

14.6 使用可寻址的 RGB LED 灯条

14.6.1 面临的问题

你想给树莓派连接一个 RGB LED 灯条（NeoPixels）。

14.6.2 解决方案

你可以在树莓派上使用基于 WS2812 RGB LED 芯片的 LED 灯条。

这些 LED 灯条的用法其实非常简单，你只要直接将其连接到树莓派，并通过树莓派 5V 引脚来给这些 LED 供电即可。当然，在正常情况下使用这种方法能够很好地工作，但是阅读本节的"进一步探讨"部分后你就会发现，这种方法有许多潜在的缺陷，不过别担心，我们同时提供了相应的解决方案，能够保证你无忧地使用 LED 灯条。

不要使用树莓派的 3.3V 电源引脚给 LED 供电

虽然利用 GPIO 接口的 3.3V 电源引脚为 LED 供电看上去非常有诱惑力，但是请不要这样做——它只能提供弱电流（见 9.2 节）。如果使用这个引脚供电，很容易损坏树莓派。

在图 14-6 中使用的 LED 灯条是从灯条盘卷中剪下来的。就本例来说，该灯条只有 10 个 LED。

图 14-6 具有 10 个 LED 的灯条

因为每个 LED 都会消耗 60mA 的电流，所以，如果没有为 LED 灯条提供单独的电源，10 就是 LED 数目的一个比较合理的上限（请参考"进一步探讨"部分）。

为了将该灯条连接到树莓派上，可以将带有塞孔的跳线的一端剪下来，并将导线端焊接到该 LED 灯条的 3 个连接上（见 9.2 节）：GND、DI（数据输入）和 5V 连接。然后，将这些跳线分别连接到 GPIO 接口的 GND、GPIO18 和 5V 引脚上即可。

需要注意的是该 LED 灯条上面印有一行箭头（见图 14-7）。当你给这个 LED 灯条焊接引线的时候，请确保从左侧箭头的切口处开始。

图 14-7 LED 灯条的特写

为了利用 Adafruit 软件控制可寻址的 LED，我们需要先安装相应库，具体命令如下所示。

```
$ pip3 install adafruit-blinka
$ sudo pip3 install rpi_ws281x adafruit-circuitpython-neopixel
```

下面的示例程序（ch_14_neopixel.py）将会使 LED 沿着灯条箭头的方向依次变红。

```
import time
import board
from neopixel import NeoPixel

led_count = 5
red = (100, 0, 0)
no_color = (0, 0, 0)
```

```
strip = NeoPixel(board.D18, led_count, auto_write=False)

def clear():
    for i in range(0, led_count):
        strip[i] = no_color
    strip.show()

i = 0
while True:
    clear()
    strip[i] = red
    strip.show()
    time.sleep(1)
    i += 1
    if i >= led_count:
        i = 0
```

就像本书中的其他示例程序一样，你也可以通过本书的代码存储库下载本节程序的源代码（见 3.22 节）。

现在，我们就可以利用 Python 3 运行该程序了。注意，这里需要使用 sudo 命令，具体如下所示。

```
$ sudo python3 ch_14_neopixel.py
```

如果你的灯条具有不同数量的 LED，那么可以修改 LED_COUNT。而其余的常数无须改变。

对 NeoPixels 来说，只能使用 GPIO 10、12、18 和 21 这 4 个引脚。如果你想使用不同的 GPIO 引脚，需要把 board.D18 改为想要使用的引脚。

灯条上面的每个 LED 的颜色都可以单独设置，即将其设置为由红、绿、蓝 3 色组成的元组。实际上，直到 show 方法被调用之后，LED 的颜色才会发生改变。

14.6.3　进一步探讨

灯条上面的每个 LED 的最大电流为 60mA 左右，但是，只有当 3 个颜色通道（红、绿和蓝）都达到最大亮度（255）时，才会消耗这么多的电流。因此，如果你计划使用大量 LED，那么需要使用一个独立的 5V 电源，才能给灯条上的 LED 提供足够的电流。图 14-8 展示了连接独立电源的方法。如果使用一个母头 DC 插孔连接到螺丝端子的适配器，可以使得外部电源到面包板的连接工作更加轻松。

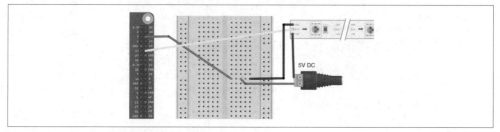

图 14-8　利用外部电源为 LED 灯条供电

14.6.4 提示与建议

实际上，NeoPixels 也能以环形的方式使用，详情请访问相关网站。

关于 Adafruit 在 NeoPixels 上的其他用法，请访问相关网站。

14.7 使用 Pimoroni Unicorn HAT

14.7.1 面临的问题

你想为树莓派提供一个 RGB LED 矩阵显示器。

14.7.2 解决方案

为此，你可以使用 Pimoroni Unicorn HAT 来提供一个 8×8 的 LED 矩阵显示器（见图 14-9）。

图 14-9　安装到树莓派 3 上的 Pimoroni Unicorn HAT

首先，需要安装 Pimoroni 为 Pimoroni Unicorn HAT 提供的相关软件。

```
$ curl https://get.pimoroni.com/unicornhat | bash
```

在安装软件时，需要进行多次确认。安装好软件后，请重新启动树莓派。

在完成安装后，可以尝试运行一个炫酷的程序（ch_14_unicorn.py）：把一个随机像素设置为随机颜色。为此，需要使用 sudo 命令，具体如下所示。

```
import time
import unicornhat as unicorn
from random import randint

unicorn.set_layout(unicorn.AUTO)
unicorn.rotation(0)
unicorn.brightness(1)
width, height = unicorn.get_shape()

while True:
    x = randint(0, width)
```

```
        y = randint(0, height)
        r, g, b = (randint(0, 255), randint(0, 255), randint(0, 255))
        unicorn.set_pixel(x, y, r, g, b)
        unicorn.show()
        time.sleep(0.01)

    time.sleep(1)
```

就像本书中的其他示例程序一样，你也可以通过本书的代码存储库下载本节程序的源代码（见 3.22 节）。

14.7.3　进一步探讨

Pimoroni Unicorn HAT 为连接可寻址 LED 矩阵提供了一种非常方便的方式。除此之外，可寻址的 LED 链还有许多不同的配置，包括上面含有更多的 LED 的矩阵。通常，这样的可寻址 LED 矩阵实际上都是排列为一个 LED 长链的。

14.7.4　提示与建议

关于可寻址 LED 的更多信息，参见 14.6 节。

14.8　使用 ePaper 显示屏

14.8.1　面临的问题

你想用树莓派来控制一个 ePaper 显示屏。

14.8.2　解决方案

为树莓派安装 Inky pHAT 或 Inky wHAT 模块，前者如图 14-10 所示。

图 14-10　连接到树莓派 3 的 Inky pHAT

然后，使用以下命令下载 Pimoroni 软件。

```
$ curl https://get.pimoroni.com/inky | bash
```

如果（在出现提示时）接受获取示例和文档的选项，那么，安装时间会相应地变长。

作为一个示例程序（ch_14_phat.py），其作用是让 Inky pHAT 显示树莓派的 IP 地址。

```
from inky import InkyPHAT
from PIL import Image, ImageFont, ImageDraw
from font_fredoka_one import FredokaOne
import subprocess

inky_display = InkyPHAT("red")
inky_display.set_border(inky_display.WHITE)

img = Image.new("P", (inky_display.WIDTH, inky_display.HEIGHT))
draw = ImageDraw.Draw(img)
font = ImageFont.truetype(FredokaOne, 22)

message = str(subprocess.check_output(['hostname', '-I'])).split()[0][2:]
print(message)

w, h = font.getsize(message)
x = (inky_display.WIDTH / 2) - (w / 2)
y = (inky_display.HEIGHT / 2) - (h / 2)

draw.text((x, y), message, inky_display.RED, font)
inky_display.set_image(img)
inky_display.show()
```

就像本书中的其他示例程序一样，你也可以通过本书的代码存储库下载本节程序的源代码（见 3.22 节）。

14.8.3　进一步探讨

需要注意的是，要想在这些显示器上玩视频游戏是不现实的，因为它们需要几秒的时间来更新。但是，在更新之后，ePaper 能够保持画面，即使电源被切断。Pimoroni 不仅出售本节使用的 Inky pHAT 这样的小型显示器，还提供尺寸两倍于树莓派的显示器（Inky wHAT）。

14.8.4　提示与建议

更多的信息可以在 Inky pHAT 的完整文档中找到。

第 15 章

音频设备

15.0　引言

在本章中，你将学习通过树莓派来控制音频设备。实际上，你不仅可以通过各种方法来播放声音（比如使用扬声器或蜂鸣器），还可以使用麦克风来录制声音。

15.1　连接一个扬声器

15.1.1　面临的问题

你想通过树莓派播放声音。

15.1.2　解决方案

安装一个有源扬声器，如图 15-1 所示。

图 15-1　在树莓派上安装可充电扬声器

将扬声器连接到视听插座后，你还需要使用 15.2 节中介绍的方法将树莓派配置为通过视听插座而不是 HDMI 播放声音。

除了使用图 15-1 所示的通用扬声器外，还可以使用专门为树莓派设计的扬声器套件，比如 MonkMakes 扬声器套件，具体如图 15-2 所示。

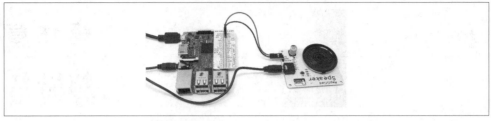

图 15-2　MonkMakes 扬声器与树莓派

这个扬声器是用套件中提供的音频导线进行连接的，扬声器使用树莓派的 5V 电源，通过母头转母头跳线进行连接。实际上，Raspbian 操作系统带有一个专门用于测试扬声器能否正常工作的小程序。要使用该程序，可以在终端运行如下所示的命令。

```
$ speaker-test -t wav -c 2

speaker-test 1.1.3

Playback device is default
Stream parameters are 48000Hz, S16_LE, 2 channels
WAV file(s)
Rate set to 48000Hz (requested 48000Hz)
Buffer size range from 256 to 32768
Period size range from 256 to 32768
Using max buffer size 32768
Periods = 4
was set period_size = 8192
was set buffer_size = 32768
 0 - Front Left
 1 - Front Right
Time per period = 2.411811
 0 - Front Left
 1 - Front Right
```

当你运行这个命令时，你会听到一个声音说"Front Left""Front Right"等。这是为测试立体声音频设备而设计的。

15.1.3　进一步探讨

除了连接各种类型的扬声器之外，你还可以直接将耳机连接到树莓派的音频插座上。

在默认情况下，树莓派的输出被设置为通过 HDMI 输出音频。因此，如果树莓派已经连接到带有内置扬声器的电视或显示器上，则需要把电视或显示器的音量调高，以便听到树莓派发出的声音。但是，如果树莓派没有连接显示器，或者显示器没有扬声器，也可以按照本节的方法进行处理。

15.1.4　提示与建议

若要指定声音的输出位置，请阅读 15.2 节。

要想播放测试声音，请阅读 15.4 节。

要想让树莓派与蓝牙扬声器配对，请参考 1.18 节。

关于树莓派的扬声器套件的更多信息，请访问相关网站。

15.2　控制声音的输出位置

15.2.1　面临的问题

你想控制树莓派在发出声音时使用哪些输出选项。

15.2.2　解决方案

设置音频输出的最简单方法是使用选择器，当你右击桌面右上角的扬声器图标时，它就会出现（见图 15-3）。

图 15-3　改变音频输出设备

注意，图 15-3 中的 Comiso M20 选项是指已经与树莓派配对的蓝牙扬声器（见 1.18 节）。

15.2.3　进一步探讨

如果你的树莓派是以 headless 模式运行的（没有显示器），仍然可以使用 raspi-config 命令行工具来控制树莓派的音频输出设备。

为此，可以打开一个终端会话，并输入以下命令。

```
$ sudo raspi-config
```

然后，选择 Advanced 选项，接着选择 Audio 选项。然后，就可以选择想使用的音频输出设备了，具体如图 15-4 所示。

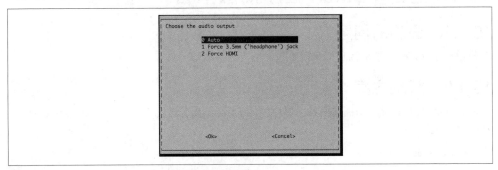

图 15-4　使用 raspi-config 来切换音频输出设备

15.2.4　提示与建议

要了解如何将扬声器连接到树莓派上，参考 15.1 节。

要想查看更多的声音输入和输出选项，请使用相应的音频设备设置工具，详见 15.5 节。

15.3　通过命令行播放声音

15.3.1　面临的问题

你希望能够通过树莓派的命令行播放一个声音文件。

15.3.2　解决方案

在命令行中使用内置的 OMXPlayer。要尝试这个方法，先从配套代码的 python 目录下找到名为 school_bell.mp3 的文件。然后，可以用下面的命令来播放这段不需要许可证的声音。

```
$ omxplayer -o local /home/pi/raspberrypi_cookbook_ed3/python/school_bell.mp3
```

这将通过耳机插孔播放声音文件。如果你想通过 HDMI 播放声音，则需要使用-o hdmi 选项，而非-o local 选项。

15.3.3　进一步探讨

OMXPlayer 可以播放大多数类型的声音文件，包括 MP3、WAV、AIFF、AAC 和 OGG。但是，如果你只想播放未压缩的 WAV 文件，也可以使用更轻量的 aplay 命令。

```
$ aplay school_bell.wav
```

15.3.4　提示与建议

关于 OMXPlayer 的详细介绍，请访问相关网站。

关于 aplay 的说明文档，请访问相关网站。

15.4　通过 Python 程序播放声音

15.4.1　面临的问题

你想通过 Python 程序来播放音频文件。

15.4.2　解决方案

如果需要从 Python 程序中播放声音，可以使用 Python 子进程模块（ch_15_play_sound.py），具体如下所示。

```
import subprocess

sound_file = '/home/pi/raspberrypi_cookbook_ed3/python/school_bell.mp3'
```

```
sound_out = 'local'

subprocess.run(['omxplayer', '-o', sound_out, sound_file])
```

就像本书中的其他示例程序一样，你也可以通过本书的代码存储库下载本节程序的源代码（见 3.22 节）。

15.4.3　进一步探讨

实际上，你也可以用 pygame 库（ch_15_play_sound_pygame.py）来播放声音，具体代码如下所示。

```
import pygame

sound_file = '/home/pi/raspberrypi_cookbook_ed3/python/school_bell.wav'

pygame.mixer.init()
pygame.mixer.music.load(sound_file)
pygame.mixer.music.play()

while pygame.mixer.music.get_busy() == True:
    continue
```

注意，这里使用的声音文件必须是 OGG 文件或未压缩的 WAV 文件。我发现，这里的声音只能通过 HDMI 播放。

15.4.4　提示与建议

要从命令行直接播放声音，参见 15.3 节。

此外，你也可以利用 pygame 来拦截按键（见 12.11 节）和鼠标移动（见 12.12 节）。

15.5　使用 USB 麦克风

15.5.1　面临的问题

你想在树莓派上连接一个麦克风来捕捉声音。

15.5.2　解决方案

使用图 15-5 所示的 USB 麦克风，或者更贵、质量更好的麦克风。

图 15-5　将 USB 麦克风连接到树莓派上

需要说明的是，这些设备的形状和尺寸各不相同。因此，有的麦克风可以直接插到 USB 插座上；有的麦克风则需要连接 USB 线；还有的麦克风则是耳机的一部分。

在插入 USB 麦克风后，就可以通过运行下面的命令来检查 Raspbian 操作系统能否识别该设备。该命令列出了系统中可用的所有录音设备。

```
$ arecord -l
**** List of CAPTURE Hardware Devices ****
card 1: H340 [Logitech USB Headset H340], device 0: USB Audio [USB Audio]
  Subdevices: 1/1
  Subdevice #0: subdevice #0
```

在这个例子中，我使用的是 USB 耳机自带的麦克风。其中，声卡编号为 1，子设备编号为 0。当我们要录制声音时，我们将需要这些信息。

为了使麦克风进入工作状态，你需要从树莓派桌面上的 Preferences 菜单中打开 Audio Device Settings 窗口。然后，从 Sound card 下拉列表中选择 USB 麦克风设备，具体如图 15-6 所示。

图 15-6　选择 USB 麦克风作为音频设备

接下来，单击 Select Controls 按钮，勾选 Microphone。这样就会增加一个滑块，以用于控制麦克风的音量；此外，底部还有一个红色的按钮，用来控制麦克风的开关状态（见图 15-7）。

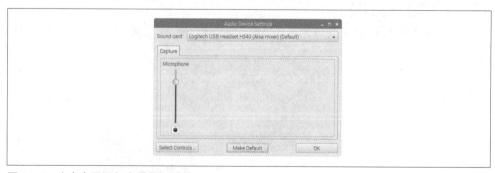

图 15-7　为麦克风添加音量控制滑块

将麦克风音量控制滑块调到大约 75% 的水平。

现在，你可以先从命令行中进行录音，然后进行播放。

在录音时，可以使用以下命令。

```
$ arecord -D plughw:1,0 -d 3 test.wav
```

其中，-D 参数用于指定设备 pluginhw:1,0，这两个数字分别表示前面找到的声卡编号（1）和子设备编号（0）。

为了回放刚才录制的声音，可以使用以下命令。

```
$ aplay test.wav
Playing WAVE 'test.wav' : Unsigned 8 bit, Rate 8000 Hz, Mono
```

你可以用 Ctrl+C 组合键来中断声音的播放。

15.5.3　进一步探讨

根据我的经验来看，像图 15-5 所示的微型插入式麦克风的质量参差不齐：有些能用，有些不能用。所以，如果你已经按照本节的说明操作了，但仍然无法让你的麦克风录制任何声音，请尝试使用不同的麦克风。

同时，arecord 命令还有一些可选参数，可用来控制所录制的音频的采样频率和格式。举例来说，如果你想以每秒 16000 次采样而不是默认的 8000 次采样进行录音，请使用以下命令。

```
$ arecord -r 16000 -D plughw:1,0 -d 3 test.wav
```

当你回放录音时，aplay 会自动检测采样频率，所以，你只需执行以下命令即可。

```
$ aplay test.wav
Playing WAVE 'test.wav' : Unsigned 8 bit, Rate 16000 Hz, Mono
```

15.5.4　提示与建议

关于在树莓派上安装扬声器的方法，参见 15.1 节。

关于播放声音文件的其他方法，参见 15.3 节和 15.4 节。

15.6　播放蜂鸣声

15.6.1　面临的问题

你想让树莓派发出嗡嗡的声音。

15.6.2 解决方案

使用一个与通用输入输出（GPIO）引脚相连的压电式蜂鸣器。

对大多数小型压电式蜂鸣器来说，使用图 15-8 所示的连接方式就可以正常工作。就这里来说，我使用的是 Adafruit 提供的组件。同时，你可以用母头转母头的方式将蜂鸣器的引脚直接连接到树莓派上。

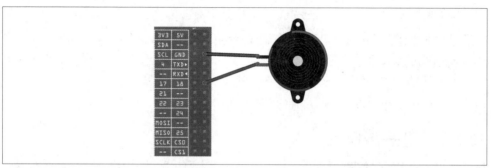

图 15-8　将压电式蜂鸣器连接到树莓派上

当然，这些蜂鸣器需要的电流非常小。不过，如果你有一个大的蜂鸣器，或者只是为安全起见，也可以在 GPIO 引脚和蜂鸣器引线之间放一个 470Ω 的电阻器。

然后，将以下代码复制、粘贴到编辑器中（ch_15_buzzer.py）。

```python
from gpiozero import Buzzer

buzzer = Buzzer(18)

def buzz(pitch, duration):
    period = 1.0 / pitch
    delay = period / 2
    cycles = int(duration * pitch)
    buzzer.beep(on_time=period, off_time=period, n=int(cycles/2))

while True:
    pitch_s = input("Enter Pitch (200 to 2000): ")
    pitch = float(pitch_s)
    duration_s = input("Enter Duration (seconds): ")
    duration = float(duration_s)
    buzz(pitch, duration)
```

就像本书中的其他示例程序一样，你也可以通过本书的代码存储库下载本节程序的源代码（见 3.22 节）。

当你运行这个程序时，它首先要求确定音调（Hz），然后要求确定蜂鸣声的持续时间（s）。

```
$ python3 ch_15_buzzer.py
Enter Pitch (2000 to 10000): 2000
Enter Duration (seconds): 20
```

15.6.3　进一步探讨

实际上，压电式蜂鸣器的频率范围并不大，音质也不怎么好。不过，你可以对音调进行轻微的调整。

该程序通过使用 gpiozero Buzzer 类来切换 GPIO 引脚 18 的开关状态，但是在切换过程中会有一个短暂的延迟，并且这个延迟是根据音调来计算的，音调（频率）越高，需要的延迟越短。

15.6.4　提示与建议

关于压电式蜂鸣器的数据手册，请访问相关网站。

关于更好的音频输出选项，参考 15.1 节。

第 16 章

物联网

16.0　引言

物联网（Internet of Things，IoT）是由接入互联网的设备（物品）组成的网络，当前呈迅猛发展之势。换句话说，目前能使用浏览器的已经不仅限于计算机了，因为已经有越来越多的物理家电、可穿戴和移动设备也加入这个队伍中来了。使用浏览器的大军覆盖了所有种类的家庭自动化技术：智能家电和照明、安防系统、通过互联网操作的宠物喂给装置，以及各种实用且有趣的项目等。

在本章中，我们将介绍树莓派在物联网中的某些具体应用。

16.1　使用 Web 接口控制 GPIO 输出

16.1.1　面临的问题

你想利用树莓派的 Web 接口来控制 GPIO 输出。

16.1.2　解决方案

你可以使用 Python 的 Web 服务器库 bottle（见 7.17 节）创建一个 HTML Web 接口，用来控制 GPIO 接口。

为了进行本节中的实验，你需要：

* 面包板和跳线；

* 3 个 1kΩ 电阻器；

* 3 个 LED；

* 轻触按钮开关。

该示例所用的面包板如图 16-1 所示。

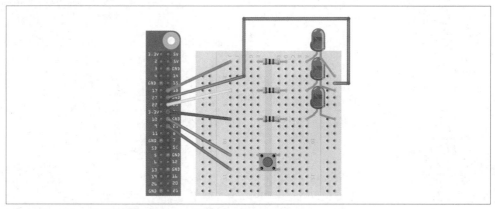

图 16-1　利用网页控制 GPIO 输出时所用的面包板布局

如果你不想使用面包板，可以选择 Raspberry Squid 和 Squid 按钮（见 9.10 节和 9.11 节）。
这两个替代品可以直接插到树莓派的 GPIO 引脚上，具体如图 16-2 所示。

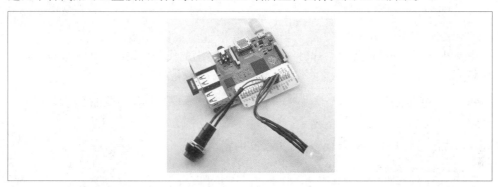

图 16-2　Raspberry Squid 与 Squid 按钮

关于 bottle 库安装方法的详细介绍，参考 7.17 节。

打开一个编辑器，并复制、粘贴如下所示的代码（ch_16_web_control.py）。

```python
from bottle import route, run
from gpiozero import LED, Button

leds = [LED(18), LED(23), LED(24)]
switch = Button(25)


def switch_status():
    if switch.is_pressed:
        return 'Down'
    else:
        return 'Up'


def html_for_led(led_number):
    i = str(led_number)
```

```
        result = " <input type='button'
            onClick='changed(" + i + ")' value='LED " + i
            + "'/>"
        return result

@route('/')
@route('/<led_number>')
def index(led_number="n"):
    if led_number != "n":
        leds[int(led_number)].toggle()
    response = "<script>"
    response += "function changed(led)"
    response += "{"
    response += " window.location.href='/' + led"
    response += "}"
    response += "</script>"

    response += '<h1>GPIO Control</h1>'
    response += '<h2>Button=' + switch_status() + '</h2>'
    response += '<h2>LEDs</h2>'
    response += html_for_led(0)
    response += html_for_led(1)
    response += html_for_led(2)
    return response

run(host='0.0.0.0', port=80)
```

就像本书中的其他示例程序一样，你也可以通过本书的代码存储库下载本节程序的源代码（见 3.22 节）。

另外，你必须以超级用户的身份在 Python 2 下运行该程序，具体命令如下所示。

```
$ sudo python ch_13_web_control.py
```

如果该程序启动无误，将会显示如下所示的内容。

```
Bottle server starting up (using WSGIRefServer())...
Listening on http://0.0.0.0:80/
Hit Ctrl-C to quit.
```

如果收到错误提示，请先检查运行程序时使用的是 python，还是 python3；另外，这里必须使用 sudo 命令。

现在，请你从网络上的任意一台计算机，甚至从树莓派本身打开浏览器窗口，并输入树莓派的 IP 地址。这时，将看到图 16-3 所示的 Web 接口。

图 16-3　用于 GPIO 的 Web 接口

在屏幕下部有 3 个 LED 按钮，如果你单击其中一个，就会发现这样能够切换对应 LED 的开关状态。

此外，如果你单击按钮，那么当你重新加载该网页的时候，就会发现 Button 旁边的文字变成了 Down，而不是原来的 Up。

16.1.3 进一步探讨

为了理解这个程序的工作机制，我们需要先弄清楚 Web 接口的工作原理。所有 Web 接口都依赖于某处的服务器（就本例而言，这里的 Web 接口就是树莓派上的一个程序）来响应网络浏览器的请求。

当服务器收到一个请求时，它会分析请求中的信息，然后据此利用超文本标记语言（Hypertext Markup Language，HTML）进行响应。

如果 Web 请求指向根页面（http://192.168.1.8/），那么 led 取默认值 n。如果我们在浏览器中输入 http://192.168.1.8/2，那么这个 URL 最后面的数字 2 就是给参数 led 指定的值。

然后，根据参数 led 的值就能判断需要切换开关状态的是 LED 2。

为了能够访问这个实现 LED 开关的 URL，我们需要进行相应的处理，以便在 LED 2 的按钮被单击时，这个页面会根据 URL 末尾的附加参数进行重载。这里需要用到一个技巧，即在返回给浏览器的 HTML 代码中添加一个 JavaScript 函数。当浏览器运行这个函数时，会促使该页面利用相应的附加参数来执行重载操作。

这一切意味着我们所面临的情况令人费解：先用 Python 程序生成 JavaScript 代码，然后让浏览器来执行生成的 JavaScript 代码。下面展示的是用来生成这个 JavaScript 函数的代码。

```
response = "<script>"
response += "function changed(led)"
response += "{"
response += " window.location.href='/' + led"
response += "}"
response += "</script>"
```

我们还需要生成当按钮被单击时最终会调用这个脚本的 HTML 代码。与其手动为每个网页按钮生成相应的 HTML 代码，不如让 html_for_led 函数来完成这项任务。

```
def html_for_led(led):
    i = str(led)
    result = " <input type='button' onClick='changed(" + i + ")'
    value ='LED " + i + "'/>"
    return result
```

上面的代码会用 3 次，因为每个按钮都要用一次，然后就可以把按钮的单击动作与 changed 函数联系起来了。这个函数也需要以参数的形式来提供 LED 的编号。

报告按钮状态的过程是测试按钮是否被单击，并将其提交给相应的 HTML 代码。

16.1.4　提示与建议

有关 bottle 用法的详细介绍，参考相关文档。

16.2　在网页上显示传感器读数

16.2.1　面临的问题

你希望在网页上显示树莓派的传感器读数，并且希望该页面能够自动更新。

16.2.2　解决方案

你可以使用 bottle 网络服务器和一些奇特的 JavaScript 代码来自动更新显示内容。

图 16-4 中展示的例子可以显示树莓派内置传感器检测到的 CPU 温度。

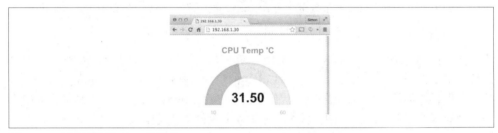

图 16-4　显示树莓派 CPU 的温度

关于 bottle 库的安装方法，参考 7.17 节。

本示例含有 4 个文件，它们都位于文件夹 ch_16_web_sensor 下。

web_sensor.py：包含用于 bottle 服务器的 Python 代码。

main.html：存放在浏览器中显示的网页。

justgage.1.0.1.min.js：一个显示温度计的第三方 JavaScript 库。

raphael.2.1.0.min.js：一个 justgage 库所需的代码库。

若想运行该程序，首先切换到 ch_16_web_sensor.py 所在目录中，然后执行下列命令。

```
$ sudo python web_sensor.py
```

就像本书中的其他示例程序一样，你也可以通过本书的代码存储库下载本节程序的源代码（见 3.22 节）。

然后，从树莓派上或者从树莓派所在网络的任意计算机上打开一个浏览器，并将树莓派的 IP 地址输入浏览器的地址栏，这时就会看到图 16-4 所示的页面。

16.2.3　进一步探讨

主程序 web_sensor.py 实际上十分简单。

```
import os, time
from bottle import route, run, template

def cpu_temp():
    dev = os.popen('/opt/vc/bin/vcgencmd measure_temp')
    cpu_temp = dev.read()[5:-3]
    return cpu_temp

@route('/temp')
def temp():
    return cpu_temp()

@route('/')
def index():
    return template('main.html')

@route('/raphael')
def index():
    return template('raphael.2.1.0.min.js')

@route('/justgage')
def index():
    return template('justgage.1.0.1.min.js')

run(host='0.0.0.0', port=80)
```

cpu_temp 函数的作用是读取树莓派 CPU 的温度，详情参考 13.10 节。

然后，为网络服务器 bottle 定义 4 个路径。第一个路径（/temp）返回一个字符串，其中包含以摄氏度为单位的温度。根路径（/）将返回页面（main.HTML）的主 HTML 模板。另外两个路径提供对 raphael 库和 justgage 库的副本的访问。

文件 main.html 主要用来保存渲染用户界面的 JavaScript 代码。

```
<html>
<head>
<script src="http://ajax.googleapis.com/ajax/libs/jquery/1.7.2/jquery.min.js"
type="text/javascript" charset="utf-8"></script>
<script src="raphael"></script>
<script src="justgage"></script>

<script>
function callback(tempStr, status){
if (status == "success") {
    temp = parseFloat(tempStr).toFixed(2);
    g.refresh(temp);
    setTimeout(getReading, 1000);
}
else {
    alert("There was a problem");
    }
```

```
    }

    function getReading(){
        $.get('/temp', callback);
    }
    </script>
    </head>

    <body>
    <div id="gauge" class="200x160px"></div>

    <script>
    var g = new JustGage({
        id: "gauge",
        value: 0,
        min: 10,
        max: 60,
        title: "CPU Temp 'C"
    });
    getReading();
    </script>

    </body>
    </html>
```

其中，jquery、raphael 和 justgage 这 3 个代码库都会被导入，而另外两个是从本地副本导入的）。

为了将树莓派中的数据读入浏览器窗口，需要两步来完成。首先，需要调用 getReading 函数。这个函数会向 web_sensor.py 发送一个带有/temp 路径的 Web 请求，并规定当这个 Web 请求完成后运行名为 callback 的函数。然后 callback 函数会更新 JustGage 的显示内容，并将再次调用 getReading 的间隔时间设置为 1s。

16.2.4　提示与建议

关于利用 Python 代码在应用程序而非网页内显示传感器读数的示例，参考 13.22 节。

在显示传感器的值方面，代码库 justgage 提供了所有常见的选项，详情请访问其官方网站。

16.3　Node-RED 入门

16.3.1　面临的问题

你想要创建简单的 IoT 工作流，例如在树莓派上按下按钮时发送推文。

16.3.2　解决方案

使用 Raspbian 上预装的 Node-RED 系统。为此，可以通过下面的示例代码来启动 Node-RED 服务器。

```
$ node-red-pi --max-old-space-size=256
```

然后，用浏览器连接该服务器。当然，你可以从树莓派上连接该服务器，在这种情况下，你可以连接到 URL http://127.0.0.1:1880/；如果你从网络上的另一台计算机上连接该服务器，需将 127.0.0.1 改为树莓派的本地 IP 地址。图 16-5 显示了当你连接到 Node-RED 服务器时，在浏览器中所看到的内容。

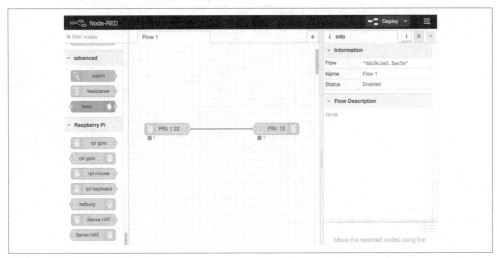

图 16-5　Node-RED 的 Web 界面

Node-RED 的理念是，绘制程序（称为流程）而不是写代码。因此，你只需把节点拖到编辑区，然后把它们连在一起即可。例如，图 16-5 显示了一个最小的流程，也就是把两个树莓派的引脚连接在一起：一个引脚作为输入，比如连接到一个开关（这里以 GPIO 25 引脚为例）；另一个引脚连接到一个 LED（这里以 GPIO 18 为例）。你可以使用 16.1 节中的 Squid LED 和相应按钮来完成这个任务。

左边的节点，标有 PIN:22 的是输入（连接到 GPIO 25 的开关），标有 PIN:12 的是输出（连接到 GPIO 18 的 LED）。注意，Node-RED 使用的是引脚编号而不是 GPIO 名称。

在编辑器中创建这个流程时，首先在左边的节点列表中向下滚动，并找到树莓派部分。把左边带有树莓派图标的"rpi gpio"节点拖到编辑器区域。它将用作一个输入。然后双击它，打开图 16-6 所示的窗口。选择"12 - GPIO18"，然后，单击 Done 按钮。

接下来，选择另一个"rpi gpio"节点类型（右边有树莓派图标）并将其拖到编辑区，然后双击它，这时将打开图 16-6 所示的窗口；这次，请选择"12 - GPIO18"，然后单击 Done 按钮即可。

通过将输入节点右侧的圆形连接器拖出，将两个节点连接在一起，就会得到图 16-5 所示的流程图。

假设树莓派上已经连接了一个按钮开关和 LED，那么，现在你可以通过单击 Deploy 按钮来执行这个流程。这时，LED 将被点亮，而再次单击该按钮时，LED 将会关闭。这其中的逻辑是颠倒的，但我们现在先不谈这个。我们将在下一章重新讨论这个问题，届时将会介绍更多关于 Node-RED 的知识。

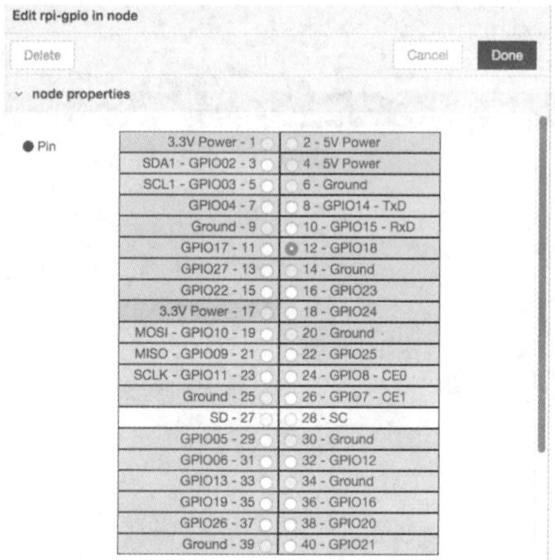

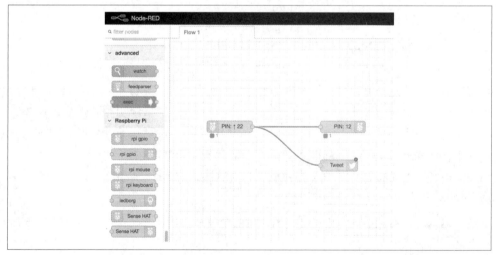

图 16-6　在 Node-RED 中选择 GPIO 25

虽然这一切都很巧妙，但到目前为止，与物联网还没有太大的关系。这就是 Node-RED 的一些其他节点类型开始发挥作用的地方。如果仔细浏览节点类型列表，你会发现各种各样的节点，其中包括 Tweet 节点，你可以把这个节点作为第二输出连接到 PIN:22 节点，这时，流程将如图 16-7 所示。然后，双击 Tweet 节点，用你的 Twitter 凭证对其进行配置。现在，树莓派就可以发送一条推文。

图 16-7　通过 Node-RED 发送推文

16.3.3　进一步探讨

Node-RED 是一个非常强大的系统，因此，熟悉它的所有功能和它奇怪的特性需要花一些时间。除了可以创建上面那种直接流程外，你还可以引入切换代码（如 if 语句）和函数来转换节点之间传递的信息。

在这里，我们只是对 Node-RED 进行了简单的介绍。如果你想了解更多，我建议阅读"提示与建议"部分提到的文档和第 17 章的大部分内容。

如果你对 Node-RED 喜爱有加，可以通过以下命令设置在树莓派重启时自动启动它。

```
$ sudo systemctl enable nodered.service
$ sudo systemctl start nodered.service
```

16.3.4　提示与建议

有关在树莓派上使用 Node-RED 的详细信息，请阅读相关文档。

另外，也可以从网络上观看关于 Node-RED 的介绍视频。

16.4　使用 IFTTT 发送电子邮件及其他通知

16.4.1　面临的问题

你想使用一种灵活的方式，让树莓派利用电子邮件、Facebook、Twitter 或 Slack 来发送通知。

16.4.2　解决方案

让你的树莓派给 IFTTT 的 Maker 频道发送请求来触发各种可配置的通知。

下面我们通过一个示例来解释这个流程，例如当树莓派的 CPU 温度超过阈值时向你发送电子邮件。

为了执行这个流程，你首先需要创建一个 IFTTT 账户，为此可以访问 IFTTT 网站，并完成相应的注册。

下一步是创建一个新的 IFTTT Applet。所谓 Applet，可以理解为规则，例如当我从树莓派收到一个 Web 请求的时候，就发送一封电子邮件。接下来，单击 Create a Applet 按钮，这时会提示你先输入规则的 THIS 部分，再输入 THAT 部分。

就本例来说，IF THIS 部分（触发器）是从树莓派收到一个 Web 请求，所以单击 THIS，在搜索字段中输入 Webhooks 找到 Webhooks 频道。然后，选中 Webhooks 频道，并且在要求选择触发器时，选择 Receive a web request 选项，将打开图 16-8 所示的窗口。

图 16-8 "Receive a web request" 触发器窗口

在 Event Name 字段中输入文本 cpu_too_hot，并单击 Create trigger 按钮。

现在，你将进入该流程的 THAT 部分，即动作部分，你需要选择一个动作频道。虽然这里的选项很多，但是对本例而言，你需要使用的是 E-mail 频道，所以在搜索字段中输入 E-mail，并选择 E-mail 频道。选中 E-mail 频道后，选择动作 "Send me an email"，这时将会显示图 16-9 所示的窗口。

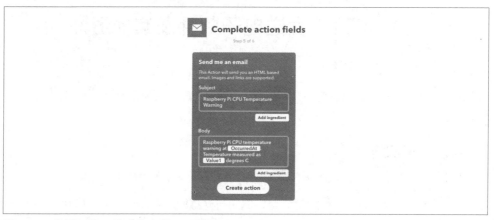

图 16-9 设置 IFTTT 的动作字段

请你修改相应文本，使其与图 16-9 所示的内容保持一致。需要注意的是 OccurredAt 和 Value1 这两个特殊值都要用{{和}}括住。这两个值被称为组成要素，并且是取自 Web 请求中的变量值，最终会被代入电子邮件的主题和正文中。

然后，单击 Create action 以及 Create recipe，流程的创建工作便结束了。

我们需要的最后一个信息是 Webhooks 频道的 API（Application Program Interface，应用程序接口）密钥。这样，你就不会收到关于其他人树莓派 CPU 温度的电子邮件了。

为了找到这个密钥，请进入 IFTTT 的 My Applets 页面上的 Services 选项卡，并找到 Webhooks。在 Webhooks 页面上，单击 Documentation，将出现图 16-10 所示的内容；

在这里，就能发现你的密钥（注意，我们在图中进行了必要的遮挡处理）。

图 16-10　获取 API 密钥

然后，将这个密钥复制、粘贴到图 16-10 所示界面下方的代码中，具体来说，就是以 KEY=开头的行中。

用于发送 Web 请求的 Python 程序名为 ch_16_ifttt_cpu_temp.py，具体代码如下所示。

```python
import time, os
import requests

MAX_TEMP = 37.0
MIN_T_BETWEEN_WARNINGS = 60 # Minutes

EVENT = 'cpu_too_hot'
BASE_URL = 'https://maker.ifttt.com/trigger/'
KEY = 'your_key_here'

def send_notification(temp):
    data = {'value1' : temp}
    url = BASE_URL + EVENT + '/with/key/' + KEY
    response = requests.post(url, json=data)
    print(response.status_code)

def cpu_temp():
    dev = os.popen('/opt/vc/bin/vcgencmd measure_temp')
    cpu_temp = dev.read()[5:-3]
    return float(cpu_temp)

while True:
    temp = cpu_temp()
    print("CPU Temp (C): " + str(temp))
    if temp > MAX_TEMP:
        print("CPU TOO HOT!")
        send_notification(temp)
        print("No more notifications for: " + str(MIN_T_BETWEEN_WARNINGS) +
            " mins")
        time.sleep(MIN_T_BETWEEN_WARNINGS * 60)
    time.sleep(1)
```

就像本书中的其他示例程序一样，你也可以通过本书的代码存储库下载本节程序的源代码（见 3.22 节）。

为了测试，我特意把 MAX_TEMP 调得很低。如果你住的地方很热，可以把这个数字调高到 60 或 70。

将密钥复制、粘贴到 ch_16_ifttt_cpu_temp.py 中以 KEY=开头的一行，然后就可以使用下面的命令来运行该程序了。

```
$ python3 ch_16_ifttt_cpu_temp.py
```

现在，你可以设法来提高 CPU 的温度，比如播放视频，或者给树莓派多加上一层外包装。一旦事件被触发，你就会收到一封电子邮件，具体如图 16-11 所示。你要注意观察这些值是如何被代入电子邮件中去的（同样，图中某些内容已经做了相应的遮挡处理）。

图 16-11　通知邮件

16.4.3　进一步探讨

对这个程序来说，大部分动作都是在发送电子邮件的 send_notification 函数中进行的。它首先构造了一个 URL，其中包含密钥和请求参数 value1（存放温度），然后使用 Python 的请求库向 IFTTT 发送 Web 请求。

主循环会不断地比较 CPU 温度和 MAX_TEMP 的大小，如果 CPU 温度超过了 MAX_TEMP，就会发送 Web 请求，然后按照 MIN_T_BETWEEN_WARNINGS 的规定进入长时间的休眠，以防止你的邮箱被通知邮件塞满。

当然，除了使用 IFTTT 之外，你还可以利用 7.16 节介绍的方法直接发送电子邮件。但是，通过 IFTTT 发送消息，你不仅可以发送电子邮件通知，还可以使用 IFTTT 提供的所有动作频道，并且根本不需要编写任何代码。

16.4.4　提示与建议

关于直接使用 Python 发送电子邮件的方法，参考 7.16 节。

测量 CPU 温度的代码的具体介绍，参考 13.10 节。

16.5　利用 ThingSpeak 发送推文

16.5.1　面临的问题

你想利用树莓派自动发送推文，例如，为了让人们反感而不断将自己树莓派的温度发给他们。

16.5.2 解决方案

你可以直接使用 16.4 节介绍的方法，只要将 Action Channel 改为 Twitter 即可。除此之外，你还可以使用 ThingSpeak。

ThingSpeak 类似于 IFTTT，但是它是直接面向 IoT 项目的。它允许创建利用 Web 请求存储和检索数据的频道，并提供了包括 ThingTweet 在内的许多动作，所以你可以把它看成针对 Twitter 的 Web 服务封装。这些功能要比 Twitter API 更易于使用，因为后者要求你的应用登录 Twitter。

首先，请访问 ThingSpeak 官网并进行注册。请注意，为此还需要创建一个账户。然后，从 Apps 菜单中选择动作 ThingTweet。这时，将要求你登录 Twitter，登录后你的动作将被激活（见图 16-12）。

图 16-12　ThingTweet 动作

下面是通过 Web 请求来发送推文的 Python 程序，其名称为 ch_16_send_tweet.py。

```python
import time, os
import requests

MAX_TEMP = 37.0
MIN_T_BETWEEN_WARNINGS = 60 # Minutes

BASE_URL = 'https://api.thingspeak.com/apps/thingtweet/1/statuses/update/'
KEY = 'your_key_here'

def send_notification(temp):
    status = 'Thingtweet: Raspberry Pi getting hot. CPU temp=' + str(temp)
    data = {'api_key' : KEY, 'status' : status}
    response = requests.post(BASE_URL, json=data)
    print(response.status_code)

def cpu_temp():
    dev = os.popen('/opt/vc/bin/vcgencmd measure_temp')
    cpu_temp = dev.read()[5:-3]
    return float(cpu_temp)

while True:
```

```
temp = cpu_temp()
print("CPU Temp (C): " + str(temp))
if temp > MAX_TEMP:
    print("CPU TOO HOT!")
    send_notification(temp)
    print("No more notifications for: " + str(MIN_T_BETWEEN_WARNINGS) +
        " mins")
    time.sleep(MIN_T_BETWEEN_WARNINGS * 60)
time.sleep(1)
```

就像本书中的其他示例程序一样，你也可以通过本书的代码存储库下载本节程序的源代码（见 3.22 节）。

就像 16.4 节那样，在运行该程序之前，你需要将图 16-12 中的密钥复制、粘贴到相应的代码中。然后，你就可以按照 16.4 节中介绍的方法来运行和测试这个程序了。

16.5.3　进一步探讨

这里的代码与 16.4 节中的非常类似，主要的不同之处在于 send_notification 函数，它在本节示例中的作用是构建推文，然后发送 Web 请求，其中以参数 status 作为消息。

16.5.4　提示与建议

关于 ThingSpeak 服务的完整文档，请访问相关网站。

在 16.6 节中，你将会掌握流行的 CheerLights，它也是利用 ThingSpeak 实现的；而在 16.7 节中，你将学习如何使用 ThingSpeak 来收集传感器数据。

16.6　CheerLights

16.6.1　面临的问题

你想给自己的树莓派连接一个 RGB LED，从而参与到流行的 CheerLights 项目中去。

CheerLights 是一种 Web 服务，当人们向@CheerLights 发送包含颜色名称的推文时，它就会把最新的颜色记录下来。在这个世界上，已经有很多人参与了 CheerLights 项目：他们利用 Web 服务请求最新的颜色，然后让灯光显示相应的颜色。所以，当有人发送推文时，所有人的灯光都会变色。

16.6.2　解决方案

你可以给自己的树莓派连接一个 Raspberry Squid RGB LED（见图 16-13），然后运行名为 ch_16_cheerlights.py 的测试程序。

```
from gpiozero import RGBLED
from colorzero import Color
import time, requests
```

```
led = RGBLED(18, 23, 24)
cheerlights_url = "http://api.thingspeak.com/channels/1417/field/2/last.txt"

while True:
    try:
        cheerlights = requests.get(cheerlights_url)
        c = cheerlights.content
        print(c)
        led.color = Color(c)
    except Exception as e:
        print(e)
    time.sleep(2)
```

图 16-13　连接了 Raspberry Squid RGB LED 的树莓派

就像本书中的其他示例程序一样，你也可以通过本书的代码存储库下载本节程序的源代码（见 3.22 节）。

运行这个程序时，LED 将立即把自己设置为最新的颜色。但是，如果不久之后有人发送了推文，它的颜色就可能随之改变；如果没变，你可以自己发送一条消息，比如 "@cheerlights red"，这时你的 LED 以及参与该项目的世界各地的 LED 都会随之改变。对 CheerLights 来说，合法的颜色名称包括 red（红色）、blue（蓝色）、cyan（青色）、white（白色）、oldlace（浅米色）、purple（紫色）、magenta（洋红）、yellow（黄色）、orange（橘色）和 pink（粉红色）。

16.6.3　进一步探讨

上面的代码只是向 ThingSpeak 发送一个 Web 请求，然后 ThingSpeak 会返回一个 6 位的十六进制数表示的颜色字符串，这个字符串随后将用于设置 LED 的颜色。

上面的 try/except 语句块的作用是避免在网络出现临时故障时程序崩溃。

16.6.4　提示与建议

CheerLights 使用 ThingSpeak 来保存频道中的最新颜色，而在 16.7 节中，频道则用于记录传感器的数据。

如果你没有 Squid，可以在面包板上使用 RGB（见 10.10 节），甚至可以利用 14.6 节中介绍的方法来控制整个 LED 灯条。

16.7   向 ThingSpeak 发送传感器数据

16.7.1   面临的问题

你想把传感器数据记录到 ThingSpeak 上，然后以图形方式查看数据随时间的变化情况。

16.7.2   解决方案

登录到 ThingSpeak，从 Channels 的下拉菜单中选择 My Channels。然后，按照图 16-14 所示的提示填写窗口顶部的相应内容就可以新建一个频道。

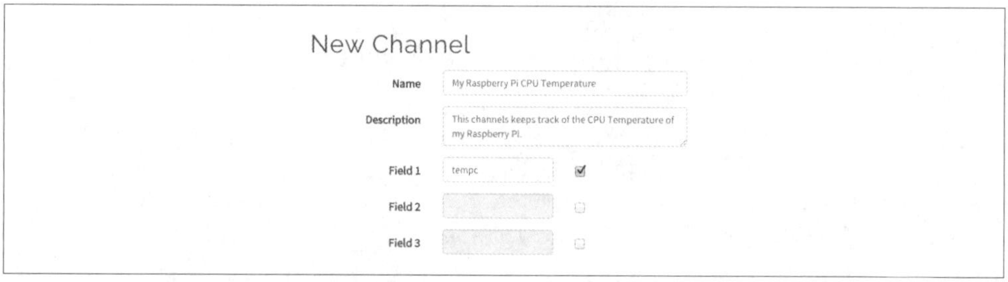

图 16-14   在 ThingSpeak 中创建频道

这个窗口中的其余内容不必填写，编辑完成之后，单击页面底部的 Save Channel 按钮。进入 Data Import/Export 选项卡，就能看到可供使用的 Web 请求，以及刚才所建频道的密钥（见图 16-15）。

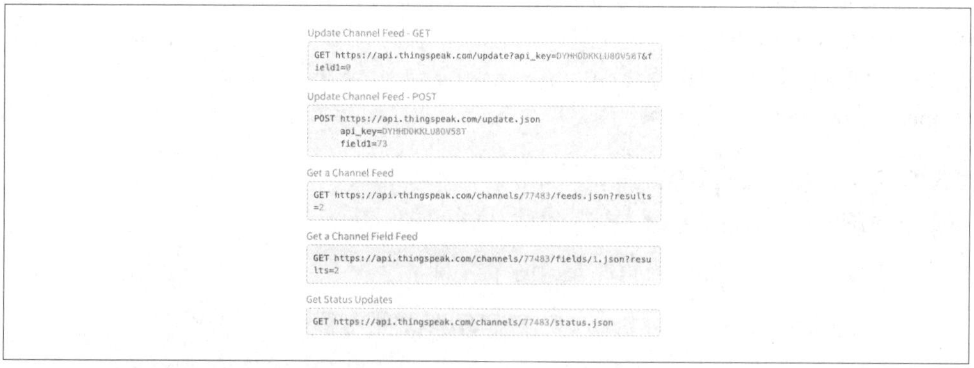

图 16-15   向 ThingSpeak 频道提供数据

为了给这个频道发送数据，必须发送相应的 Web 请求。下面，我们给出发送 Web 请求的 Python 程序的代码，该程序名为 ch_16_thingspeak_data.py。

```python
import time, os
import requests

PERIOD = 60 # seconds
BASE_URL = 'https://api.thingspeak.com/update.json'
KEY = 'your key here'

def send_data(temp):
    data = {'api_key' : KEY, 'field1' : temp}
    response = requests.post(BASE_URL, json=data)

def cpu_temp():
    dev = os.popen('/opt/vc/bin/vcgencmd measure_temp')
    cpu_temp = dev.read()[5:-3]
    return float(cpu_temp)

while True:
    temp = cpu_temp()
    print("CPU Temp (C): " + str(temp))
    send_data(temp)
    time.sleep(PERIOD)
```

就像本书中的其他示例程序一样，你也可以通过本书的代码存储库下载本节程序的源代码（见 3.22 节）。

然后，运行该程序。这样你就可以在 Private View 选项卡的 ThingSpeak 频道的页面中看到图 16-16 所示的图表。

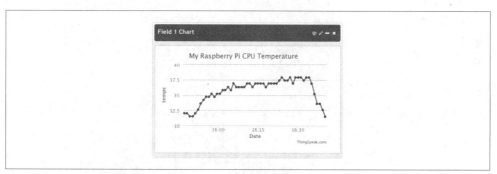

图 16-16　绘制传感器数据

对这个图表来说，每当有新的读数到达时都会进行更新，读数的更新频率为每分钟一次。

16.7.3　进一步探讨

变量 PERIOD 的作用是确定发送温度的时间间隔，它的单位是秒。

函数 send_data 用来构建 Web 请求，并通过参数 field1 来提供温度。

如果你的数据是公益性的，例如准确的环境数据，那么你可能希望公开这个频道，以便所有人都能利用这些数据。但是就树莓派的 CPU 温度数据来说，其好像不属于这种情况。

16.7.4　提示与建议

关于将传感器数据导出到电子表格的示例，参考 13.23 节。

关于读取 CPU 温度的代码的相关解释，参考 13.10 节。

16.8　使用 Dweet 和 IFTTT 响应推文

16.8.1　面临的问题

你想让树莓派执行某些操作，以响应推文中特定的 # 标签和@标签。

实际上，使用 16.6 节介绍的方法就可以完成这件事情，只不过它的效率太低了，因为它是通过不断轮询 Web 请求的方式来检测颜色是否发生改变的。

16.8.2　解决方案

在监视推文的时候，有一种不依赖于轮询的高效机制，即使用 IFTTT（见 16.4 节）去辨认感兴趣的推文，然后向名为 Dweet 的服务发送 Web 请求。Dweet 会向运行在树莓派上的 Python 程序推送通知，如图 16-17 所示。

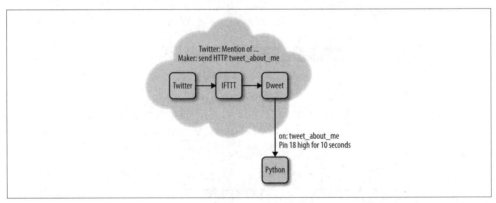

图 16-17　联合使用 IFTTT、Dweet 和 Python

举例来说，每次在 Twitter 上提及你的用户名的时候，就让连接到面包板的 LED 或 Raspberry Squid 的 LED 闪烁 10s。

就硬件而言，本节对所用的电子元件的要求并不高，只要当 GPIO 18 引脚变成高电平时它们能够引起我们的注意就行了。这个电子元件既可以是 Raspberry Squid（见 9.10 节）的一个通道，也可以是连接到面包板的单个 LED（见 10.1 节），灵活起见，甚至可以是一个继电器（见 10.5 节）。如果选用继电器，你可以创建类似 Bubblino（吹泡泡的 Arduino 机器人）这样的项目。

第一步是登录 IFTTT（见 16.4 节），创建一个新的 Applet。

然后，选择一个名为 New Mention of You 的动作频道，并单击 Create trigger。对于这个流程的动作频道，请选择 Webhooks，然后选择动作"Make a web request"，并按照图 16-18 所示的提示填写相关字段。

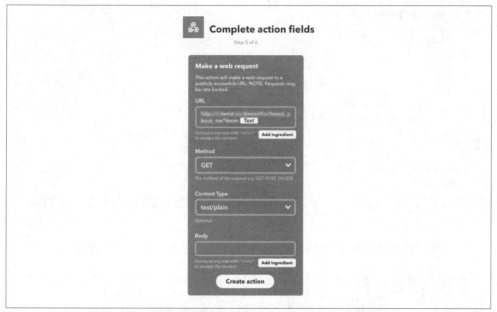

图 16-18　在 IFTTT 中填写"Make a web request"动作频道的相关字段

该页面包含带有文本组成要素的请求参数，它用于存放推文的正文。当然，除非要将其输出到控制台，否则是不会用到它的。但是对更加高级的项目来说，你还可以将消息显示到 LCD 屏幕上，所以掌握如何将来自推文的数据传递给 Python 程序还是非常重要的。

然后，单击 Create action，以使这个 IFTTT 流程生效。

Web 服务 dweet.io 类似于 IoT 世界中的 Twitter，你可以通过它提供的 Web 接口来发表和接收推文。

使用 Dweet 的时候，它不要求用户进行注册，所以就无须登录。你只要有一个向 Dweet 发送消息的东西（本例为 IFTTT），同时有另一个东西（树莓派的 Python 程序）等待你关心的事情发生后的通知。就本例来说，连接这两个东西的令牌为 tweet_about_me。由于这个令牌不是非常独特，所以如果几个人同时尝试本书中的这个示例，那么他们将会得到彼此的消息。要想避免这个问题，就需要使用更独特的令牌（例如，给这个消息添加一个由数字和字母组成的随机字符串）。

为了从 Python 程序访问 Dweet，你需要安装 dweepy 库，具体命令如下所示。

```
$ sudo pip3 install dweepy
```

用于本节的程序名为 ch_16_twitter_trigger.py，相关代码如下所示。

```python
import time
import dweepy
from gpiozero import LED

KEY = 'tweet_about_me'
led = LED(18)

while True:
    try:
        for dweet in dweepy.listen_for_dweets_from(KEY):
            print('Tweet: ' + dweet['content']['text'])
            led.on()
            time.sleep(10)
            led.off()
    except Exception:
        pass
```

就像本书中的其他示例程序一样，你也可以通过本书的代码存储库下载本节程序的源代码（见 3.22 节）。

在运行上面的程序后，你可以试着在推文中@自己，这时，LED 会持续亮 10s。

16.8.3　进一步探讨

该程序使用 listen_for_dweets_from 方法维护到 dweet 的连接，监听该服务器推送来的所有报文，最后通过来自 IFTTT 的 dweet 来响应推文。语句块 try/except 的作用是确保在遇到通信中断的时候，该程序会马上重启监听进程。

16.8.4　提示与建议

16.6 节还介绍了一个与本示例类似的项目，但是它使用了一种不同的方法。

## 第 17 章

家庭自动化

17.0 引言

作为一个低成本、低功耗的设备，树莓派是家庭自动化中心的不二之选：即使每天都不间断地运行，也花不了多少电费。虽然树莓派 4 的运算速度较快，但是对本章中描述的内容来说，树莓派 2 或树莓派 3 的速度也够用了；另外，后两者不仅运行温度比树莓派 4 低，而且耗电量更少。

首先，我们将为大家介绍消息队列遥测传输（Message Queuing Telemetry Transport，MQTT），因为这是大多数家庭自动化系统的基本通信机制，然后，继续研究 Node-RED（我们在第 16 章介绍过它），并将其作为家庭自动化的基础。

严格来说，家庭自动化就是让你的家更智能、更自动化。例如，当检测到移动物体时，打开一盏灯并持续一定的时间，或者在睡觉时自动关闭所有的灯。同时，大多数对家庭自动化感兴趣的人也对远程控制家中已经自动化的部分感兴趣。在这一章中，我们还将探讨如何通过智能手机实现远程控制。

17.1 通过 Mosquitto 将树莓派打造成 MQTT 代理

17.1.1 面临的问题

你想把树莓派打造成家庭自动化系统的控制中心。

17.1.2 解决方案

安装 Mosquitto 软件，将树莓派打造成 MQTT 代理。

为此，可以运行下面的命令来安装 Mosquitto，并把它作为一个服务来启动，这样每当树莓派重启时，它就会自动启动。

```
$ sudo apt-get update
$ sudo apt install -y mosquitto mosquitto-clients
$ sudo systemctl enable mosquitto.service
```

然后，可以通过运行以下命令来检查是否一切正常。

```
$ mosquitto -v
1562320464: mosquitto version 1.4.10 (build date Wed, 13 Feb 2019 00:45:38 +0000)
            starting
1562320464: Using default config.
1562320464: Opening ipv4 listen socket on port 1883.
1562320464: Error: Address already in use
$
```

注意，这里的错误消息并不是真正的错误所致。相反，这只是意味着 Mosquitto 已经在运行了，因为我们将其作为一项服务来启动。

17.1.3　进一步探讨

MQTT 是一种在程序之间传递信息的方式，它包含两个部分：服务器端和客户端。

服务器端

控制信息传递的中心场所，用于接收信息并将其传递给正确的接收者。

客户端

一个向服务器端发送和接收消息的程序。一个系统中通常会有一个以上的客户端。

消息的传递通常采用所谓的发布和订阅模式。也就是说，当客户端"有话要说"（例如，传感器读数）的时候，它可以通过发布温度读数来告诉服务器端。每隔几秒，客户端可能会再次采集读数，并再次将其发布。

消息通常都由一个主题和一个载荷组成。对灯光自动化系统来说，主题可能是 bedroom_light，载荷可能是 on 或 off。

为了尝试这种通信方式，你可以同时打开两个终端：一个终端充当发布者，另一个终端充当订阅者，具体如图 17-1 所示。

简单解释一下：在这里，左边的终端是订阅者，用于执行下面的命令。

```
$ mosquitto_sub -d -t pi_mqtt
Client mosqsub/2007-raspberryp sending CONNECT
Client mosqsub/2007-raspberryp received CONNACK
Client mosqsub/2007-raspberryp sending SUBSCRIBE (Mid: 1, Topic: pi_mqtt, QoS: 0)
Client mosqsub/2007-raspberryp received SUBACK
Subscribed (mid: 1): 0
```

图 17-1　使用 MQTT 进行通信的两个终端

其中，mosquitto_sub 命令用于订阅该客户端，而-d 选项用于指定调试模式，这样就能看到更多关于客户端和服务器正在做什么的信息；当你想确定一切是否正常的时候，这个选项非常有用。而-t pi_mqtt 选项的作用是指定客户端感兴趣的主题为 pi_mqtt。

调试跟踪消息说明，客户端已经正确连接到服务器端，并且客户端已经请求订阅，服务器端已经确认订阅。

现在，让这个终端会话继续运行，并打开第二个终端会话，它将作为一个客户端，发布与主题 pi_mqtt 有关的内容。接下来，请在这个新的终端窗口中输入以下命令。

```
$ mosquitto_pub -d -t pi_mqtt -m "publishing hello"
Client mosqpub/2199-raspberryp sending CONNECT
Client mosqpub/2199-raspberryp received CONNACK
Client mosqpub/2199-raspberryp sending PUBLISH (d0, q0, r0, m1, 'pi_mqtt',
                                        ... (16 bytes))
Client mosqpub/2199-raspberryp sending DISCONNECT
```

同样，-d 选项和-t 选项分别用于指定调试模式和主题；而-m 选项用于指定要包括在发布中的消息。因此，如果发布者是一个传感器，信息可能是传感器的读数。

一旦 mosquitto_pub 命令被发出，第一个终端窗口（订阅方）就会出现如下所示的内容。

```
Client mosqsub/5170-raspberryp received PUBLISH (d0, q0, r0, m0, 'pi_mqtt',
        ... (16 bytes))
publishing hello
```

17.1.4　提示与建议

关于 Mosquitto 的更多介绍，请访问其官方网站。

在本章中，与 MQTT 相关的内容包括 17.2 节与 17.5 节。

17.2　组合使用 Node-RED 与 MQTT 服务器

17.2.1　面临的问题

你想把 Node-RED 和 MQTT 服务器结合起来使用，例如，想让 GPIO 引脚响应 MQTT 消息的发布。

17.2.2　解决方案

在 Node-RED 流程中，通过 "mqtt" 节点和 "rpi gpio" 节点达到上述目的，具体如图 17-2 所示。

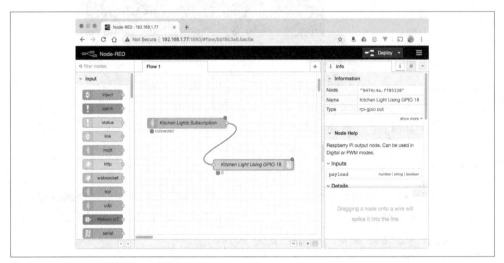

图 17-2　Node-RED 的 MQTT 和 GPIO 工作流程

完成上述部署后，我们就可以通过发送 mosquitto_pub 命令来打开和关闭 GPIO 18 引脚了。为测试起见，可以将一个 LED 或 Raspberry Squid LED 连接到 18 号引脚（见 10.1 节）。

这个流程称为 Kitchen Light，因为这里假定 GPIO 18 与类似 PowerSwitch Tail（见 10.6节）的设备一起使用，以实现照明的开关控制。

下面，让我们逐步说明如何完成该示例：每次只创建一个节点。

首先，从 Node-RED 的 "input" 类别中添加一个 "mqtt" 节点。然后，通过双击该节点来进行相应的编辑（见图 17-3）。

注意，Server 字段中只有 Add new mqtt-broker 选项，关于这一点，我们稍后加以介绍。现在，指定一个主题（kitchen_lights）并给节点起一个有意义的名字。另外，你可以通过 QoS 字段设置服务质量，并确定 MQTT 服务器在将消息送到预定目的地方面的持久性。在这里，服务质量设为 2 级，这意味着将保证送达。

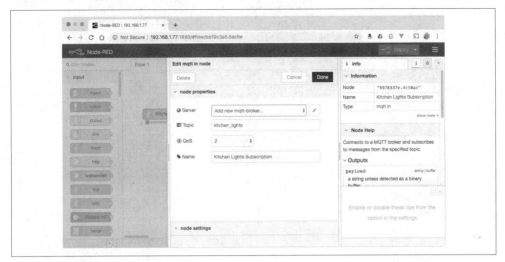

图 17-3　编辑"mqtt"节点

现在，我们需要为 Node-RED 定义一个 MQTT 服务器，为此，可以单击 Server 字段旁边的编辑（Edit）按钮。这将打开图 17-4 所示的窗口。

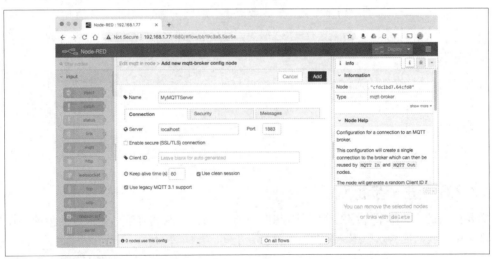

图 17-4　为 Node-RED 添加 MQTT 服务器

然后，给服务器起个名字：在 Server 字段中输入"localhost"即可。我们之所以能这样做，是因为 Node-RED 和 MQTT 服务器运行在同一个树莓派上。

接下来，我们就可以添加"rpi-gpio out"节点了。实际上，该节点可以在左边的 Raspberry Pi 部分找到。找到后，把它添加到流程中，并打开它（见图 17-5）。

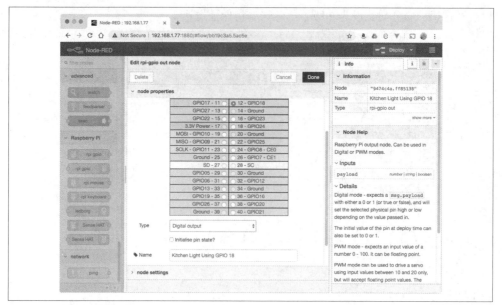

图 17-5   编辑 GPIO 输出节点

首先，选择“12 - GPIO18”，给该节点起个名字，并单击 Done 按钮。然后，把连接器从“mqtt in”节点拖动到树莓派的 GPIO 节点上，这时的流程如图 17-2 所示。

接下来，单击 Deploy 按钮，然后，在树莓派上打开一个终端会话，以对该流程进行相应的测试。

在终端窗口中运行以下命令，以发布一个开灯的请求。

```
$ mosquitto_pub -d -t kitchen_lights -m 1
```

18 号引脚所连接的 LED 会亮起。当 LED 灯灭，会发出以下信息。

```
$ mosquitto_pub -d -t kitchen_lights -m 0
```

17.2.3   进一步探讨

需要说明的是，本节介绍的方法仅适用于树莓派与被控制的对象离得很近的情形。在现实中，我们更喜欢使用无线开关。

然而，了解如何通过 MQTT 和 Node-RED 来控制 GPIO 引脚还是非常有用的。

实际上，Node-RED 能够以 JSON 文件的形式导入和导出流程。并且，本章用到的所有流程都可以从本书的 GitHub 页面找到。

要将这些流程导入 Node-RED，请访问 GitHub 页面，然后单击你要导入的流程对应的章节编号。例如，在图 17-6 中，我们单击了 recipe_17_10.json。

图 17-6 从 GitHub 中选择特定流程对应的 JSON 文件

现在，在代码区中选择一整行，并将其复制到剪贴板。然后，返回 Node-RED 页面，从 Node-RED 菜单中选择 Import → Clipboard，如图 17-7 所示。

图 17-7 选择 Import→Clipboard

注意，从 GitHub 复制代码时，建议大家直接单击代码上方的 Raw 按钮，因为这样可以更轻松地选中所有待复制的代码。

然后，将从 GitHub 复制的代码粘贴到图 17-8 所示的对话框中，并单击 new flow 按钮。

图 17-8 将流程代码粘贴到"Import nodes"对话框中

当你单击 Import 按钮后，该流程将出现在一个新的选项卡中（见图 17-9）。

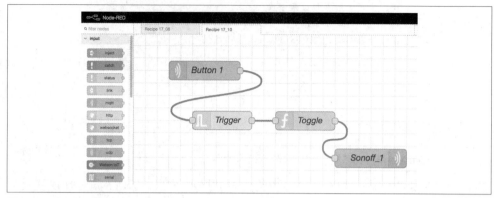

图 17-9 新导入的流程

17.2.4 提示与建议

关于使用 MQTT 控制 Wi-Fi 开关的介绍，参见 17.5 节。此外，17.6 节中介绍的内容也会用到 Node-RED。

关于 MQTT QoS 级别的更多介绍，请访问相关网站。

关于 Node-RED 的更多介绍，参阅其官方网站的完整文档。

17.3 刷写 Sonoff Wi-Fi 智能开关，使其适用于 MQTT

17.3.1 面临的问题

你想通过树莓派控制 Sonoff Wi-Fi 智能开关。

17.3.2 解决方案

先将新的固件（Tasmota）刷写到低成本的 Sonoff Wi-Fi 开关上，通过 Web 界面配置开关，然后用 MQTT 控制开关。

Sonoff Wi-Fi 开关（见图 17-10）提供了一种成本极低、以无线方式控制照明和其他电器的方式。

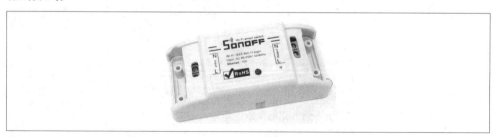

图 17-10 Sonoff Wi-Fi 开关

然而，预装在 Sonoff 开关上的固件是专有的，并且依赖中国的服务器与互联网进行通信。如果你希望以本地方式对设备进行控制，并且想替换原来的固件，那么可以按照下面的方法，将新的开放源码固件刷写到 Sonoff 开关中。

所有上述工作都可以在树莓派上完成，为此，你需要：

- 一个 Sonoff 开关；

- 具有 4 个接头针脚的排线；

- 4 根母头转母头跳线；

- 焊接设备和焊锡。

此外，你需要一个树莓派 2 或更高版本的树莓派，因为早期的树莓派无法在 3.3V 电压下为 Sonoff 开关提供足够的电流。

危险：高电压

使用 Sonoff 开关控制交流电时，需要将带电导线连接到 Sonoff 开关的螺丝端子上。严格来讲，这属于电工的工作范畴，只应由有资质的人来做。

在将 Sonoff 开关连接到家庭电源之前，请将其从包装盒中取出。你可以在不连接交流电源的情况下完成其配置工作，因为树莓派也可以为其供电。

在把 Sonoff 开关连接到交流电时，需要将其拆开，因为你需要把具有 1 个接口的排线焊接到 Sonoff 开关 PCB 提供的孔里。

图 17-11 显示了这些孔的位置，也标出了我们感兴趣的 4 个引脚的作用。事实上，它们是 Sonoff 开关的串行端口。

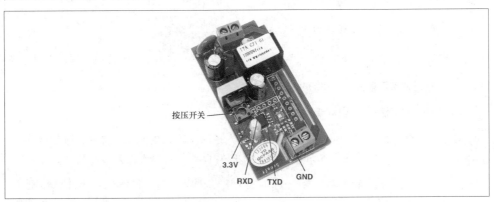

图 17-11　Sonoff Wi-Fi 开关的内部构件

请注意，Sonoff 开关 PCB 上有 4 个引脚和 5 个插孔，要确保将引脚插座连接到正确的插孔。

当你把引脚插座焊接到位后，Sonoff 开关的外观应该如图 17-12 所示。

图 17-12　安装好引脚插座后的 Sonoff 开关

现在，你需要把 Sonoff 开关上的引脚插座连接到树莓派的 GPIO 引脚上，如图 17-11 所示。不过，由于这可能会导致树莓派意外复位，因此请在树莓派断电的情况下完成以下连接：

- 将 Sonoff 开关 3.3V 插座连接至树莓派的 3.3V 引脚；
- 将 Sonoff 开关 RXD 插座连接至树莓派的 14 TXD 引脚；
- 将 Sonoff 开关 TXD 插座连接至树莓派的 15 RXD 引脚；
- 将 Sonoff 开关 GND 插座连接至树莓派的 GND 引脚。

图 17-13 展示的是已经连接好 Sonoff 开关的树莓派。

图 17-13　通过树莓派刷写 Sonoff 开关固件

树莓派的重启问题

请注意，当 Sonoff 开关以这种方式通过树莓派供电时，常常会导致树莓派重启，尤其是当 Sonoff 开关进入刷写模式时，因为这会启动 Wi-Fi 硬件。

树莓派意外重启可能会损坏 SD 卡，所以，在树莓派通电但关机的情况下，一定要用下面介绍的方法让 Sonoff 开关进入刷写模式，以避免因意外重启而引发故障。

当我们修改 Sonoff 开关的固件（即刷新固件）的时候，需要借助于一个叫作 esptool 的 Python 软件。为此，我们需要先把它下载到树莓派上，具体命令如下所示。

```
$ git clone https://github.com/espressif/esptool.git
$ cd esptool
```

在下载好上述软件后，我们还需要获取将刷写到 Sonoff 开关中的 Tasmota 固件，为此，可以在 esptool 目录中运行以下命令。

```
$ wget https://github.com/arendst/Sonoff-Tasmota/releases/download/v6.6.0/sonoff-basic.bin
```

这将下载一个名为 sonoff-basic.bin 的文件。

接下来，我们开始执行下列步骤。

1. 用下面的命令关闭树莓派。

   ```
   $ sudo shutdown now
   ```

   现在，树莓派并没有切断电源，但是处于待机模式。

2. 让 Sonoff 开关进入刷写模式。

   此刻，Sonoff 开关上的 LED 可能还在持续闪烁。

   具有讽刺意味的是，当它进入刷写模式（flash mode）时，LED 会停止闪烁，甚至会完全熄灭。要让 Sonoff 开关进入刷写模式，必须在 Sonoff 开关通电时按下 Sonoff 开关的按压开关（见图 17-11），并且要按住几秒再释放它。

   为此，请拔掉 3.3V 母头转母头跳线的一端（我发现，位于树莓派的那一端更容易拔掉），然后，按住 Sonoff 开关的按压开关。接下来，重新接上跳线，再松开开关。这时，Sonoff 开关的 LED 应该停止闪烁了。这说明，它已经处于刷写模式，并为接收新的程序做好了准备。

3. 启动树莓派。

   为了让树莓派脱离待机模式，你需要重启它。但是，这次不能通过重新加电实现重启，因为这将使 Sonoff 开关退出刷写模式。因此，请按照 12.14 节介绍的方法来完成重新启动。如果不想为树莓派添加重启按钮，也可以用一个回形针弯成合适的形状，并用它来连接 12.14 节中描述的两个复位触点。

4. 擦除 Sonoff 开关的固件。

   在树莓派启动后，切换到 esptools 目录，然后执行如下所示的命令来擦除 Sonoff 开关的固件。如果一切正常，将在终端中看到如下所示的信息。

```
$ cd /home/pi/esptools
$ python3 esptool.py --port /dev/ttyS0 erase_flash
esptool.py v2.7-dev
Serial port /dev/ttyUSB0
Connecting....
Detecting chip type... ESP8266
Chip is ESP8266EX
Features: WiFi
Crystal is 26MHz
```

```
MAC: 5c:cf:7f:3b:69:c4
Uploading stub...
Running stub...
Stub running...
Erasing flash (this may take a while)...
Chip erase completed successfully in 3.1s
Hard resetting via RTS pin...
```

5. 关闭树莓派，重复步骤 2 和步骤 3，再次让 Sonoff 开关进入刷写模式。

6. 将 Tasmota 固件刷写到 Sonoff 开关中。

   切换到 esptools 目录，然后运行下面的命令，将刚才下载的 sonoff-basic.bin 文件刷写到 Sonoff 开关上。

```
$ cd /home/pi/esptools
$ python3 esptool.py --port /dev/ttyS0 write_flash
  -fs 1MB -fm dout 0x0 sonoff-basic.bin
esptool.py v2.7-dev
Serial port /dev/ttyUSB0
Connecting....
Detecting chip type... ESP8266
Chip is ESP8266EX
Features: WiFi
Crystal is 26MHz
MAC: 5c:cf:7f:3b:69:c4
Uploading stub...
Running stub...
Stub running...
Configuring flash size...
Compressed 432432 bytes to 300963...
Wrote 432432 bytes (300963 compressed) at 0x00000000 in 27.6 seconds
  (effective 125.5 kbit/s)...
Hash of data verified.

Leaving...
Hard resetting via RTS pin...
```

17.3.3　进一步探讨

完成上面的所有工作后，你就可以断开跳线，请一个具有电工资质的人来安装 Sonoff 开关，这样就可以使用交流电来供电，并控制电流的开关了。然而，在将新的 Sonoff 开关放到不方便存取的地方之前，最好多进行一些必要的测试。因此，如果你愿意，也可以保留 3.3V 和 GND 跳线，以便通过树莓派给 Sonoff 开关供电。当仅由树莓派供电时，继电器无法完成开关切换，但当 Sonoff 开关接通时，LED 会亮起。

对于 Sonoff 开关，除了这里使用的型号外，还有许多其他型号，并且有些看起来与普通电灯开关很像，只是含有 Wi-Fi 模块。

17.3.4　提示与建议

关于 Tasmota 的更多信息，请访问相关网站。

在刷写 Sonoff 开关的固件之后，请按照 17.4 节介绍的方法进行相应的配置。

17.4　配置 Sonoff Wi-Fi 智能开关

17.4.1　面临的问题

你想要把 Sonoff 开关连接到家庭 Wi-Fi 网络。

17.4.2　解决方案

首先，请按照 17.3 节中介绍的方法，将 Tasmota 固件刷写到 Sonoff 开关中。如果 Tasmota 固件已经位于 Sonoff 开关中，并且它已经通电——无论使用树莓派（树莓派 2 或更高版本）的 3.3V 电源，还是就地使用 AC 电源，接下来，只要将其连接至相应的无线接入点，就可以配置 Sonoff 开关了。截至撰写本书时，还无法通过树莓派完成该操作：虽然使用 Mac 或 Windows PC 连接无线网络时，接入点的欢迎页面将自动打开，但是树莓派接入之后，并不会触发欢迎页面。因此，读者需要通过 Windows PC 或 Mac，甚至智能手机，连接到名为 Sonoff-2500 之类的 Wi-Fi 接入点（见图 17-14）。

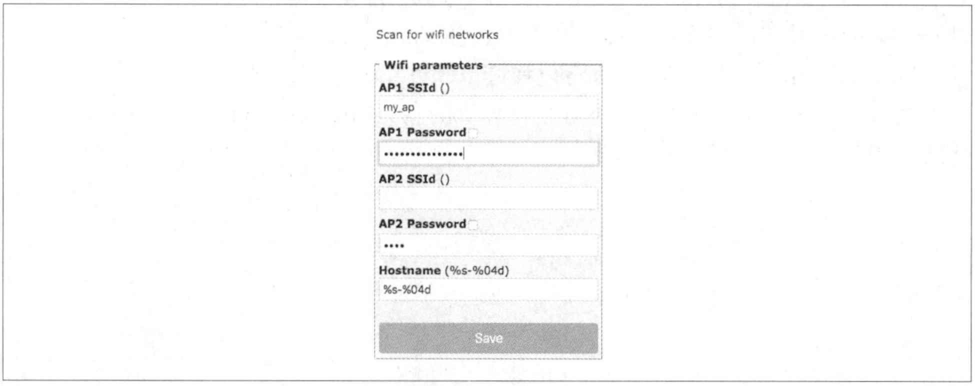

图 17-14　将 Sonoff 开关接入 Wi-Fi 网络

你实际上可以通过相关凭证连接两个无线接入点。但如果你只有一个，要么使用页面顶部的 "Scan for wifi networks" 超链接，要么在 AP1 SSId 字段中输入接入点名称，在 AP1 Password 字段中输入密码，然后单击 Save 按钮。

Sonoff 开关将重新启动，如果你输入的接入点凭证正确，它将重新启动，并连接到你的网络。

现在，我们面临的问题是如何找到 Sonoff 开关的 IP 地址。实际上，像安卓手机的 Fing 或 iOS 的 Discovery 这样的工具可以做到这一点。在本例中，Sonoff 开关被分配的 IP 地址为 192.168.1.84，如图 17-15 所示。

图 17-15　确定 Sonoff 开关的 IP 地址

17.4.3　进一步探讨

现在，Sonoff 开关已经连接到你的网络，它将改变模式，不再完全作为接入点，而是作为网络上的网络服务器运行，你可以通过该服务器来管理该设备。要连接到 Snoff 开关的网页，请在已经接入该网络的任何计算机的浏览器中输入 Sonoff 开关的 IP 地址，这时，将看到图 17-16 所示的内容。

图 17-16　Sonoff 开关的网页

在这个页面中，只要单击 Toggle 按钮，就能控制 Sonoff 开关的 LED 开关状态。请注意，如果 Sonoff 开关实际上是通过交流电供电，而不是通过树莓派供电，那么，它就能控制任何相连的电器。

17.4.4　提示与建议

要了解如何配置这些开关以与 MQTT 和 Node-RED 一起工作，请阅读 17.5 节。

17.5　通过 MQTT 使用 Sonoff 网络开关

17.5.1　面临的问题

你想用 MQTT 来控制更新固件后的 Sonoff 网络开关。

17.5.2　解决方案

首先，确保你已经按照 17.3 节和 17.4 节介绍的方法将新固件刷写到 Sonoff 设备上，并将其配置为连接到 Wi-Fi 网络。

要想使用 MQTT 控制 Sonoff 网络开关，需要先通过 Sonoff 的 Web 界面完成相应的配置。为此，请在浏览器中输入 Sonoff 网络开关的 IP 地址（见 17.4 节），然后，单击 Configuration 按钮。这将打开图 17-17 所示的配置菜单。

图 17-17　配置菜单

单击 Configure MQTT 选项，打开 MQTT 配置页面，如图 17-18 所示。

在这里，我们将 Sonoff 配置为 MQTT 服务器的客户端（见 17.1 节），并指定其订阅方式，这样，当我们发布一个命令（例如，打开）后，它就能理解这个命令了。

要做到这一点，你需要改变配置表格中的一些字段。

- 将 Host 字段改为运行 MQTT 服务器的树莓派的 IP 地址。

- 将 Client 字段改为"sonoff_1"。注意，这里添加了一个"_1"，以区分多个 Sonoff 设备。当然，你也可以使用更有意义的名字，比如，如果 Sonoff 将要安装到卧室，可以将其命名为"bedroom_1_sonoff"。

- User 和 Password 字段没有被使用，因为我们的 MQTT 服务器没有配置任何安全性。这并不像它听起来那么鲁莽，因为除非已经进入你的网络，否则没有人可以做任何事情。所以，你在这些字段里填写什么并不重要。

- 将 Topic 字段改为"sonoff_1"，因为你可能最终会安装多个 Sonoff 网络开关。

- 让"Full Topic"字段保持不变。

图 17-18　MQTT 配置菜单

单击 Save 按钮以保存更改，Sonoff 将重新启动，以使更改生效。

17.5.3　进一步探讨

你可以通过终端窗口来测试这个 MQTT 接口：输入以下命令，Sonoff 的 LED 应该会亮起来。

```
$ mosquitto_pub -t cmnd/sonoff_1/power -m 1
```

输入以下命令重新关闭 LED。

```
$ mosquitto_pub -t cmnd/sonoff_1/power -m 0
```

如果灯没有亮，请在命令中添加-d 选项，以检查这些 Mosquitto 客户端命令是否连接到了 MQTT 服务器。

17.5.4　提示与建议

在 17.6 节中，我们将以本节内容为基础，使用 Node-RED 来控制开关。

17.6 利用 Node-RED 制作 Sonoff 闪烁开关

17.6.1 面临的问题

你想用 Node-RED 打造一个基于 Web 的 Sonoff 闪烁开关。

17.6.2 解决方案

按照 17.5 节介绍的方法，我们可以让 Sonoff 与 MQTT 一起工作，并在图 17-19 所示的流程中使用一个 NodeRED MQTT 节点。

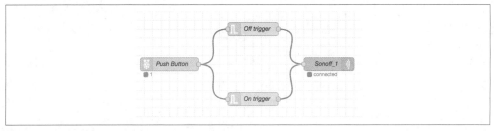

图 17-19　用于延迟计时器的 Node-RED 流程

如果你想导入这个流程而不是从头开始建立，可以在本书配套站点中下载该流程，然后按照 17.2 节介绍的方法导入流程。

这个流程假设在树莓派的 GPIO 25 引脚连接了一个按钮，当它被按下时，Sonoff 将被打开 10s，然后被关闭。

这个按钮的设置方法与我们在 16.3 节中使用的按钮相同，需要将一个硬件开关连接到 GPIO 25 引脚（见 12.1 节）。

你可以在 Node-RED 的 Function 部分找到 Trigger 节点。我们需要两个这样的节点，为此，只需将其拖到流程中即可。图 17-20 显示了"On trigger"节点的相关设置。

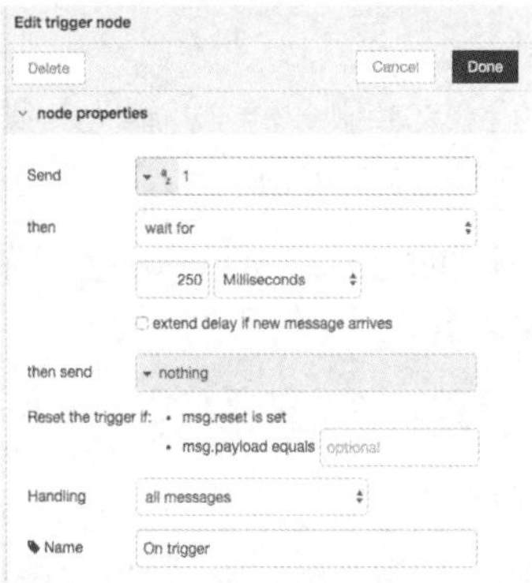

图 17-20　配置"On trigger"节点

这个 Trigger 节点被配置为在被触发时发送 1，等待 0.25s（用于调试），然后不再做其他事情。该节点被命名为"On trigger"。

"Off trigger"节点不同于"On trigger"节点，因为我们需要前者在向 Sonoff 发送 0 之前延迟 10s，图 17-21 展示了相应的设置。

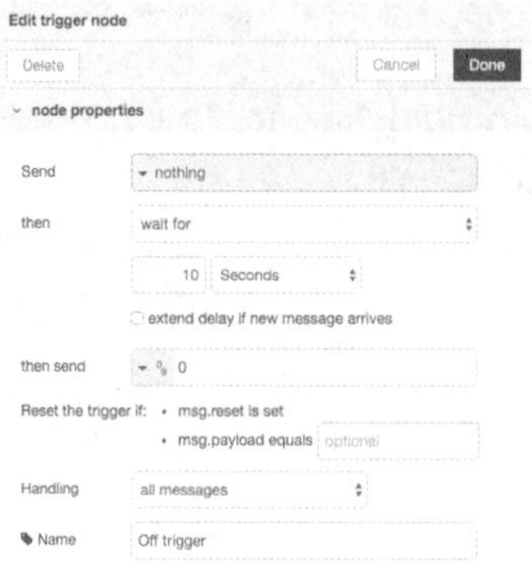

图 17-21　配置"Off trigger"节点

最后，在 Output 部分添加一个"mqtt"节点。然后打开这个节点，并进行相应的配置（见图 17-22）。

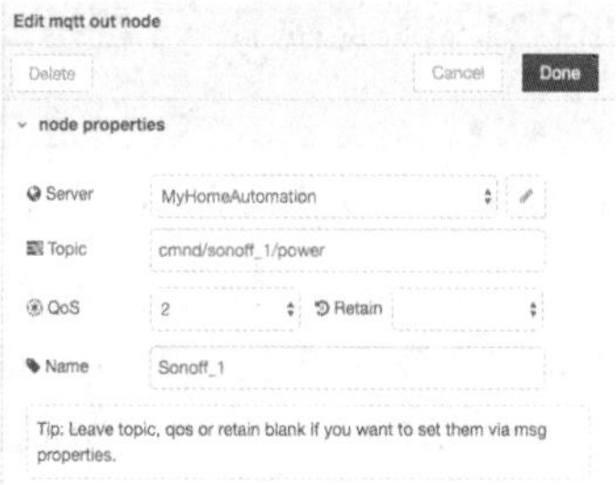

图 17-22　配置"mqtt out"节点

Server 字段将提示你添加新的 MQTT 服务器，并输入其详细信息，包括其名称（这里为 MyHomeAutomation）、IP 地址（localhost）和端口（1880）。

修改 Topic 和 Name 字段，具体如图 17-22 所示。现在，你就可以如图 17-19 所示把所有部件连接起来，并部署流程了。

当你按下按钮时，Sonoff 闪烁开关应该会接通，然后在 10s 后又自动断开。

17.6.3　进一步探讨

本节展示了在无须编写任何实际代码的情况下，可以使用 Node-RED 完成什么样的任务。通过将自动化视为信息流，Node-RED 提供了一个非常好的编程方式。

为了使用运动传感器在预定的时间段内打开灯，你可以用 PIR 运动传感器来代替开关（见 12.9 节）。

17.6.4 提示与建议

关于 Node-RED 的完整文档，详见官方文档。

17.7 Node-RED Dashboard 扩展

17.7.1 面临的问题

你希望能够通过智能手机控制电器的开关。

17.7.2 解决方案

安装 Node-RED Dashboard 扩展，在流程中添加一些用户界面（User Interface，UI）控件，然后通过手机浏览器访问 Dashboard 扩展。

要安装 Node-RED Dashboard，可执行以下命令。

```
$ sudo systemctl stop nodered.service
$ apt-get update
$ cd ~/.node-red
$ sudo apt-get install npm
$ npm install node-red-dashboard
$ sudo systemctl start nodered.service
```

安装好 Dashboard 扩展后，可以在 Node-RED 中看到一个新的控制节点部分（见图 17-23）。

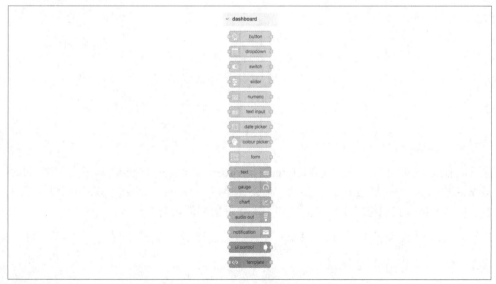

图 17-23　Node-RED Dashboard 节点部分

我们可以使用按钮节点，将 17.6 节中使用的物理按钮替换成基于 Web 的按钮，相关的流程如图 17-24 所示。如果你想导入这个流程，而不是从头开始建立，可以先从本书配套网站下载该流程，然后按照 17.2 节介绍的方法导入该流程。

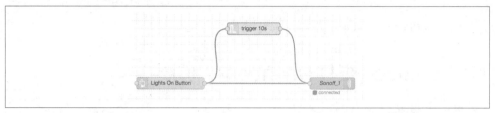

图 17-24　按钮定时器的流程

其中，触发器按钮与 17.6 节中的"Off trigger"节点相同，而"Sonoff_1"节点与 17.6 节中的同名节点相同。然而，树莓派的 GPIO 节点被一个 Dashboard 按钮节点所取代。

由于你可能需要相当多的控件来远程控制家庭自动化系统，因此，可以将 Dashboard 控件放到一个组中，而组本身被放到选项卡中。当你从 Dashboard 类别中添加一个新节点时，可以定义自己的组和选项卡。这些工作可以在编辑节点的时候完成（见图 17-25 ）。

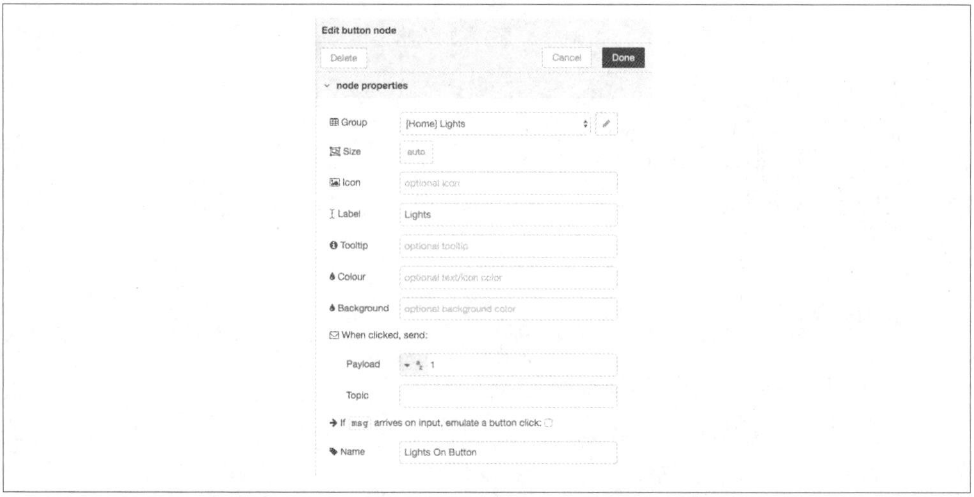

图 17-25　配置 Lights On Button 节点

你可以看到，在图 17-25 中的选项[Home]内，Group 被设置为 Lights。为了实现这一点，必须单击"Add new UI group"，为此，需要先单击"Add a new tab"。一旦创建好相应的选项卡和组，它们将成为默认值。你不需要每次都创建它们。

注意，Payload 被设置为 1，以打开灯，它将直接连接到"mqtt"节点。

现在，你就可以部署工作流程了。

要尝试新的流程，请在手机（或你的网络中的任何计算机）上打开浏览器，输入树莓派的

IP 地址，最后加上:1880/ui。对我的树莓派来说，完整的 URL 是 http://192.168.1.77:1880/ui。
这时，屏幕应该看起来如图 17-26 所示。

图 17-26　Node-RED Dashboard 上的按钮

当你单击手机上的按钮时，Sonoff 应该开启 10s。

17.7.3　进一步探讨

尽管让灯亮指定的时间是相当有用的，但如果有一个控制开关，那就更好了。在图 17-27
中，已经添加了一个相应的开关。这个流程也可以在本书的配套网站上找到。

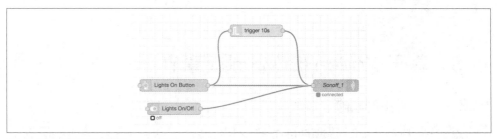

图 17-27　在流程中添加一个开关

当然，你也可以将其连接到"Sonoff_1"MQTT 节点上，这样，就能用它和按钮来控制
灯的开关了。图 17-28 展示了照明开关的相关设置。

图 17-28　照明开关的相关设置

当该流程被部署后，通过手机访问相应的页面（例如 http://192.168.1.77:1880/ui，但要替换为你自己的 Node-RED 服务器的 IP 地址）时，就会自动显示额外的开关（见图 17-29）。

图 17-29　用于控制灯光的 Web 界面

17.7.4　提示与建议

关于 Node-RED 的完整文档，请访问其官方网站。

17.8　基于 Node-RED 的预定事件

17.8.1　面临的问题

你想通过 Node-RED 在某个特定时间执行某些操作，例如，在每天凌晨 1 点关掉所有的灯。

17.8.2　解决方案

使用 Node-RED 的注入节点。

图 17-30 所示的流程是基于 17.6 节中的流程的。如果你想直接导入该流程，而非从头开始建立，可以先从本书配套网站下载该流程，然后按照 17.2 节中介绍的方法导入它。

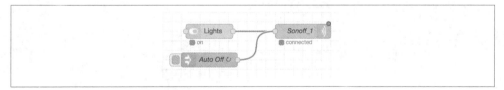

图 17-30　使用注入节点来安排某些操作

其中，仪表板开关被用来打开和关闭 Sonoff（假设用于控制照明），但除此之外，还有一个注入节点（自动关闭）被配置为向"Sonoff_1"MQTT 节点注入消息 0。关于该注入节点的配置，详见图 17-31。

图 17-31　将 Node-RED 的注入节点配置为定时事件

17.8.3　进一步探讨

如果使用了多个 Sonoff 开关来控制家中的电器，那么只需一个注入节点，就可以通过扇出消息将它们全部关闭，具体如图 17-32 所示。

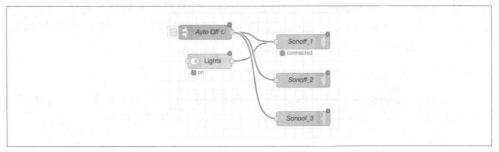

图 17-32　关掉多个设备

17.8.4　提示与建议

关于 Node-RED 的完整文档，请访问其官方网站。

17.9　通过 Wemos D1 发布 MQTT 消息

17.9.1　面临的问题

你希望能够使用低成本的可编程 Wi-Fi 板来发布 MQTT 消息，比如当按下一个按钮时。

17.9.2　解决方案

使用一个低成本的基于 ESP8266 的板子，如 Wemos D1，并借助于定制的软件。

关于 Wemos D1 电路板，具体如图 17-33 所示，其中一个 GPIO 引脚上连接了一个 Squid 按钮，由 USB 电源供电。

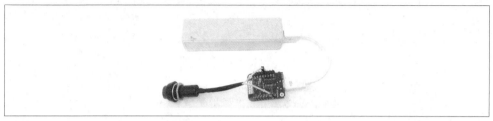

图 17-33　Wemos D1 与 Squid 按钮

当按钮被按下时，将向 MQTT 服务器发布一条消息。

为了完成本节中的实验，我们需要：

- 一个 Wemos D1 Mini 电路板；

- 一个 Raspberry Squid 按钮；

- 一个 USB 充电器或其他能够为 Wemos D1 供电的设备。

为了能够在树莓派上对 Wemos D1 电路板进行编程，首先需要在树莓派上安装 Arduino 集成开发环境（Integrated Development Environment，IDE）（见 18.1 节），然后用 18.11 节中介绍的方法添加对 ESP8266 的支持。

然后，在名为 D6 的 Wemos 引脚和 GND 引脚之间连接 Squid 按钮或其他开关。

在使用 sketch（Arduino 程序的名称）之前，需要先在 Arduino IDE 中安装一个 MQTT 库，为此，可以通过下面的命令来下载该库（它是以 ZIP 压缩文件的形式提供的）。

```
$ cd /home/pi
$ wget https://github.com/knolleary/pubsubclient/archive/master.zip
```

接下来，打开 Arduino IDE，然后从 Sketch→Include Library 菜单中选择 Add ZIP Library，并导航到刚下载的文件 master.zip，该库就会被安装。

实际上，相关的 Arduino 程序可以从本书的配套网站下载，详见 3.22 节。另外，你也可以在名为 ch_17_web_switch 的文件夹中找到它，该文件夹与名为 arduino 的 python 文件夹处于同一级别。

然后，在 Arduino IDE 中单击 ch_17_web_switch.ino 来打开该 sketch；同时，将板卡类型设置为 Wemos D1，将串口设置为/dev/ttyUSB0（见 18.11 节）。

在将该 sketch 上传到 Arduino 之前，需要对代码稍做修改。为此，请在该 sketch 的顶部附近找到如下所示的代码。

```
const char* ssid = "your wifi access point name";
const char* password = "your wifi password";
const char* mqtt_server = "your MQTT IP address";
```

接下来，请将 sid、password 和 mqtt_server 的占位符文本替换为适当的值。

然后，单击 Arduino IDE 中的上传按钮。

在对 Wemos 进行编程之后，无须将其连接到树莓派，所以，如果你愿意，也可以通过其他方式为其供电，比如使用 USB 电源。然而，该 sketch 会输出有用的调试信息，所以，在确定一切正常之前，最好还是将其连接到树莓派上。要想查看这些信息，打开 Arduino IDE 的串行控制台（见 18.2 节），就可以看到类似图 17-34 所示的内容。

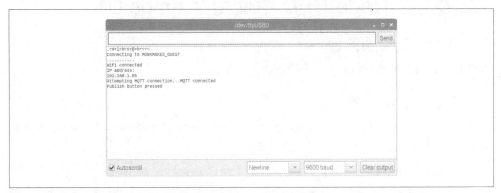

图 17-34 通过 Arduino 串行控制台查看 Wemos 的输出结果

为了完成该实验，请在树莓派上启动一个终端会话，并执行以下命令来订阅按钮的按下操作。

```
$ mosquitto_sub  d -t button_1
Client mosqsub/5007-raspberryp sending CONNECT
Client mosqsub/5007-raspberryp received CONNACK
Client mosqsub/5007-raspberryp sending SUBSCRIBE (Mid: 1, Topic: button_1,
                                                  QoS: 0)
Client mosqsub/5007-raspberryp received SUBACK
Subscribed (mid: 1): 0
Client mosqsub/5007-raspberryp received PUBLISH (d0, q0, r0, m0, 'button_1', ...
                                                (16 bytes))

Button 1 pressed
```

现在，每当按下按钮时，终端就会显示消息"Button 1 pressed"。

17.9.3　进一步探讨

这是一本关于树莓派的书，不是关于 Arduino 的书，所以，我们不会详细介绍 Arduino 的 C 代码。

这段代码基于 PubSub Client 库中名为 mqtt_basic 的示例。实际上，这里只需关注文件顶部的常量（用于 Wi-Fi 凭证），以及以下几行代码。

```
const char* topic = "button_1";
const char* message = "Button 1 pressed";
```

它们用于确定要使用的 MQTT 主题和伴随发布的事件的消息。你可以用不同的主题和消息来编写一系列的 Wemos 按钮。

17.9.4　提示与建议

要想让新配置的 Wemos 与 Node-RED 一起使用，参见 17.10 节。

在第 18 章中，我们将为读者介绍更多像 Wemos 这样的设备。

17.10　在 Node-RED 中使用 Wemos D1

17.10.1　面临的问题

你想在 Node-RED 流程中加入一个带有按钮的 Wemos D1。

17.10.2　解决方案

作为一个例子，我们将在 Node-RED 流程中通过 Wemos Wi-Fi 按钮（见 17.9 节）来控制 Sonoff 网络开关（见 17.4 节）的开关状态。

图 17-35 展示了相应的 Node-RED 流程。如果你想导入该流程，而不是从头开始建立，那么可以先从本书的配套站点下载该流程，然后按照 17.2 节中介绍的方法导入该流程。

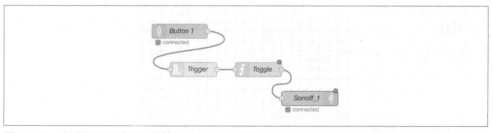

图 17-35　实现 Wi-Fi 照明开关的 Node-RED 流程

为了完成本节中的实验，需要熟悉本章前面各节的内容，以及 18.11 节中介绍的方法。

其中，MQTT 节点 Button 1 订阅了来自 Wemos D1 的消息。图 17-36 显示了该节点的具体设置。

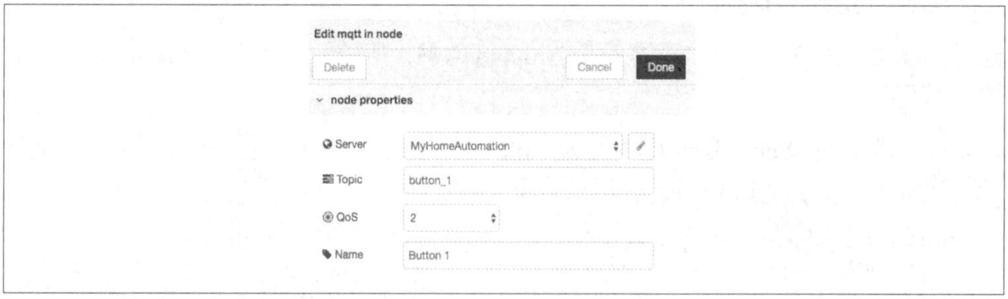

图 17-36　配置 Button 1 节点

这里重要的是，要将 Topic 设置为 "button_1"。另外，Trigger 节点的工作方式与 17.6 节中介绍的基本相同。不过，这里的 Trigger 节点要更有趣一些，因为该节点能记住一个值（可以是 1 或 0），并在每次消息通过它时 "翻转" 该值。该功能必须通过一个通用函数来完成，比如使用少量的 JavaScript 代码来记住并切换状态。图 17-37 显示了该节点的配置，包括代码。这是一个非常有用的函数，因为其可以在其他项目中重复使用。

图 17-37　Toggle 函数

17.10.3　进一步探讨

Node-RED 是一种快速构建家庭自动化系统的方式。如果你习惯于传统的编程语言，可能需要一些时间来适应这种处理方式。不过，一旦掌握了它，你就再也不想回到需要编写大量代码的过去了。

在 Node-RED 的调色板上，还有很多其他有趣的节点，所以，大家不妨多花些时间去探索它们。比如，只要将鼠标指针悬停在一个节点上，就会显示与其功能相关的细节。此外，你也可以通过将节点拖到一个流程上进行其他尝试。

17.10.4　提示与建议

关于 Node-RED 的完整文档，参见其官方文档。

## 第 18 章

Arduino 与树莓派

18.0 引言

虽然树莓派非常适用于需要网络连接、图形用户界面以及低压 GPIO 输出的项目,但是,与 Arduino(见图 18-1)之类的微控制器单片机相比,其劣势在于缺乏模拟输入。幸运的是,通过与树莓派相连,Arduino 就能够与外围电子元件进行交互了,真可谓两全其美。

图 18-1　Arduino Uno 电路板

Arduino 电路板不仅在外观上与树莓派相似,它们在本质上也都是微型计算机。不过,与树莓派相比,Arduino 还是有许多显著不同的。

- 没有键盘、鼠标和屏幕接口。

- 只有 2KB RAM 和 32KB 的闪存可用于存储程序。

- 其处理器主频只有 16MHz,而树莓派 4 主频高达 1.2 GHz。

看到这里,你可能会问,既然这种单片机功能如此之弱,为什么不直接使用树莓派呢?

答案是相较于树莓派,Arduino 电路板(最常见的是 Arduino Uno)在与外部电子设备的交互方面更具优势。

例如，Arduino 具有以下结构。

- 14 个输入/输出引脚，类似于树莓派的 GPIO 引脚。并且，每个引脚可以提供高达 40mA 的电流，而原装树莓派的只有 3mA。这样，它无须借助其他电子元件就能给更多的设备供电。

- 6 个模拟输入，使得连接模拟传感器更加容易（见 18.7 节）。

- 6 个 PWM 输出。这些输出都是通过硬件定时的，所以能够产生比树莓派更加准确的 PWM 信号，从而更好地控制伺服电机。

- 各种插件式 Shield（Arduino 将各式 HAT 类型的元件称为附件）能够满足各种设备的需求，这些设备包括从电机控制器到 LCD 显示器等。

在许多方面，采用树莓派与 Arduino 来共同处理所有底层设备是非常棒的组合，因为它能够发挥两种电路板的优势。

除了官方的 Arduino 电路板，还有许多非常流行的、基于 ESP8266 和 ESP32 的 Arduino 兼容板，它们不仅内置了 Wi-Fi，并且价格低廉，非常适合物联网项目（第 16 章）和家庭自动化（第 17 章）。

18.1　通过树莓派对 Arduino 进行编程

18.1.1　面临的问题

你希望在树莓派上运行 Arduino IDE，以便为 Arduino 编写和加载程序。

18.1.2　解决方案

Arduino IDE 可以在树莓派上运行，虽然有些慢，不过能够使用。

在使用 Arduino IDE 的时候，我们肯定想利用树莓派 2、树莓派 3 或树莓派 4 的速度优势。要安装 Arduino IDE，可以输入如下所示的命令。

```
$ wget http://downloads.arduino.cc/arduino-1.8.5-linuxarm.tar.xz
$ tar -x -f arduino-1.8.5-linuxarm.tar.xz
$ cd arduino-1.8.5/
$ ./install.sh
```

现在你可以将 Arduino Uno 连接到树莓派上。同时，从 Tools 菜单中选择 Board，并将电路板类型设置为 Arduino Uno。然后，从 Port 选项中选择/dev/ttyACM0，具体如图 18-2 所示。

为了上传令 Arduino 闪烁指示灯的测试程序，请选择 File 菜单，然后依次单击 Examples 和 Basic，最后单击 Blink。接下来，单击工具栏上的向右箭头键，就可以开始编译和上传。如果一切正常，你应该在 IDE 窗口底部的状态区中看到 "Done Uploading" 的消息。

图 18-2　在 Arduino IDE 中选择串行端口

18.1.3　进一步探讨

为了高效地使用 Arduino 和树莓派，你需要学习一些 Arduino 的编程技术。这时候，你可能会发现《Arduino 编程从零开始》（*Programming Arduino:Getting Started with Sketches*）这本书能够给你带来真正的帮助。

但是，如果借助于 PyFirmata 项目，你就能够在无须编写任何 Arduino 代码的情况下使用 Arduino 了。关于 PyFirmata 的具体用法，我们将在 18.3 节中加以介绍。

18.1.4　提示与建议

Arduino 官方网站不仅提供了许多有用的资料，还有一个回复非常及时的论坛。

18.2　利用 Serial Monitor 与 Arduino 进行通信

18.2.1　面临的问题

你希望显示一条发送自 Arduino 的消息。

18.2.2　解决方案

Arduino IDE 提供了一个名为 Serial Monitor 的功能，不仅可以通过 USB 线缆发送文本消息到 Arduino，还可以查看从 Arduino 发来的消息。

要想尝试这个功能，你首先要编写一个简短的 Arduino 程序（在 Arduino 的世界里，程序被称为 sketch）。这个程序的功能非常简单，每秒一次不停地发送一条消息。

这个 Arduino sketch 的代码如下所示。如同本书中的其他示例程序一样，你也可以从本书网站下载它，该程序位于 arduino 文件夹下，文件夹名为 ch_18_serial_test（见 3.22 节）。

如果你喜欢自己动手，也可以通过菜单 File→New 新建一个 sketch，并将下列文本复制、粘贴进去，然后将其上传到 Arduino 中。

```
void setup()
{
  Serial.begin(9600);
}

void loop()
{
  Serial.println("Hello Raspberry Pi");
  delay(1000);
}
```

一旦该 sketch 上传至 Arduino，它就会通过串口发送消息 "Hello Raspberry Pi"。为了看到这则消息，需要单击工具栏右侧的放大镜图标来打开 Serial Monitor（见图 18-3），否则你是看不到它的。

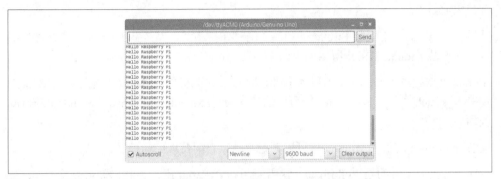

图 18-3　利用 Serial Monitor 查看消息

在 Serial Monitor 的右下角有一个下拉列表，你可以在此选择波特率（通信速度）。如果波特率没有被设置为 9600 baud，请将它改为这个值。

18.2.3　进一步探讨

在 18.10 节中，我们将会介绍如何编写自己的代码来跟树莓派上的 Python 程序进行通信，这样就无须运行 Arduino IDE 了。

还有一个更加通用的方法，那就是使用所谓的 PyFirmata，在它的帮助下你就不必在树莓派上进行任何的编码工作了。关于 PyFirmata 的详细介绍，参考 18.3 节。

18.2.4　提示与建议

实际上，Arduino 非常易于学习。下面是部分图书和在线资源，它们都是些不错的入门读物。

- 《Arduino 编程从零开始》（*Programming Arduino: Getting Started with Sketches*）。

- The official Arduino Getting Started Guide。

- The Adafruit Arduino lesson series。

- 《Arduino 权威指南》（*Arduino Cookbook*）。

18.3 配置 PyFirmata 以便通过树莓派来控制 Arduino

18.3.1 面临的问题

你希望可以将 Arduino 用作树莓派的接口板。

18.3.2 解决方案

为此，我们需要借助于两个程序，即运行在树莓派上的 PyFirmata，以及运行在 Arduino 上的 Firmata。

接下来，将 Arduino 连接到树莓派的 USB 接口上，这样就能通过计算机为其提供电源并与之通信了。

然后，在 Arduino 上安装 Firmata sketch，同时在树莓派上安装 PyFirmata。这样做的话就要求安装 Arduino IDE，所以如果尚未安装，参考 18.1 节的介绍进行安装。

Arduino IDE 提供了 Firmata，所以为了将 Firmata 安装到你的 Arduino 电路板上，你只需上传一个 sketch 即可，这个 sketch 可以通过 File→Examples→Firmata→StandardFirmata 找到。

安装好 Firmata 之后，Arduino 就可以开始等待来自树莓派的通信了。

现在，你需要安装的是 PyFirmata。这需要用到 PySerial 库，为此，你可以参考 9.6 节介绍的安装方法。

现在，只要执行下列命令就可以下载和安装 PyFirmata 了。

```
$ sudo pip3 install pyfirmata
```

你可以在 Python 控制台中尝试运行 PyFirmata。执行下列命令后，就会打开 Arduino 13 号引脚上（标记为 L）内置的 LED，并且随后将其关闭。

```
$ python3
Python 3.5.3 (default, Sep 27 2018, 17:25:39)
[GCC 6.3.0 20170516] on linux
Type "help", "copyright", "credits", or "license" for more information.
>>> import pyfirmata
>>> import pyfirmata
>>> board = pyfirmata.Arduino('/dev/ttyACM0')
>>> pin13 = board.get_pin('d:13:o')
>>> pin13.write(1)
>>> pin13.write(0)
>>> board.exit()
```

18.3.3 进一步探讨

上面的代码首先导入了 pyfirmata 库，然后建立了一个名为 board 的 Arduino 实例，并且以 USB 接口（/dev/ttyACM0）作为其参数。之后，你获得了一个 Arduino 引脚（本例为 13）

的引用，并将其设为数字输出。字母 d 表示数字（digital），13 表示引脚编号，o 表示输出。

为了将这个输出引脚设置为高电平，你可以使用 write(1)；如果要将其设置为低电平，可以使用 write(0)。此外，你也可以使用 True 和 False 来代替 1 和 0。

图 18-4 展示了一个电路板两侧都带有一行连接的 Arduino。

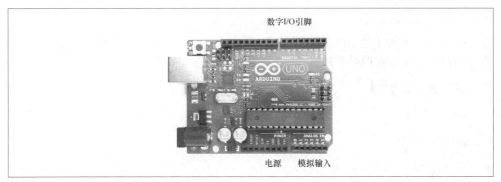

数字I/O引脚

电源　模拟输入

图 18-4 Arduino Uno 上的 I/O 引脚

其中，电路板的上部标记为 0 到 13 的引脚可以用于数字输入或输出。这些引脚中的一部分也可以用于其他用途。引脚 0 和引脚 1 可以用于串行端口，同时，在使用 USB 接口的时候，也会用到这两个引脚。连接到板载 LED 的引脚 13 被标记为 L（恰好位于 GND 和 13 引脚下面）。数字 I/O 引脚 3、5、6、9、10 和 11 的边上都标记了～符号，这表示它们可以用于 PWM 输出（见 10.3 节）。

在电路板的下部也有一组接口，可以提供 5V 和 3.3V 电源，以及标记为 A0 到 A5 的 6 个模拟输入。

虽然 Arduino Uno 本身需要 50mA 左右的电流，但是树莓派本身使用的电流是它的 10 倍左右，所以通过树莓派的 USB 连接来给 Arduino 供电是完全可能的。但是，当你开始给 Arduino 连接大量外围设备的时候，电流的消耗会急剧上升，这时，你需要使用 DC 筒式插座作为 Arduino 自身的电源适配器，它可以提供 7～12V 的直流电。

在使用 Firmata 的时候，唯一的缺点就是所有指令都来自树莓派，而 Arduino 独立运行时的能力并没有充分利用。对高级的项目来说，你可能不会编写代码让 Arduino 接收来自树莓派的命令或向树莓派发送消息，而是让它干其他的事情。

18.3.4　提示与建议

下面的几节将会考察通过 PyFirmata 使用 Arduino 的全部引脚特性，参见 18.4 节、18.5 节、18.6 节、18.7 节和 18.8 节。

你可以在 PyFirmata 的 GitHub 页面上找到 PyFirmata 的官方文档。

18.4 通过树莓派对 Arduino 的数字输出进行写操作

18.4.1 面临的问题

你想在树莓派上通过 Python 控制 Arduino 的数字输出。

18.4.2 解决方案

在 18.3 节中，介绍了让 Arduino 电路板内置的 LED（标记为 L）闪烁的方法。下面将介绍如何连接外部的 LED，并编写一个 Python 程序使其闪烁。

为了进行本节中的实验，你需要：

- Arduino Uno；
- 面包板和跳线；
- 270 Ω 电阻器；
- LED。

除了使用面包板和 LED 外，你还可以插入 Squid RGB LED（见 9.10 节）。

请连接面包板，并按照图 18-5 所示将元件固定到 Arduino 上。

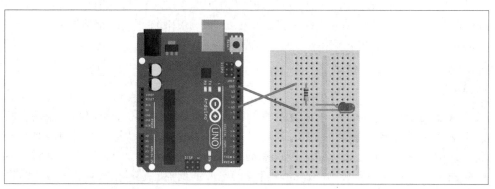

图 18-5 Arduino 连接 LED

如果你尚未配置 PyFirmata，具体配置方法参考 18.3 节。

执行下面的 Python 脚本将会令 LED 以 1Hz 的频率进行闪烁。实际上，你也可以从本书网站下载该程序，其名称为 ch_18_ardu_flash.py（见 3.22 节）。

```
import pyfirmata
import time

board = pyfirmata.Arduino('/dev/ttyACM0')
led_pin = board.get_pin('d:10:o')

while True:
```

```
led_pin.write(1)
time.sleep(0.5)
led_pin.write(0)
time.sleep(0.5)
```

18.4.3　进一步探讨

本示例与 10.1 节中连接 LED 到树莓派的例子非常相似。然而，需要注意的是由于 Arduino 的输出可以提供比树莓派的输出大得多的电流，所以你可以使用一个阻值较小的电阻器，使 LED 更亮一些。Arduino Uno 的输出也是 5V，而不是 3.3V。

如果你希望使用 10.8 节中那样的用户界面来控制 LED（见图 18-6），也非常简单，只要修改一下代码就可以了。你可以找到一个已经修改好的代码，名为 ch_18_ardu_gui_switch.py，你可以从本书网站上下载它。需要牢记的是：这个程序无法从 SSH 命令行中运行。你必须能够访问树莓派的图形环境，这样你才能看到这个用户界面。

图 18-6　用于开关其他设备的用户界面

18.4.4　提示与建议

关于直接利用树莓派控制 LED 的开关的例子，参考 10.1 节。

18.5　使用 PyFirmata 与 TTL 串口

18.5.1　面临的问题

你希望通过串行连接（GPIO 接口上的 RXD 和 TXD 引脚）而非 USB 来使用 PyFirmata。

18.5.2　解决方案

你可以使用一个电平转换器，将树莓派的 RXD 引脚连接至 Arduino 的 TX 引脚，同时，将树莓派的 TXD 引脚连接至 Arduino 的 RX 引脚。

为了进行本节中的实验，你需要：

- Arduino Uno；

- 面包板和跳线；

- 270Ω电阻器和 470Ω电阻器或四路双向电平转换器。

如果你打算使用电平变换器模块（而不是打造自己的电平转换器），那么可以按照图 18-7

所示连接面包板。

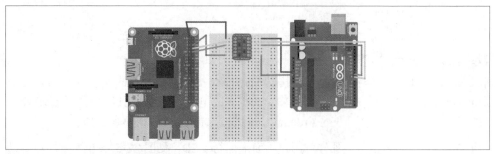

图 18-7　利用电平转换模块与 Arduino 进行串行通信

反之，如果你打算使用一对电阻器，那么可以按照图 18-8 所示方式连接面包板。

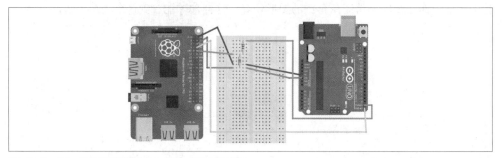

图 18-8　将一对电阻器用于 Arduino 串行通信

Arduino 的 RX 引脚输入可以直接使用来自树莓派的 TXD 引脚的 3.3V 输出，但是，来自 Arduino 的 TX 引脚的 5V 电压必须降低为适用于树莓派的 3.3V 电压。

此外，你还需要配置 PyFirmata，具体参考 18.3 节。该项目的 Arduino 端仍然与 18.4 节中的严格保持一致：使用的是 USB，而非串行连接。唯一需要修改的地方是在树莓派上运行的一个 Python 程序，为此，只需将设备名称从/dev/ttyACM0 改为/dev/ttyAMA0即可，这是因为串行端口的名称不同于 USB 接口的名称。

执行下面的 Python 脚本将会令 LED 以 1Hz 的频率进行闪烁。实际上，你也可以从本书网站下载该程序，其名称为 ch_18_ardu_flash_ser.py，具体参见 3.22 节。

```
import pyfirmata
import time

board = pyfirmata.Arduino('/dev/ttyS0')
led_pin = board.get_pin('d:13:o')

while True:
    led_pin.write(1)
    time.sleep(0.5)
    led_pin.write(0)
    time.sleep(0.5)
```

18.5.3 进一步探讨

这里的电平转换器是必不可少的，因为树莓派的串行端口连接、RXD 和 TXD 必须使用 3.3V 电压，而 Arduino Uno 使用的是 5V 电压。工作电压为 5V 的 Arduino 可以使用 3.3V 的信号，但是反过来不行，因为将 5V 信号连接到 3.3V 的 RXD 引脚上的时候，很可能会对树莓派造成损坏。

18.5.4 提示与建议

你也可以轻松修改其他使用 PyFirmata 的示例（18.5 节到 18.8 节中都有这种示例），由 USB 连接改为串行连接，只需将 Python 程序中的设备名修改一下即可。

18.6 使用 PyFirmata 读取 Arduino 的数字输入

18.6.1 面临的问题

你想在树莓派上通过 Python 读取 Arduino 的数字输入。

18.6.2 解决方案

你可以使用 PyFirmata 来读取 Arduino 的数字输入。

为了进行本节中的实验，你需要：

- Arduino Uno；

- 面包板和跳线；

- 1kΩ 电阻器；

- 轻触按钮开关。

请连接面包板，并按照图 18-9 所示将元件固定到 Arduino 上。当然，如果你喜欢，也可以用 Squid 按钮开关来代替这里的面包板，详见 9.11 节。

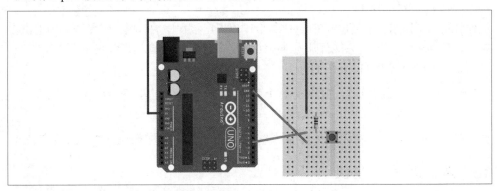

图 18-9　Arduino 与按钮开关的布线

如果你尚未配置 PyFirmata，具体配置方法参考 18.3 节。

下面的 Python 脚本的作用是每当开关被按下，它都会输出一则消息。当然，下面的代码也可以从本书网站上下载，相应的文件名为 ch_18_ardu_switch.py，详见 3.22 节。

```
import pyfirmata
import time

board = pyfirmata.Arduino('/dev/ttyACM0')
switch_pin = board.get_pin('d:4:i')
it = pyfirmata.util.Iterator(board)
it.start()
switch_pin.enable_reporting()

while True:
    input_state = switch_pin.read()
    if input_state == False:
        print('Button Pressed')
        time.sleep(0.2)
```

当你运行上面的程序的时候，前一两秒没有任何动静，因为这时 Firmata sketch 正在启动并建立与树莓派的连接。一旦它启动后，每当按钮被按下，你就会看到一则消息。

```
$ sudo python ardu_switch.py
Button Pressed
Button Pressed
Button Pressed
```

18.6.3 进一步探讨

PyFirmata 利用 Iterator 的概念来监视 Arduino 的输入引脚。之所以这样做，与 Firmata 的实现密不可分。也就是说，你不能简单地按需读取 Arduino 的输入引脚的值，而是必须建立一个单独的 Iterator 线程，并通过下面的命令来管理开关的读数。

```
it = pyfirmata.util.Iterator(board)
it.start()
```

此后，你还必须使用下列命令来启用报告所关心的引脚上的信号的功能。

```
switch_pin.enable_reporting()
```

这种机制的副作用在于当你按 Ctrl+C 组合键以退出该程序的时候，它无法正确退出。要想终止 Iterator 线程，只能打开另外一个终端窗口或 SSH 会话来终止（见 3.28 节），除此之外再也没有更好的方法了。

如果唯一正在运行的 Python 进程就是这个程序，那么你可以利用下列命令来终止它。

```
$ sudo killall python
```

如果直接断开 Arduino 与树莓派的连接，就会断开通信连接，也会导致该 Python 程序退出。

18.6.4 提示与建议

本节示例与 12.1 节中将开关直接连接到树莓派的例子非常相似，并且如果你只有一个开关，那么类似这种使用 Arduino 的方法并不会带来任何实际益处。

18.7 利用 PyFirmata 读取 Arduino 的模拟输入

18.7.1 面临的问题

你想在树莓派上通过 Python 读取 Arduino 的模拟输入。

18.7.2 解决方案

你可以使用 PyFirmata 来读取 Arduino 的模拟输入。

为了进行本节中的实验，你需要：

- Arduino Uno；
- 面包板和跳线；
- 10kΩ调谐电位器。

请连接面包板，并按照图 18-10 所示将元件连接到 Arduino 上。

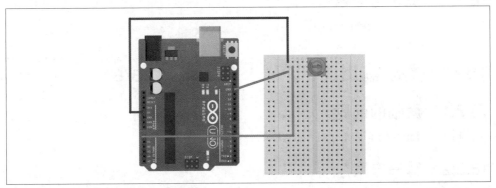

图 18-10 Arduino 连接调谐电位器

如果你尚未配置 PyFirmata，则具体配置方法参考 18.3 节。

下面的 Python 代码将显示来自模拟输入的原始读数以及模拟输入的电压值。当然，这些代码也可以从本书网站上下载，相应的文件名为 ch_18_ardu_adc.py，详见 3.22 节。

```
import pyfirmata
import time

board = pyfirmata.Arduino('/dev/ttyACM0')
analog_pin = board.get_pin('a:0:i')
it = pyfirmata.util.Iterator(board)
it.start()
analog_pin.enable_reporting()
```

```
while True:
    reading = analog_pin.read()
    if reading != None:
        voltage = reading * 5.0
        print("Reading=%f\tVoltage=%f" % (reading, voltage))
        time.sleep(1)
```

模拟读数是 0.0～1.0 的值。

```
$ sudo python ardu_adc.py
Reading=0.000000        Voltage=0.000000
Reading=0.165200        Voltage=0.826000
Reading=0.784000        Voltage=3.920000
Reading=1.000000        Voltage=5.000000
```

18.7.3　进一步探讨

这个程序与 18.6 节中的非常相似。它必须使用一个 Iterator，所以在终止程序时也会遇到相同的问题。此外，这里的 if 语句是必需的，因为如果第一次读取操作发生在实际读取模拟输入之前，那么读取到的就是 None，而非一个数字。在使用了 if 语句之后，这个程序就能高效地忽略所有空的读数了。

18.7.4　提示与建议

关于使用数字输入，参考 18.6 节。

18.8　模拟输出（PWM）与 PyFirmata

18.8.1　面临的问题

你想利用 Arduino 的 PWM 来控制 LED 的亮度。

18.8.2　解决方案

你可以使用 PyFirmata 向 Arduino 发送命令，使其在某个输出上生成一个 PWM 信号。

为了进行本节中的实验，你需要：

- Arduino Uno；
- 面包板和跳线；
- 270Ω电阻器；
- LED。

请连接面包板，并按照图 18-11 所示将元件连接到 Arduino 上。

如果你尚未配置 PyFirmata，具体配置方法参考 18.3 节。

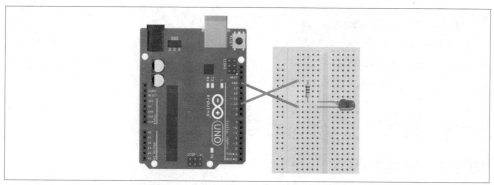

图 18-11　利用 Arduino 的 PWM 控制 LED

执行下面的 Python 脚本会先要求你输入 PWM 功率值，然后据此设置相应的 LED 亮度。当然，这些代码也可以从本书网站上下载，相应的文件名为 ch_18_ardu_pwm.py，详见 3.22 节。

```
import pyfirmata

board = pyfirmata.Arduino('/dev/ttyACM0')
led_pin = board.get_pin('d:10:p')

while True:
    duty_s = input("Enter Brightness (0 to 100):")
    duty = int(duty_s)
    led_pin.write(duty / 100.0)
```

如果输入的值是 100，那么 LED 就会达到最大亮度。当这个数字减小的时候，亮度也会随之降低。

```
$ python3 ch_18_ardu_pwm.py
Enter Brightness (0 to 100):100
Enter Brightness (0 to 100):50
Enter Brightness (0 to 100):10
Enter Brightness (0 to 100):5
```

18.8.3　进一步探讨

本节的 sketch 实际上非常简单。你可以通过下列命令将其输出定义为 PWM 输出。

```
led_pin = board.get_pin('d:10:p')
```

其中，p 表示 PWM。请不要忘了，这个命令只能用于标记有～符号的 Arduino 引脚。

我们还可以修改滑块控件（见图 18-12），以便可以通过 PyFirmata 进行操作。你可以下载这个 sketch，其名称为 ch_18_ardu_gui_slider。

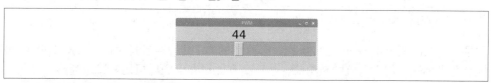

图 18-12　用于控制亮度的用户界面

18.8.4　提示与建议

尽管 Arduino 可以输出 40mA 电流，这大约是 GPIO 引脚电流的 10 倍，但是仍不足以直接驱动电机或大功率的 LED 模块。如果想要驱动这类模块，你将需要使用 11.4 节中介绍的电路，并将树莓派 GPIO 引脚改为 Arduino 输出引脚。

18.9　利用 PyFirmata 控制伺服电机

18.9.1　面临的问题

你想利用 Arduino 控制伺服电机的转角。

18.9.2　解决方案

你可以使用 PyFirmata 向 Arduino 发送命令，以便生成控制伺服电机转角所需的脉冲。

为了进行本节中的实验，你需要：

- Arduino Uno；

- 面包板和跳线；

- 1kΩ电阻器；

- LED。

请按照图 18-13 所示的方式连接面包板。

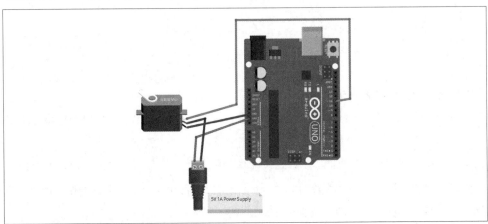

图 18-13　使用 Arduino 控制伺服电机

如果你尚未配置 PyFirmata，参考 18.3 节介绍的方法进行配置即可。下面的 Python 脚本会要求你输入伺服电机的转角值，然后会据此设置伺服电机的机臂。当然，这些代码也可以从本书网站上下载，相应的文件名为 ch_18_ardu_servo.py，详见 3.22 节。

```
import pyfirmata

board = pyfirmata.Arduino('/dev/ttyACM0')
servo_pin = board.get_pin('d:11:s')

while True:
    angle_s = input("Enter Angle (0 to 180):")
    angle = int(angle_s)
    servo_pin.write(angle)
```

当输入的值为 0 的时候，伺服电机将位于其行程的一端；如果将这个值改为 180，它会停到另一端；当这个值为 90 的时候，它会停到中间。

```
$ python3 ch_18_ardu_servo.py
Enter Angle (0 to 180):0
Enter Angle (0 to 180):180
Enter Angle (0 to 180):90
```

18.9.3　进一步探讨

本节中的 sketch 实际上非常简单。你可以通过下面的命令将其输出定义为伺服电机的输出。

```
servo_pin = board.get_pin('d:11:s')
```

其中，s 表示伺服电机。这个命令可以用于 Arduino 任意的数字引脚。

如果你熟悉 11.1 节，你就会发现，当使用 Arduino 控制伺服电机的时候，不会出现抖动现象。

18.9.4　提示与建议

关于单纯利用树莓派控制伺服电机的解决方案，参考 11.1 节、11.2 节和 11.3 节。

18.10　在树莓派上使用小型 Arduino

18.10.1　面临的问题

你希望在树莓派上使用一个更加紧凑的 Arduino 电路板。

18.10.2　解决方案

你可以使用小型的"面包板友好"的 Arduino 电路板。

图 18-14 展示的电路板是 Arduino Pro Mini。这类电路板的一个巨大优点是可以与项目中的其他元件一起插到面包板上。Arduino Pro Mini 还有一个 3.3V 的版本，在与树莓派一起使用的时候，无须使用任何电平转换器。

图 18-14   Arduino Pro Mini 与编程接口

18.10.3   进一步探讨

在这些电路板中，有一些（例如图 18-14 所示的 Arduino Pro Mini）需要使用一个 USB 编程接口。如果遇到类似电路板，你可以通过树莓派或普通计算机对其进行编程。

除了官方的 Arduino 电路板，你还可以找到许多廉价的仿制品，它们通常能够更好地兼容树莓派。

18.10.4   提示与建议

对 IoT 与家庭自动化来说，支持 Wi-Fi 的电路板是最佳之选，详见 18.11 节。

其他可以考虑的电路板包括：

- Teensy；
- Arduino Micro ；
- Arduino Nano。

18.11   使用支持 Wi-Fi 的小型 Arduino 兼容系统（ESP8266）

18.11.1   面临的问题

你希望能够通过树莓派对支持 Wi-Fi 的 ESP8266 电路板（比如 Wemos D1 Mini）进行编程。

18.11.2   解决方案

在运行于树莓派上的 Arduino IDE 中，安装对 ESP8266 电路板的支持，然后就可以通过 USB 线缆对电路板进行编程了。

现在，许多电路板都采用了支持 Wi-Fi 的 ESP8266 微控制器芯片，其中最流行的是 Wemos D1 Mini（见图 18-15）。

这块电路板与 Arduino Pro Mini 非常相似，甚至成本也差不多，但它提供了 USB 编程接口和 Wi-Fi 硬件，这使得它物超所值。要向 Arduino IDE 添加对 Wemos D1 Mini 的支持，你需要执行以下操作。

图 18-15　Wemos D1 Mini

假设你已经按照 18.1 节介绍的方法，在树莓派（从速度方面考虑，首选树莓派 3 或树莓派 4）上安装了 Arduino IDE（1.8.5 或更高版本），从 File 菜单中打开 Preferences 窗口，然后单击"Additional Boards Manager URLs"行尾的按钮（见图 18-16）。

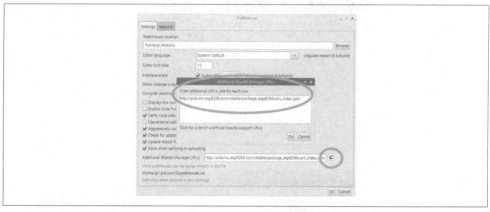

图 18-16　添加相应的 URL

接着在"Additional Boards Manager URLs"的文本区域中输入 URL "http://arduino.esp8266.com/stable/package_esp8266com_index.json"，并单击 OK 按钮，然后再次单击 OK 按钮，关闭 Preferences 窗口。

对于安装的第二部分，请从 Tools→Board 菜单中打开 Boards Manager，然后，在搜索文本框中输入 esp8266（见图 18-17）。

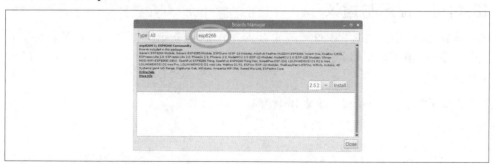

图 18-17　在 Boards Manager 中搜索 ESP8266 电路板

实际上，我们可以先通过 ESP8266 社区确定 ESP8266 的电路板类型，然后选择相应类型，并单击 Install 按钮。这样，就为 Boards 菜单添加了新的电路板类型，包括 Wemos D1 和很多其他基于 ESP8266 的电路板。

18.11.3　进一步探讨

你可以用 USB 线将 Wemos D1 Mini 连接至树莓派，然后依次单击 File→Examples→01.Basics，加载 Arduino Blink sketch，以进行相应的测试。

接着选择 WeMos D1 R1 的电路板类型（见图 18-18），确保端口被设置为/dev/ttyUSB0，然后单击上传按钮。当编译和上传过程完成后，Wemos D1 内置的 LED 就应开始闪烁。

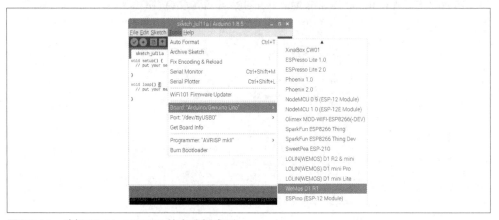

图 18-18　选择 WeMos D1 R1 的电路板类型

对 ESP8266 芯片来说，编译器需要为其完成更多的编译工作——你会注意到，即使是在树莓派 4 上，也需要相当长的时间才能完成。

如果你想加快速度，可以按照上述步骤进行操作，并在笔记本计算机或台式计算机上添加对 ESP8266 芯片的支持。

18.11.4　提示与建议

Wemos D1 Mini 中使用的 ESP8266 芯片与 17.3 节中的 Sonoff 网络开关使用的芯片非常接近，对 Sonoff 可以（如果你真的想这样做）进行重新编程，就像使用 Wemos D1 Mini 那样。

对于更传统的小型 Arduino，参见 18.10 节。

附录 A

配件与供应商

A.1　配件

你可以通过下面的表格寻找本书所用到的配件。如果有可能，我会尽量列出供应商的产品代码。

目前，有许多电子元件供应商为硬件制造达人和业余电子爱好者提供相应的服务。表 A-1 列出了其中较常见的一些供应商。

表 A-1　配件供应商

供应商	备注
Adafruit	提供优良模块
Digi-Key	提供各种元件
Mouser	提供各种元件
Seeed Studio	提供各种有趣的廉价模块
SparkFun	提供各种优质模块
MonkMakes	提供树莓派的各种套件等
Pimoroni	各种有趣 HAT 的英国制造商和零售商
Polulu	提供优质电机控制器和机器人
CPC	英国供应商，提供各种元件
Farnell	国际供应商，提供各种元件
Cool Components	提供用于树莓派的各种配件

除此之外，电商平台也是非常棒的元件来源。

寻找元件是一件既费时又费劲的事情，为此，你可以借助于元件搜索引擎 Octopart 来寻找各种配件。此外，MonkMakes、Adafruit 和 SparkFun 也都为初学者提供了各种元件包。

A.2　成型设备与套件

本书中的许多硬件项目都使用了各种不同的跳线。其中，公头转母头跳线（将树莓派的GPIO 接口连接到面包板）和公头转公头跳线（在面包板上面进行连接）最为常用。

在将模块直接连接到 GPIO 引脚的时候，偶尔会用到母头转母头跳线。你很少用到长度超过 3in（约 75mm）的跳线。表 A-2 列出了一些跳线和面包板的规格及其相应的供应商。

实际上，要想入手面包板、跳线和某些基本元件，最简便的方法就是直接从 MonkMakes上购买类似于 Electronics Starter Kit for Raspberry Pi 的入门套件。

表 A-2　成型设备

说明	供应商
M-M 跳线	SparkFun: PRT-08431。Adafruit: 759
M-F 跳线	SparkFun: PRT-09140。Adafruit: 825
F-F 跳线	SparkFun: PRT-08430。Adafruit: 794
半尺寸面包板	SparkFun: PRT-09567。Adafruit: 64
树莓派排线	Adafruit: 1105
Raspberry Leaf（26 pin）	Adafruit: 1772
Raspberry Leaf（40 pin）	Cool Components: 3408
Electronics Starter Kit for Raspberry Pi	Amazon 或 monkmakes 网站
Adafruit Perma-Proto for Pi（半个面包板）	Adafruit: 1148
Adafruit Perma-Proto for Pi（整个面包板）	Adafruit: 1135
Adafruit Perma-Proto HAT	Adafruit: 2314
DC 插孔到螺丝端子的适配器（母头）	Adafruit: 368
Pimoroni Breakout Garden HAT	Pimoroni
基本焊接套件	Adafruit: 136

电阻器与电容器

表 A-3 展示了本书用到的一些电阻器和电容器以及这些元件的部分供应商。

表 A-3 电阻器与电容器

配件	供应商
270Ω 0.25W 电阻器	Mouser: 293-270-RC
470Ω 0.25W 电阻器	Mouser: 293-470-RC
1kΩ 0.25W 电阻器	Mouser: 293-1k-RC
3.3kΩ 0.25W 电阻器	Mouser: 293-3.3k-RC
4.7kΩ 0.25W 电阻器	Mouser: 293-4.7k-RC
10 kΩ 调谐电位器	Adafruit: 356。SparkFun: COM-09806。Mouser: 652-3362F-1-103LF
光敏电阻器	Adafruit: 161。SparkFun: SEN-09088
330nF 电容器	Mouser: 80-C330C334K5R
Thermistor T0 of 1k Beta 3800 NTC	Mouser: 871-B57164K102J（注意：Beta 为 3730）

晶体管与二极管

表 A-4 列出了本书涉及的一些晶体管和二极管，以及这些元件的部分供应商。

表 A-4 晶体管与二极管

配件	供应商
FQP30N06L N-通道逻辑级 MOSFET 晶体管	Mouser: 512-FQP30N06L。Sparkfun: COM-10213
2N3904 NPN 双极晶体管	SparkFun: COM-00521。Adafruit: 756
1N4001 二极管	Mouser: 512-1N4001。SparkFun: COM-08589。Adafruit: 755
TIP120 达林顿晶体管	Adafruit: 976。CPC: SC10999
2N7000 MOSFET 晶体管	Mouser: 512-2N7000。CPC: SC06951

A.3 集成电路

表 A-5 列出了本书中用到的集成电路及其部分供应商。

表 A-5　集成电路

配件	供应商
7805 调压器	SparkFun：COM-00107。Adafruit：2164。Mouser：511-L7805CV。CPC：SC10586
L293D 电机驱动器	SparkFun: COM-00315。Adafruit: 807。Mouser: 511-L293D。CPC: SC10241
ULN2803 达林顿驱动 IC	SparkFun：COM-00312。Adafruit：970。Mouser：511-ULN2803A。CPC：SC08607
DS18B20 温度传感器	SparkFun：SEN-00245。Adafruit：374。Mouser：700-DS18B20。CPC：SC10426
MCP3008 八通道 ADC IC	Adafruit: 856。Mouser: 579-MCP3008-I/P。CPC: SC12789
TMP36 温度传感器	SparkFun: SEN-10988。Adafruit: 165。Mouser: 584-TMP36GT9Z。CPC: SC10437

A.4　光电器件

表 A-6 列出了本书所用的各种光电器件及其部分供应商。

表 A-6　光电器件

配件	供应商
5mm 红色 LED	SparkFun: COM-09590。Adafruit: 299
RGB 共阴极 LED	SparkFun: COM-11120。eBay
TSOP38238 IR 传感器	SparkFun: SEN-10266。Adafruit: 157

A.5　模块

表 A-7 列出了本书用到的各种模块及其部分供应商。

表 A-7　模块

配件	供应商
树莓派摄像头模块	Adafruit: 3099。Cool Components: 1932
Arduino Uno	SparkFun: DEV-11021。Adafruit: 50。CPC: A000066
电平转换器，四通道	SparkFun: BOB-12009。Adafruit: 757

配件	供应商
电平转换器，八通道	Adafruit: 395
锂电池升压转换器/充电器	SparkFun: PRT-14411
PowerSwitch Tail	Amazon 网站
16 通道伺服控制器	Adafruit: 815
电机驱动 1A dual	SparkFun: ROB-14451
RasPiRobot 板 V4	Amazon 网站
Pi Plate	Adafruit: 801
PIR 运动监测器	Adafruit: 189
Ultimate GPS	Adafruit: 746
甲烷传感器	SparkFun: SEN-09404
气体传感器分线板	SparkFun: BOB-08891
ADXL335 三轴加速度计	Adafruit: 163
带 I2C backpack 的 4×7 段	LEDAdafruit: 878
带 I2C backpack 的双色 LED 方形像素矩阵	Adafruit: 902
Freetronics Arduino LCD shield	Freetronics 网站
RTC 模块	Adafruit: 3296
16×2 HD44780 兼容 LCD 模块	SparkFun: LCD-00255; Adafruit: 181
Sense HAT	Adafruit: 2738
Adafruit Capacitative Touch HAT	Adafruit: 2340
Stepper Motor HAT	Adafruit: 2348
16 Channel PWM HAT	Adafruit: 2327
Pimoroni Explorer HAT Pro	Pimoroni 网站; Adafruit: 2427
Squid 按钮	monkmakes 网站; Amazon
Raspberry Squid RGB LED	monkmakes 网站; Amazon
I2C OLED display 128x64 pixels	eBay 网站
MMA8452Q 三轴加速度计	SparkFun: SEN-12756
MH-Z14A 二氧化碳传感器模块	在 eBay 中搜索关键字：MH-Z14A

配件	供应商
RC-522 RFID 模块	在 eBay 中搜索关键字：RC-522
MonkMakes Clever Card Kit for Raspberry Pi	monkmakes 网站
Pimoroni VL53L1X 距离传感器	在 eBay 中搜索关键字：VL53L1X
Sonoff Basic Wi-Fi Switch	电商平台
Raspberry Pi Zero Camera Adapter	Adafruit: 3157
Wemos D1 Mini	在 eBay 中搜索关键字：Wemos D1 Mini

A.6　杂项

表 A-8 列出了本书用到的一些杂项工具和元件及其部分供应商。

表 A-8　杂项

配件	供应商
1200mAh 锂电池	Adafruit: 258
5V 继电器	SparkFun: COM-00100
5V 电压表	SparkFun: TOL-10285
标准伺服电机	SparkFun: ROB-09065。Adafruit: 1449
9g 迷你伺服电机	Adafruit: 169
5V 1A 电源	Adafruit: 276
低功率 6V DC 电机	Adafruit: 711
0.1 in 插头引脚	SparkFun: PRT-00116。Adafruit: 392
5V 5 引脚单机步进电机	Adafruit: 858
12V 4 引脚双极步进电机	Adafruit: 324
底盘和齿轮马达套件	在 eBay 中搜索关键字：2WD Smart Robot Car Chassis
6×AA 电池仓	Adafruit: 248
轻触按键开关	SparkFun: COM-00097。Adafruit: 504
Miniature 滑动开关	SparkFun: COM-09609。Adafruit: 805

配件	供应商
旋转编码器	Adafruit: 377
4×3 数字键盘	SparkFun: COM-14662
Piezo 蜂鸣器	SparkFun: COM-07950。Adafruit: 160
簧片开关	Adafruit: 375
控制台线	Adafruit: 954

树莓派引脚

B.1　B、B+、A+型树莓派 4/3/2/Zero

图 B-1 展示了当前 40 引脚树莓派的 GPIO 接口的各个引脚。

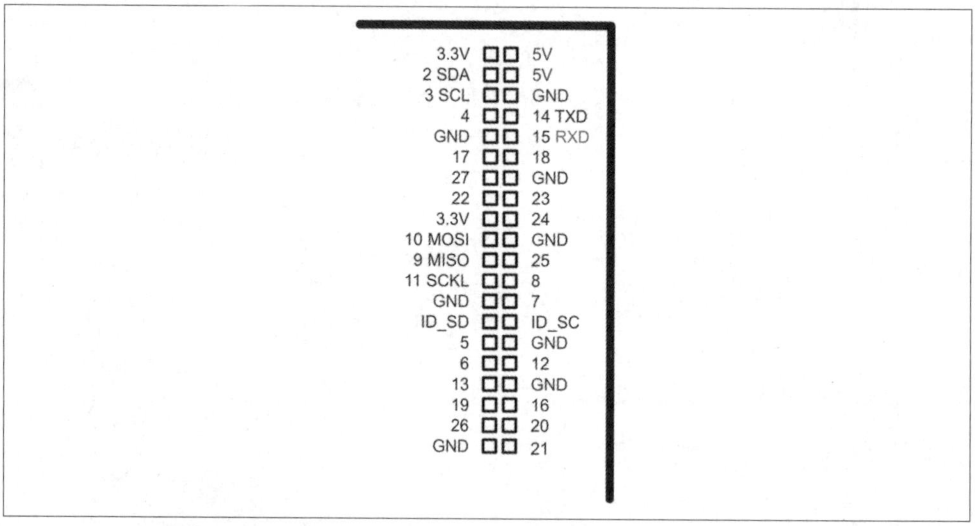

```
3.3V   □□  5V
2 SDA  □□  5V
3 SCL  □□  GND
4      □□  14 TXD
GND    □□  15 RXD
17     □□  18
27     □□  GND
22     □□  23
3.3V   □□  24
10 MOSI □□ GND
9 MISO □□  25
11 SCKL □□ 8
GND    □□  7
ID_SD  □□  ID_SC
5      □□  GND
6      □□  12
13     □□  GND
19     □□  16
26     □□  20
GND    □□  21
```

图 B-1　40 引脚树莓派的引脚

B.2　B 型树莓派第 2 版与 A 型树莓派

如果你已经拥有了一个树莓派，那么它很可能是 B 型第 2 版的，具体如图 B-2 所示。

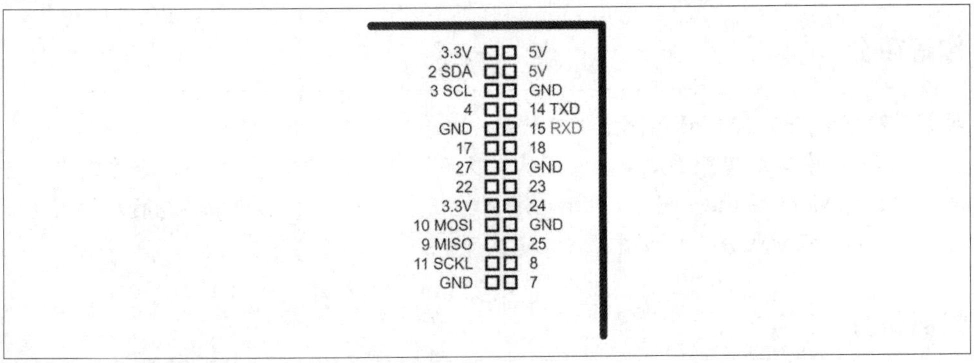

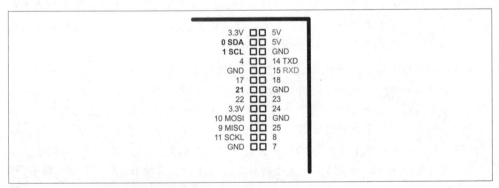

图 B-2　B 型树莓派第 2 版与 A 型树莓派的 GPIO 引脚

B.3　B 型树莓派第 1 版

B 型树莓派的最初版本（第 1 版）与随后的第 2 版相比，提供的引脚要少一些，它是唯一与后续版本的引脚不兼容的版本。在图 B-3 中，我们用粗体显示了这些不兼容的引脚。

图 B-3　B 型树莓派第 1 版的 GPIO 引脚

作者简介

西蒙·蒙克（Simon Monk）博士拥有控制论和计算机科学学士学位以及软件工程博士学位。Simon 在回归工业界之前，曾经从事多年的学术研究工作，并与人合作创立了移动软件公司 Momote Ltd.。目前，Simon 将主要精力放在写书和为 MonkMakes 公司（他与妻子 Linda 经营的公司）设计产品上面。

封面简介

本书封面上的动物为欧亚雀鹰（学名：*Accipiter nisus*），又称北部雀鹰，简称雀鹰。这种小型猛禽几乎遍布于整个东半球，成年雄鸟背部羽毛呈暗灰色，腹部有红褐色横斑；雌鸟及幼鸟通体呈棕色，腹部有棕色条纹。通常，雌鸟要比雄鸟大约 25%。

雀鹰专门捕食林地鸟，但是人们发现，有时它也会追捕城镇中的庭院鸟类。雄性雀鹰喜欢捕猎小型鸟类，例如山雀和麻雀；雌性雀鹰则喜欢捕食鸠鸽类和鹑鸡类，并且能够猎杀体重 500g 以上的鸟类。

雀鹰的繁育鸟巢通常由树枝筑成，直径可达 60cm。筑巢之后，雌鸟会产下 4 枚或 5 枚淡蓝色且带有棕色条纹的蛋，雄鸟会为它的伴侣提供食物。孵化约 33 天之后，雏鸟就会破壳而出，再过 24～28 天，它们就会长出羽毛。

幼鸟在第一年的成活率只有约 34%。之后，它们的成活率会增加一倍以上，即成年雀鹰的成活率约为 69%。这种鸟的寿命通常为 4 年。在死亡率方面，雄性幼鸟的死亡率一般高于雌性幼鸟的死亡率。在播种前对种子施用有机氯杀虫剂会导致雀鹰残疾，甚至死亡。这些化学药物残留还会导致雀鹰产下易碎的蛋，从而导致它们在孵化过程中被压碎。尽管在第二次世界大战之后，雀鹰的数量急剧减少，但是禁用这些化学制品之后，它们已经成为欧洲大陆上最常见的猛禽。因此，雀鹰被 BirdLife International 评价为无生存危机的物种，但 O'Reilly 图书封面上的许多动物都濒临灭绝。请记住，所有动物对世界都很重要。